潘 勇 编著

C51单片机
智能机器人实战

清华大学出版社
北 京

内容简介

本书以51单片机为例，从应用角度出发，详细介绍了其片内硬件资源及工作原理，以及采用C51语言编程，重点介绍了单片机应用的各种技术实现，如输入输出、中断、定时/计数、串行通信、并行扩展、模数转换等，并在单片机虚拟仿真平台Proteus进行了设计与验证。此外，本书还简要介绍了开发工具Keil、Proteus与STC-ISP的使用。本书从实战角度出发，设计了以增强型51单片机STC89/STC12为控制核心的移动智能机器人平台，以物流分拣、无人驾驶和电脑鼠走迷宫为应用案例背景实现机器人的智能功能，可为读者智能测控系统的软硬件设计提供参考与借鉴。

本书可作为高等院校物联网、机器人、计算机、通信、智能、电子电气及自动化等专业单片机原理及应用、传感器检测技术、物联网控制与通信技术、机器人技术及智能测控等课程的教材，也可作为计算机、电子以及智能车设计竞赛的自学或培训教材，还可供各类电子工程、自动化技术人员和计算机爱好者参考。

图书在版编目(CIP)数据

C51单片机智能机器人实战/潘勇编著. —北京：清华大学出版社，2021.4(2025.3重印)
ISBN 978-7-302-57430-9

Ⅰ.①C… Ⅱ.①潘… Ⅲ.①机器人技术 Ⅳ.①TP24

中国版本图书馆CIP数据核字(2021)第021772号

责任编辑：张 玥 常建丽
封面设计：常雪影
责任校对：焦丽丽
责任印制：沈 露

出版发行：清华大学出版社
网 址：https://www.tup.com.cn，https://www.wqxuetang.com
地 址：北京清华大学学研大厦A座 **邮 编**：100084
社 总 机：010-83470000 **邮 购**：010-62786544
投稿与读者服务：010-62776969，c-service@tup.tsinghua.edu.cn
质量反馈：010-62772015，zhiliang@tup.tsinghua.edu.cn
课件下载：https://www.tup.com.cn，010-83470236
印 装 者：三河市龙大印装有限公司
经 销：全国新华书店
开 本：185mm×260mm **印 张**：17.5 **字 数**：423千字
版 次：2021年5月第1版 **印 次**：2025年3月第4次印刷
定 价：65.00元

产品编号：090623-01

前　言

单片机自20世纪80年代问世以来，以其优异的性能在工业检测与自动化控制、仪器仪表、网络与通信、家用电器、汽车电子、医疗设备、物联网及机器人等诸多领域得到广泛的应用，已对人类社会产生重大影响。

由于Intel公司51内核的8位单片机获得的巨大成功，以51内核技术为主导的单片机是目前我国多数高校都在讲授的机型。随着技术的进步，不断有8位、16位以及32位的新型高性能单片机出现，有一种观点认为现在已经可以选择更高端的32位单片机作为单片机入门学习和讲授的机型。然而，从实践看，作者认为51内核单片机并未过时。

首先，51内核单片机具有极强的生命力。由于嵌入式计算机选型需要综合考虑成本、体积、功能等各种因素，51内核单片机一直没有退出应用，其依然在当前各个嵌入式领域占有重要位置。其次，作为单片机元祖级内核架构，经过数十年发展，51内核单片机做到了成本低廉、开发简便、资料齐全。同时，其中央处理器架构和内部资源也在不断演进和优化，增强型51内核单片机不断涌现，功能更加强大。再次，随着大数据、人工智能、云计算以及物联网时代的到来，作为万物互联信息感知终端控制器的无线单片机很多依然在采用51架构，以满足体积、成本、功耗等要求。最后，51内核已经开源，国内多家芯片公司都将其集成到自身产品中作为控制核心。综上所述，51内核单片机依然是单片机入门学习的首选机型。

本书详细介绍了美国Atmel公司的AT89C51单片机和国内宏晶科技的STC89C52RC与STC12C5A60S2单片机的工作原理及应用，并研发了嵌入式通信板和慧净电子的电动小车组成移动机器人平台，以单片机为控制核心实现若干智能功能。

1. 本书特点

(1) 本书以实用为宗旨。前4章用众多的实例讲解51单片机原理和硬、软件开发技术。内容组织上综合考虑读者的认知规律和工程应用背景，原理阐述精炼，不追求面面俱到，而做到重点突出，真正强调应用，注重与主流技术接轨。在传统并行接口技术内容上适度删减，主要突出设计和编程思路，更多的内容是针对当前工程设计主流器件。后6章以机器人为平台，以单片机为控制核心，综合传感器、无线通信、人工智能等当前物联网及机器人主流技术，完成智能循迹、无人驾驶、迷宫搜索等若干机器人智能功能的软硬件开发。

(2) 使用当前主流的开发工具。将先进的单片机虚拟仿真软件Proteus用于单片机内部资源和常用外部接口的仿真实践。编程语言方面，与汇编语言相比，C51语言具备诸多优点，因此本书的编程语言均采用C51。本书对C51的集成开发软件Keil、虚拟仿真软件Proteus和下载烧写软件STC-ISP从实际使用的角度进行了介绍。

(3) 精心设计项目，提升动手能力。摆脱验证性、重复性实验，部分借鉴全国大学生电子设计竞赛控制题的思路精心设计项目。在计算机上即可完成前4章原理与接口的所有编程和仿真实验而无须额外成本，读者还可充分利用Proteus库器件进一步学习部分主流器件开发。后6章使用通信板结合电动小车构建低成本移动机器人平台，通过精心设计的智能题目，可以接触到机器人智能应用的若干原型。参考程序均给出了详尽注释，有利于读者对智能控制逻辑和算法的掌握。通过不断提升和改进项目的设计，注重与工程应用背景的结合，可使读者得到单片机智能机器人系统设计与调试的完整训练。

2. 本书内容

本书共分10章。第1章介绍有关单片机的基本概念、应用、发展趋势，对目前流行的各类单片机品种及机器人概念进行简单介绍。第2章对AT89C51单片机、STC89C52RC单片机以及STC12C5A60S2单片机片内的基本硬件结构及硬件资源进行介绍。第3章介绍C51语言程序设计基础，同时介绍Keil集成开发软件、Proteus虚拟仿真软件和STC-ISP下载烧写软件的使用。第4章介绍单片机内部集成资源、常用接口扩展资源及编程。第5、6章分别介绍机器人电动小车车体和嵌入式通信板的硬件资源及编程。第7章选择一款经典无线通信模块介绍机器人的无线通信功能及编程。第8章介绍机器人智能循迹功能的设计与编程实现。第9章对机器人智能超车、无线呼叫功能的设计与编程实现进行介绍。第10章介绍机器人智能旅行，完成路径搜索和远程监控功能的设计与编程。

3. 如何使用本书

对于51单片机的初学者来说，应该从本书的第1章开始进行学习，以了解51单片机的基本知识和使用方法，掌握51单片机典型的内部资源和扩展资源的硬件接口技术，以及C51语言编程技术，学完第1～10章，即可满足从事单片机应用系统开发的基本要求。

对于已经具有一定51单片机基础的读者来说，可以直接从第5章开始学习，重点理解和掌握使用51单片机和C51语言开发融合感知、通信、拖动、交互技术的应用系统。同时，读者可以进一步利用本书的机器人软硬件平台资源自行设计完成更多的智能项目。

建议本书的理论课安排为48学时左右，实验课16学时。

4. 我们的经验

学习单片机技术开发应用系统，关键是让学习者迅速地找到适合自己的学习方法，并在第一时间看到自己的学习成果。机器人无疑是将技术性和趣味性结合最好的平台，同时也是将传感器技术、自动识别技术、单片机控制技术、通信技术乃至机械技术融为一体的优秀工程训练载体。创新的第一步乃是模仿，读者在不断完成机器人各种智能功能的实践中，逐渐提升软硬件设计和系统调试能力，一步步进入单片机应用系统开发领域。

本书图文并茂，实用性强，便于读者练习和自学，适合作为高等院校物联网、机器人、计算机、通信、智能、电子电气及自动化等专业单片机原理及应用、传感器检测技术、物联网控制与通信技术、机器人、计算机控制及智能测控等课程的教材，也适合作为计算机、电子以及智能车设计竞赛的自学或培训教材，还可供各类电子工程、自动化技术人员和计算机爱好者参考。

潘勇完成本书第1～10章全部章节内容的编写，同时设计制作了机器人嵌入式通信板，并编写了书中大部分调试程序。李志宏同学参与了第4章的编写。李志宏、汪仁杰同学共同参与完成第8～10章的智能机器人系统软件编写、硬件调试与运行结果验证。刘伟、秦福红、姚尤斌、魏琰青、申传鹏、高爽洲、王松、马阅、李星光同学参与本书部分图形的绘制及仿真案例的电路绘制与程序调试工作，在此一并表示感谢。同时感谢参考文献和网络资源的作者们，本书借鉴了他们的部分成果，他们的工作给了我很大的帮助和启发。在此也要感谢慧净电子提供的基础技术资料和稳定的低成本电动小车平台，从而能让机器人的若干智能功能得到进一步发挥。天津大学刘开华教授、南开大学孙桂玲教授、高艺高级实验师为提高书稿的质量，提出了不少宝贵的修改意见；本书出版得到了清华大学出版社张玥编辑和常建丽编辑的大力支持，在此表示衷心的感谢。

尽管作者力求完美，但限于自身水平，书中难免出现错误与疏漏之处，敬请广大读者批评指正。

潘　勇

2020年10月

目　录

第1章 单片机与机器人概述

1.1 微控制器与单片机

单片机就是在一片半导体硅片上，集成了中央处理器(Central Processing Unit，CPU)、数据存储器(Random Access Memory，RAM)、程序存储器(Read-Only Memory，ROM)、并行输入/输出电路(Input/Output，I/O)、中断系统、定时/计数器、串行通信口、时钟电路及系统总线的用于信号检测与智能控制领域的单片微型计算机。

除了以上资源，现在的单片机还可能包括模数转换器(Analog to Digital Converter，ADC)、芯片间总线电路(Inter Interface Circuit，I^2C)、串行外围设备接口(Serial Peripheral Interface，SPI)、脉宽调制电路(Pulse Width Modulation，PWM)等。

单片机主要应用于测控(信号检测与智能控制)领域。由于使用时单片机通常嵌入测控系统中并处于核心地位，所以国际上习惯把单片机称为**微控制器**(Micro Controller Unit，MCU)。而在我国，大部分工程技术人员习惯使用"**单片机**"这一名称。

单片机的诞生标志着计算机正式形成了**通用计算机**和**嵌入式计算机**两大分支。

单片机按照其用途可分为**通用型**和**专用型**两大类。

通用型单片机不专门针对产品的特定用途，其内部可开发的资源(如存储器、I/O等)按照芯片制造商事先设定并全部提供给用户。用户可根据实际需要设计一个以通用单片机芯片为核心，再配以外围接口电路及其他外围设备，并编写相应的软件满足各种不同需要的测控系统。通常说的和本书介绍的单片机指的都是通用型单片机。

专用型单片机是专门针对某些产品的特定用途而制作的。例如，各种家用电器中的控制器等。由于是用于特定用途，单片机芯片制造商常与产品厂家合作，设计和生产专用的单片机芯片。专用单片机芯片在设计中对系统结构的最简化、可靠性和成本的最优化等方面都做了全面的综合考虑，所以专用单片机具有十分明显的综合优势。但是，专用型单片机的基本结构和工作原理都是以通用型单片机为基础的。

1.2 单片机的应用

单片机具有软硬件结合、体积小、功耗低、性价比高、控制性能及抗干扰性强、容易嵌入到各种应用系统中的优点。因此，以单片机为核心的嵌入式控制系统在下述各个领域中得到了广泛的应用。

1. 工业检测与控制

单片机在工业领域的使用有助于实现工业自动化，其主要应用有：信号测试和测量、数据采集和传输、过程控制、设备控制等。例如，工厂流水线的智能化管理、电梯智能化控制、各种报警系统以及与通用计算机联网构成二级控制系统等。

2. 仪器仪表

单片机的使用有助于提高仪器仪表的精度和准确度,简化结构,减小体积而便于携带和使用,加速仪器仪表向数字化、智能化、微型化及多功能化方向发展,如智能化水表、燃气表等。也有精密仪器,如功率计、示波器、各种分析仪等。

3. 网络与通信

当今各种网络与通信设备基本上都是以单片机为核心实现智能控制。通信设备(如各类手机、电话机、程控交换机、楼宇自动呼叫系统、列车无线通信控制系统、无线电对讲机等)、计算机网络终端设备(如银行 ATM 终端)、计算机外部设备(如打印机、传真机、复印机等)都使用单片机作为控制器。

4. 家用电器

单片机在家用电器中的应用已经非常普及。目前家电产品的一个重要发展趋势是不断提高其智能化程度,例如,洗衣机、电冰箱、微波炉、空调、电风扇、电视机、加湿机、消毒柜等。在这些设备中嵌入单片机后,其功能和性能大大提高,并实现了智能化、最优化控制。

5. 汽车电子

单片机广泛应用在各种汽车电子设备中,如汽车安全系统、汽车信息系统、智能驾驶系统、卫星导航系统、汽车紧急请求服务系统、汽车防撞监控系统、汽车自动诊断系统以及汽车黑匣子等。

6. 医疗设备

单片机在医疗设备中的应用也相当广泛,如医用呼吸机、各种医学分析仪、监护仪、超声诊断设备及病床呼叫系统等。

7. 物联网和机器人

物联网设备中,射频识别系统的标签、读写器,无线传感网络的节点和网关均使用单片机作为系统控制核心。除了体积较大的仿人型机器人外,大多数机器人根据其应用领域特点,都使用体积小、性能强大、易于嵌入的单片机作为机器人的控制器,在机器人感知、决策、行动和交互过程中发挥“大脑”的作用。

此外,单片机在工商、金融、科研、教育、国防、航空航天等领域也都有十分广泛的用途。

1.3 单片机的发展趋势

单片机的发展趋势是向多功能、大容量、高集成、高性能、高速度、低功耗、低价格、开发简便化等方向发展。

1. 改进 CPU

(1) 增加 CPU 的数据总线宽度。从 8 位增加到 16 位、32 位。位数越高,数据处理能力越强。

(2) 增加 CPU 个数。如采用双 CPU 结构,以提高数据处理能力。

2. 增大存储器容量

(1) 增大片内程序存储器 ROM 的存储容量。当前,单片机片内程序存储器普遍采用闪烁存储器(Flash ROM)。闪烁存储器可直接电烧写和擦除,读写操作简便,掉电数据不丢失。以 51 内核单片机为例,其内部集成闪烁存储器已经可以将容量做到 64KB,而无须再扩展片外程序存储器。

(2) 增大片内数据存储器 RAM 的存储容量。由于工艺的原因,RAM 无法做到类似 ROM 的容量,但其容量也有很大提高,当前的单片机 RAM 一般都能做到 1KB,从而进一步满足动态数据存储的需要。

3. 改进片内 I/O 功能

(1) 增加并行 I/O 口的驱动能力,以减少外部驱动芯片的使用。有的单片机可以直接输出大电流和高电压,能直接驱动 LED(发光二极管)和 LCD(液晶显示器)。

(2) 增加串行 I/O 口功能,兼容 I^2C、SPI 等串行总线标准,从而为构建串行有线网络,实现分布式控制系统提供方便条件。

(3) 引入数字交叉开关,改变片内资源与引脚的固定对应关系。通过编程设置数字交叉开关控制寄存器,将片内集成的中断系统、定时/计数器、串行口、A/D 转换器等资源按照用户需要灵活配置在相应的 I/O 端口引脚。

4. 低功耗化

当前单片机产品均为 CMOS 芯片,本身功耗就比较小。同时,这类单片机普遍配置有等待状态、睡眠状态、关闭状态等工作方式。在这些状态下低电压工作的单片机,其消耗的电流仅在 μA 或 nA 量级,非常适合电池供电的便携式、手持式的仪器仪表以及其他消费类电子产品。

5. 外围电路内部集成化

随着集成电路技术及工艺的不断发展,把所需的众多外围电路全部集成装入单片机内,即系统的单片化是目前单片机的发展趋势之一,一片芯片就是一个"测控"系统,而无须任何外围电路。

6. 下载及仿真简单化

目前单片机都支持程序的在线下载烧写,也称在系统编程(In System Program,ISP),只需一条 ISP 下载线,就可以把仿真调试通过的程序从通用计算机下载到单片机的 Flash 存储器内,省去了烧写器。某些机型还支持在线应用编程(In Application Program,IAP),可以在线升级或销毁单片机 Flash 存储器中的应用程序,省去了仿真器。

7. 使用实时操作系统

单片机可配置实时操作系统 RTX51。RTX51 是一个针对 8051 单片机的多任务内核。RTX51 实时内核从本质上简化了对实时事件反应速度要求较高的复杂应用的系统设计、编程和调试,它已完全集成到 C51 编译器中,使用简单、方便。

1.4 单片机的品种

单片机机型按 CPU 位数分为 8 位机、16 位机和 32 位机。经过测控领域的应用实践和市场检验,8 位单片机机型主要稳定在 51、AVR、PIC 三个系列。16 位单片机机型以 MSP430 系列为主。32 位机以 ARM Cortex-M 内核的 STM32 系列为主。

1. 51 系列单片机

51 系列单片机成本低廉、开发简便、资料齐全、应用案例丰富,因此成为单片机学习和入门的经典机型。

51系列单片机源起于Intel公司20世纪80年代生产的MCS-51内核系列单片机，其经典机型为8051/8052。随着Intel公司逐渐将精力集中于高端CPU芯片的研发，其逐渐淡出单片机的研发和生产，并以专利转让和技术交换形式将8051内核技术转让给多家半导体芯片公司，如Atmel、NXP、MAXIM等，由此带来一波51内核单片机产品热潮。随着更高位数CPU内核的普及，特别是ARM Cortex M和A系列内核的32位单片机的大规模使用，很多半导体公司已经停产51系列单片机。

但51系列单片机并未退出应用市场，作为单片机最古老的CPU架构，虽然已历经30余年，51依然具有极强的生命力。由于嵌入式计算机产品的应用特点，51系列单片机在工业控制、环境监测、智能交通和智能农业等领域依然大面积采用并担任系统控制核心。目前51的CPU内核更是已经开源，可以直接集成到用户设计开发的产品中。

51单片机的集成开发环境为Keil μVision系列软件，该软件的开发环境友好，编译效率极高。Keil公司已经被ARM公司收购，Keil μVision基本上成为51内核和ARM内核单片机的主流集成开发软件，版本已经演进到Keil μVision5。

以下是目前依然得到业界广泛应用的51内核经典单片机机型。

1）AT89系列单片机

Atmel公司生产的AT89S52单片机采用51内核，256B的RAM和8KB的ROM，ISP下载烧写。该单片机以其低廉的成本，稳定的性能，目前依然在工业检测和控制、计算机外部设备、仪器仪表领域得到广泛应用。

2）STC系列单片机

国内宏晶科技公司生产的STC系列单片机优化了51内核，增大了存储器容量，改进了I/O功能，片内集成了更多的资源，最高工作频率可达40MHz，是增强型51单片机的典型代表。

该系列单片机中，STC89系列完全兼容AT89系列。同时推出了集成资源更丰富、引脚功能复用更多的STC12系列和STC15系列。这二者中，STC12系列的引脚分布和STC89类似，STC15的引脚分布相对STC89和STC12有很大不同。

STC单片机内置复位电路和看门狗，抗干扰性强，特别是支持串口下载烧写，价格也便宜。目前在国内市场逐渐得到更多的应用，特别是在网络终端设备、通信设备、计算机外部设备、仪器仪表、环境监测领域。

STC单片机的经典机型有STC89C52RC、STC12C5A60S2和STC15F2K60S2。

3）NRF和CC系列无线单片机

随着物联网技术的发展，将外围无线收发射频电路与51内核CPU及其他资源（RAM、ROM、I/O、中断系统、定时/计数器、串行口）集成在一块芯片上的无线单片机目前应用也日趋广泛。

NRF系列无线单片机是NORDIC公司的产品。其经典机型NRF9E5无线单片机工作在433/868/915MHz，内部集成了51内核和NRF905无线通信芯片电路，可实现自开发协议无线通信网络。

CC系列无线单片机是TI公司的产品，目前的紫峰（ZigBee）无线通信网络基本基于TI的CC2531无线单片机构建。该单片机将51内核和无线射频电路集成在一起，同时片内集成了ZigBee网络通信协议，可实现ZigBee网络功能。

2. AVR 系列单片机

AVR 系列单片机是 Atmel 公司针对 51 内核的复杂指令集，采用精简指令集研发的高速 8 位单片机。精简指令集指令长度固定，寻址方式少，绝大多数为单周期指令，取指令周期短，可以预取指令，实现流水线作业，从而保证了 AVR 系列单片机可靠的高速度。

AVR 系列单片机的经典机型有 ATmega16A、ATmega128A。

ATmega16A、ATmega128A 单片机集成了大容量的 RAM 和 ROM，RAM 分别达到 1KB 和 4KB，ROM 达到 16KB 和 128KB，同时集成了更多丰富的外设，如中断系统、定时/计数器、串行口、A/D 转换器、I^2C 口、SPI 口、PWM 电路等。其保密性好，通过保密熔丝保护代码，防止破译。该系列单片机运行稳定，抗干扰能力强，是工业检测和控制领域应用的重要机型，曾经流行了很长时间，成为 51 之后 8 位机的首选替代机型。但 2016 年后，Microchip 公司收购了 Atmel 公司，AVR 系列单片机停止了内核演进和资源优化。最近几年，AVR 系列单片机的成本有所上升。另外，AVR 系列单片机集成开发环境较多，编译效率各异，一定程度上也影响了该系列单片机的使用。目前，AVR 系列单片机主要应用在开源硬件 AUDINO 系列产品中，焕发出新的生命力。AUDINO UNO 主板的控制器即 ATmega328P。

3. PIC 系列单片机

PIC 系列单片机是 Microchip 公司的产品。PIC 系列单片机也采用精简指令集，指令单字长，相比 51 的复杂指令集结构，可压缩一半的代码量，速度可提高 4 倍，采用数据总线和指令总线分开的哈佛结构。

PIC 系列单片机具有 Microchip 公司推出的类似 Keil 的统一集成开发环境 MPLAB，开发环境良好。PIC 系列单片机品种齐全，功能完备，讲求从实际出发，严格控制性价比，从低到高有上百个型号，可满足各种需要。以工业检测和控制为例，PIC 系列单片机引脚通过限流电阻可以接至 220V 交流电压，可直接连接继电器，无须光电耦合隔离，给使用带来了方便。PIC 系列单片机也通过保密熔丝保护代码，防止破译。

PIC 系列单片机的经典机型为 PIC16F877A。

4. MSP430 系列单片机

MSP430 系列单片机是 TI 公司研发的 16 位单片机。相对低成本 8 位和高性能 32 位单片机，MSP430 系列单片机的差异化优势在于超低功耗，该系列单片机特别适合要求低耗电，一块低电量电池就可以长期使用的场合，主要应用在仪器仪表、医疗设备和安保设备等领域。

5. STM32 系列单片机

32 位单片机内核目前主要是 ARM，分为 Cortex M 系列和 A 系列。M 系列偏控制，A 系列偏计算。ARM 只提供架构，芯片由生产商自己生产。Cortex M 系列曾短暂出现了“百家争鸣”的现象，但经过市场的检验，目前使用较多的集中在 ST、NXP、TI 三家。而 ST 公司的 STM32 系列与 51 集成开发环境相同，均使用 Keil，下载方式也是串口下载极其方便，能从 51 无缝过渡到 STM32 开发，是目前各大高校 32 位单片机课程的主流芯片，也是工程设计的主流机型。

STM32 系列单片机的经典机型为基于 ARM Cortex M3 内核的 STM32F103RCT6、STM32F103VET6、STM32F103ZET6。

STM32 系列单片机，其主频可以达到 72MHz，CPU 为 32 位，RAM 可以达到 64KB，ROM 可以达到 512KB。I/O 引脚从 53 到 112。内部集成多种外设，包括中断系统、定时/计数器、串行口、A/D 转换器、I^2C 口、SPI 口、PWM 电路、SDIO、USB 和 CAN 口等。同时，该系列单片机抗干扰性强，保密性高，适合工业环境，应用在工业控制、仪器仪表、通信设备、消费电子、智能设备等诸多领域。该系列单片机在性能更加强大的同时，成本也在不断降低，未来是 8 位单片机强有力的竞争者和替代者。

1.5 机器人简介

随着信息时代的到来和信息技术的发展，机器人涵盖的内容越来越丰富，机器人的定义也在不断充实和创新。早期机器人的定义是一种具有高度灵活性的自动化机器。这种机器具备一些与人或生物相似的智能能力，如感知能力、规划能力、动作能力和协同能力。早期机器人的分类比较单一，即工业机器人和服务机器人。

在研究和开发未知及不确定环境下作业的机器人的过程中，人们逐步认识到机器人技术的本质是感知、决策、行动和交互技术的结合。随着人们对机器人技术智能化本质认识的加深，机器人技术开始源源不断地向人类活动的各个领域渗透，并结合这些领域的应用特点，人们发展了各式各样的具有感知、决策、行动和交互能力的特种机器人和各种智能机器人，如移动机器人、微机器人、水下机器人、医疗机器人、军用机器人、空间机器人、娱乐机器人等。对不同任务和特殊环境的适应性，也是机器人与一般自动化装备的重要区别。这些机器人从外观上已远远脱离最初仿人/仿生型机器人和工业机器人具有的形状，更加符合各种不同应用领域的特殊要求，其功能和智能程度也大大增强，从而为机器人技术开辟出更加广阔的发展空间。

本书机器人选择移动机器人作为感知、决策、行动和交互的实践平台，充分发挥单片机的核心控制器作用，通过软件程序设计实现机器人的若干智能行为。

思 考 题

1. 什么是单片机？
2. 描述单片机的主要用途。
3. 按 CPU 位数，描述单片机的主要品种。

第 2 章　单片机硬件原理

2.1　AT89C51 单片机

2.1.1　AT89C51 单片机的硬件组成

AT89C51 单片机的片内硬件组成结构如图 2.1 所示，在一块电路芯片上将实现控制功能所必需的微处理器与外围部件都集成在一起，从而实现一块芯片即一台计算机。

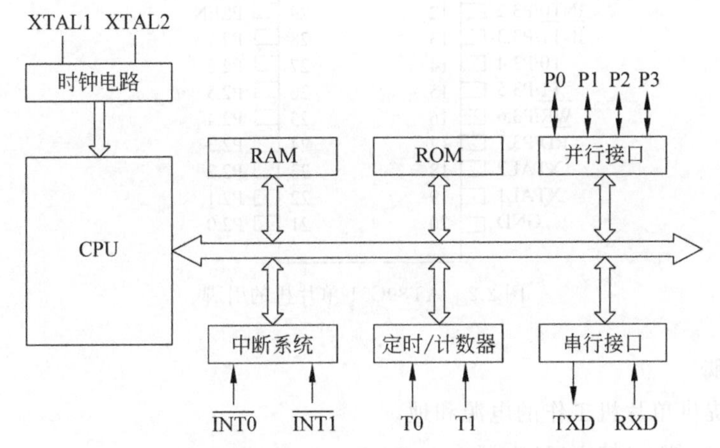

图 2.1　AT89C51 单片机的片内硬件组成结构

AT89C51 单片机具有如下内部资源及特性：

(1) 8 位微处理器(CPU)。

(2) 数据存储器(128B RAM)。

(3) 程序存储器(4KB Flash ROM)。

(4) 4 个 8 位可编程并行 I/O 口(P0 口、P1 口、P2 口和 P3 口)。

(5) 21 个特殊功能寄存器(SFR)。

(6) 中断系统具有 5 个中断源、2 个中断优先级。

(7) 2 个可编程的 16 位定时/计数器(T0/T1)。

(8) 1 个通用的全双工的异步收发串行接口(UART)。

(9) 低功耗节电的空闲模式和掉电模式。

2.1.2　AT89C51 单片机的引脚功能

使用单片机乃至任何一款集成芯片，必须熟悉并掌握其各个引脚的功能。塑料双列直插封装(PDIP)方式下的 AT89C51 单片机具有 40 个引脚，如图 2.2 所示。

40 个引脚按其功能可分为如下 3 类：

(1) 电源及时钟引脚：VCC、GND；XTAL1、XTAL2。

(2) 控制引脚：$\overline{\text{PSEN}}$、ALE、$\overline{\text{EA}}$、RST(即 RESET)。

(3) I/O 口引脚：P0、P1、P2 与 P3，为 4 组 8 位 I/O 口的外部引脚。

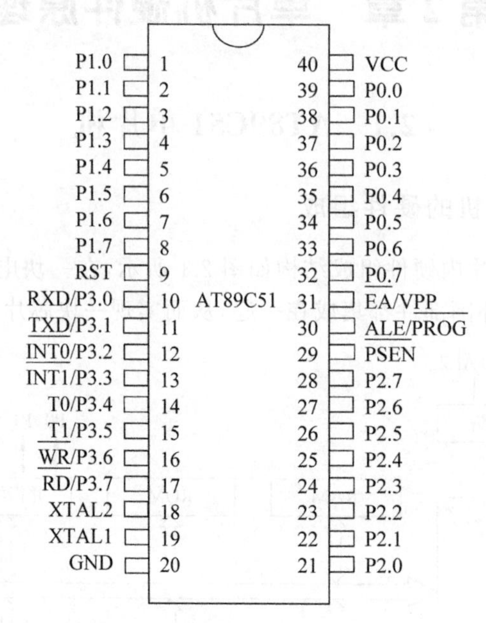

图 2.2　AT89C51 单片机的引脚

1. 电源引脚

电源引脚提供单片机工作的电源和地。

(1) VCC(40 脚)：接+5V 电源。

(2) GND(20 脚)：接数字地。

2. 时钟引脚

时钟引脚提供单片机工作的基准时序。

(1) XTAL1(19 脚)：片内振荡器的反相放大器和外部时钟振荡发生器的输入端。当使用单片机片内的振荡器时，该引脚连接外部石英晶体和微调电容。当采用外部时钟振荡发生器时，该引脚连接外部时钟振荡发生器的信号。

(2) XTAL2(18 脚)：片内振荡器的反相放大器的输出端。当使用单片机片内的振荡器时，该引脚连接外部石英晶体和微调电容。采用外部时钟振荡发生器时，本引脚悬空。

3. 控制引脚

控制引脚提供控制信号，有的引脚还具有复用功能。

(1) RST (9 脚)

复位信号输入端，高电平有效。在此引脚加上持续时间大于 2 个机器周期的高电平，就可使单片机复位。

(2) $\overline{\text{EA}}$/VPP(31 脚)

$\overline{\text{EA}}$为该引脚的第一功能：外部程序存储器访问允许控制端。

当$\overline{\text{EA}}$=1 时，单片机首先读取片内程序存储器(4KB Flash ROM)中的程序代码，超出时，自动转向读取片外剩余 60KB 程序存储器空间中的程序代码。

当$\overline{EA}$=0 时，只读取片外 64KB 程序存储器中的程序代码。

VPP 为该引脚的第二功能，在对片内 Flash 进行编程时，VPP 引脚接入编程电压。

(3) ALE/$\overline{PROG}$(30 脚)

ALE 为 CPU 访问外部程序存储器或外部数据存储器提供低 8 位地址锁存信号，将单片机 P0 口发出的低 8 位地址锁存在片外的地址锁存器中。

$\overline{PROG}$为该引脚的第二功能，此引脚为对片内 Flash 存储器编程时的编程脉冲输入端。

(4) $\overline{PSEN}$(29 脚)

片外程序存储器的读选通信号端，低电平有效。

4. 并行 I/O 口引脚

(1) P0 口：P0.0～P0.7 引脚(39～32 脚)

漏极开路的双向 I/O 口。

作为**通用 I/O** 口使用时，**需加上拉电阻**，此时为准双向 I/O 口。

当 AT89C51 并行扩展外部存储器及 I/O 接口芯片时，P0 口作为**地址总线低 8 位及数据总线的分时复用端口**。

(2) P1 口：P1.0～P1.7 引脚(1～8 脚)

准双向 I/O 口，具有内部上拉电阻，作为**通用 I/O 口**使用。

(3) P2 口：P2.0～P2.7 引脚(21～28 脚)

准双向 I/O 口，具有内部上拉电阻，作为**通用 I/O 口**使用。

当 AT89C51 并行扩展外部存储器及 I/O 接口芯片时，P2 口作为**地址总线高 8 位**端口。

(4) P3 口：P3.0～P3.7 引脚(10～17 脚)

准双向 I/O 口，具有内部上拉电阻，作为**通用 I/O 口**使用。

P3 口还提供第二功能，其第二功能见表 2.1。

表 2.1 P3 引脚的第二功能

引 脚	第 二 功 能	说 明
P3.0	RXD	串行口数据输入
P3.1	TXD	串行口数据输出
P3.2	$\overline{INT0}$	外部中断 0 输入
P3.3	$\overline{INT1}$	外部中断 1 输入
P3.4	T0	外部计数脉冲输入
P3.5	T1	外部计数脉冲输入
P3.6	$\overline{WR}$	外部数据存储器写选通
P3.7	$\overline{RD}$	外部数据存储器读选通

总结：I/O 口通常用于高速设备和低速设备之间的数据交换，如单片机和按键、单片机和液晶显示器。总线通常用于高速设备与高速设备之间的数据交换，如单片机和并行扩展的外部存储器。作了 I/O 口，便不能再作总线。同样，作了总线，就不能再作 I/O 口。

2.1.3 AT89C51 单片机的处理器

AT89C51 单片机的处理器(CPU)由运算器和控制器组成。

运算器：主要用来对操作数进行算术、逻辑和位运算，包括算术逻辑运算单元(ALU)、累加器(ACC)、程序状态字(PSW)寄存器及位处理器等。

控制器：主要用来控制指令的读入、译码和执行，从而实现对单片机各功能部件的定时和逻辑控制，包括程序计数器(PC)、指令寄存器、指令译码器、定时及控制电路等。

2.1.4 AT89C51 单片机的存储器

AT89C51 单片机的存储器结构为哈佛结构，即程序存储器空间和数据存储器空间是各自独立的。AT89C51 单片机的存储器空间可划分为如下 4 类。

1. 程序存储器空间

程序存储器空间可以分为片内与片外两部分。

AT89C51 单片机的片内有 4KB 的 Flash 程序存储器(52 子系列为 8KB)，用来存放经调试正确的程序，从而使单片机按照程序工作。可使用编程器对其烧写。当片内的 4KB 的程序存储器不够用时，可在片外扩展最多 64KB 的程序存储器。

2. 数据存储器空间

数据存储器空间分为片内与片外两部分。

AT89C51 单片机内部有 128B 的数据存储器(52 子系列为 256B)，用来存放可读写的数据。当片内的 128B 数据存储器不够用时，可在片外扩展最多 64KB 的数据存储器。

3. 位地址空间

AT89C51 单片机共有 211 个可寻址位，构成位地址空间。它们位于片内 RAM 区地址 20H～2FH (共 128 位)和特殊功能寄存器区，即片内 RAM 区地址 80H～FFH(共 83 位)。

4. 特殊功能寄存器

AT89C51 单片机片内共有 21 个特殊功能寄存器(Special Function Register，SFR)。SFR 实际上是集成在单片机内部的各外围部件的控制寄存器及状态寄存器，综合反映了单片机芯片内部实际的工作状态及工作方式，见表 2.2。

表 2.2 特殊功能寄存器

名称	功　能	地址	名称	功　能	地址
P0	8 位并行口 0	80H	P1	8 位并行口 1	90H
SP	堆栈指针	81H	SCON	串口控制	98H
DPL	数据指针低字节	82H	SBUF	串口数据缓冲	99 H
DPH	数据指针高字节	83H	P2	8 位并行口 2	0A0H
PCON	电源控制	87H	IE	中断允许	0A8H
TCON	定时/计数器控制	88H	P3	8 位并行口 3	0B0H
TMOD	定时/计数器方式	89H	IP	中断优先级	0B8H
TL0	T0 低字节	8AH	PSW	程序状态字	0D0H
TL1	T1 低字节	8BH	ACC	累加器	0E0H
TH0	T0 高字节	8CH	B	乘法寄存器	0F0H
TH1	T1 高字节	8DH			

2.1.5 AT89C51 单片机的时序

1. 时钟周期

时钟周期是单片机时钟控制信号的基本时间单位，为 CPU 的操作提供时间基准。若时钟晶体的振荡频率为 f_{osc}，则时钟周期 $T_{osc}=1/f_{osc}$。如 $f_{osc}=12MHz$，则 $T_{osc}=83.4ns$。

2. 机器周期

CPU 完成一个基本操作所需要的时间称为机器周期。单片机中常把执行一条汇编指令的过程分为几个机器周期。每个机器周期完成一个基本操作，如取指令、读或写数据等。AT89C51 单片机的每 12 个时钟周期为 1 个机器周期，即 $T_{cy}=12/f_{osc}$。如 $f_{osc}=12MHz$，则 $T_{cy}=1\mu s$。

3. 指令周期

指令周期是 CPU 执行一条汇编指令所需的时间。AT89C51 单片机包含 111 条汇编指令，从指令的执行时间看，一般均为单机器周期和双机器周期，只有乘、除指令占用 4 个机器周期。如 $f_{osc}=12MHz$，指令周期一般为 $1\mu s$ 或 $2\mu s$，乘、除指令周期为 $4\mu s$。

2.1.6 AT89C51 单片机的最小系统

AT89C51 单片机能够工作的基本电路系统称为最小系统。最小系统包括复位电路和时钟电路，同时 VCC 接+5V 电源，GND 接数字地。以上硬件电路设计与搭建完毕以后，单片机即能正常工作。AT89C51 最小系统图如图 2.3 所示。

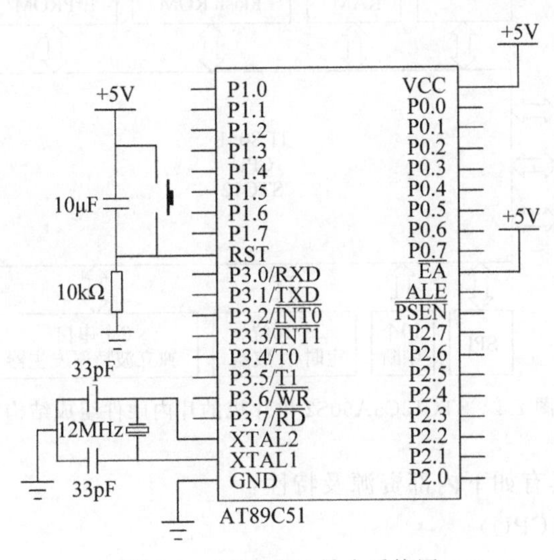

图 2.3　AT89C51 最小系统图

2.2 STC89C52RC 单片机

STC89C52RC 单片机引脚功能完全兼容 AT89C51，其 RAM 容量是 AT89C51 的 4 倍，ROM 容量是 AT89C51 的 2 倍。内部集成外围部件增加了看门狗和 E^2PROM。

STC89C52RC 具有如下内部资源及特性：

(1) 8 位微处理器(CPU)。

(2) 数据存储器(512B RAM)。

(3) 程序存储器(8KB Flash ROM)。

(4) 4 个 8 位可编程并行 I/O 口(P0 口、P1 口、P2 口和 P3 口)。

(5) 41 个特殊功能寄存器(SFR)。

(6) 中断系统具有 8 个中断源、4 个中断优先级。

(7) 3 个可编程的 16 位定时/计数器(T0/T1/T2)。

(8) 1 个通用的全双工的异步收发串行接口(UART)。

(9) 1 个看门狗定时器(WDT)。

(10) 1 个电可擦除可编程只读存储器(4KB E^2PROM)。

(11) 低功耗节电的空闲模式和掉电模式。

2.3 STC12C5A60S2 单片机

2.3.1 STC12C5A60S2 单片机的硬件组成

STC12C5A60S2 单片机的片内硬件组成结构如图 2.4 所示，相比 AT89C51 单片机，STC12C5A60S2 单片机属于增强型 51 单片机，具备更丰富的内部资源与更强大的功能。

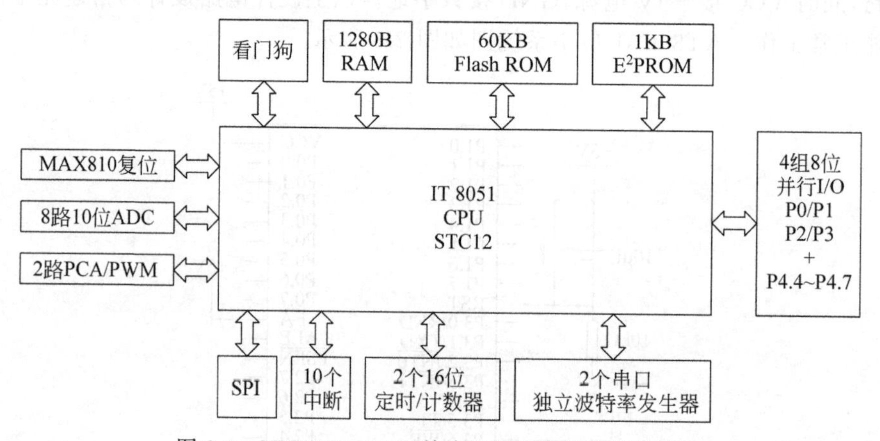

图 2.4　STC12C5A60S2 单片机的片内硬件组成结构

STC12C5A60S2 具有如下内部资源及特性：

(1) 8 位微处理器(CPU)。

(2) 数据存储器(1280B RAM)。

(3) 程序存储器(60KB Flash ROM)。

(4) 4 组 8 位可编程并行 I/O 口(P0、P1、P2 和 P3 口)加 4 个 I/O 口(P4.4～P4.7)。

(5) 76 个特殊功能寄存器(SFR)。

(6) 中断系统具有 10 个中断源、4 个中断优先级。

(7) 2 个可编程的 16 位定时/计数器(T0/T1)，1 个独立波特率发生器。

(8) 2 个通用的全双工的异步收发串行接口(UART)。

(9) 8 路 10 位模数转换器(ADC)。

(10) 1 个同步串行外围接口(SPI)。

(11) 2 路可编程计数器阵列(PCA),可产生 2 路脉冲宽度调制输出(PWM)。

(12) 1 个看门狗定时器(WDT)。

(13) 1 个电可擦除可编程只读存储器(1KB E^2PROM)。

(14) 1 个复位电路(MAX810)。

(15) 低功耗节电的空闲模式和掉电模式。

2.3.2 STC12C5A60S2 单片机的引脚功能

STC12C5A60S2 单片机引脚基本功能完全兼容 AT89C51,除此之外,STC12C5A60S2 单片机的多个引脚还具备第二、第三甚至第四功能。PDIP 方式下的 STC12C5A60S2 单片机具有 40 个引脚,如图 2.5 所示。其引脚功能说明见表 2.3。

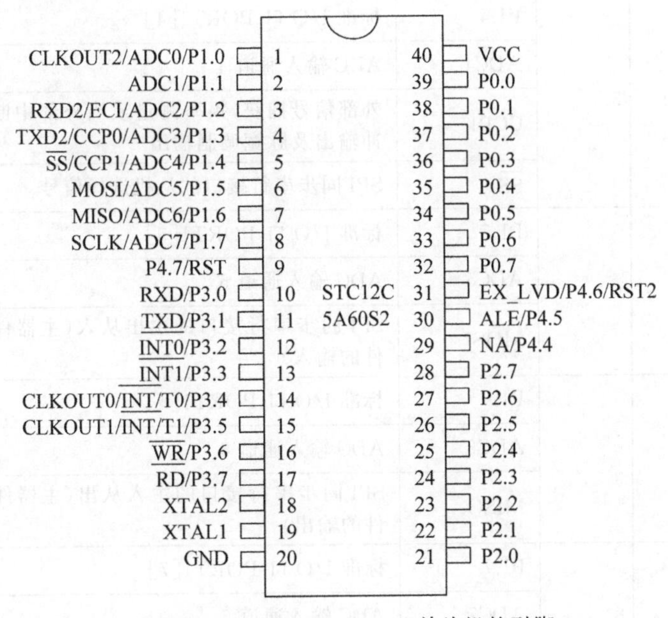

图 2.5 STC12C5A60S2 单片机的引脚

表 2.3 STC12C5A60S2 单片机的引脚功能说明

引 脚	编号	说 明	
CLKOUT2/ADC0/P1.0	1	P1.0	标准 I/O 口 PORT1[0]
		ADC0	ADC 输入通道 0
		CLKOUT2	独立波特率发生器的时钟输出 可通过设置 WAKE_CLKO[2]位/BRT-CLKO 将该引脚配置为 CLKOUT2
ADC1/P1.1	2	P1.1	标准 I/O 口 PORT1[1]
		ADC1	ADC 输入通道 1

引　脚	编号	说　明	
RXD2/ECI/ADC2/P1.2	3	P1.2	标准 I/O 口 PORT1[2]
		ADC2	ADC 输入通道 2
		ECI	PCA 计数器的外部脉冲输入脚
		RXD2	串行口 2 的数据接收端
TXD2/CCP0/ADC3/P1.3	4	P1.3	标准 I/O 口 PORT1[3]
		ADC3	ADC 输入通道 3
		CCP0	外部信号捕获(频率测量或当外部中断使用)、高速脉冲输出及脉宽调制输出
		TXD2	串行口 2 的数据发送端
$\overline{SS}$/CCP1/ADC4/P1.4	5	P1.4	标准 I/O 口 PORT1[4]
		ADC4	ADC 输入通道 4
		CCP1	外部信号捕获(频率测量或当外部中断使用)、高速脉冲输出及脉宽调制输出
		$\overline{SS}$	SPI 同步串行接口的从机选择信号
MOSI/ADC5/P1.5	6	P1.5	标准 I/O 口 PORT1[5]
		ADC5	ADC 输入通道 5
		MOSI	SPI 同步串行接口的主出从入(主器件的输出和从器件的输入)
MISO/ADC6/P1.6	7	P1.6	标准 I/O 口 PORT1[6]
		ADC6	ADC 输入通道 6
		MISO	SPI 同步串行接口的主入从出(主器件的输入和从器件的输出)
SCLK/ADC7/P1.7	8	P1.7	标准 I/O 口 PORT1[7]
		ADC7	ADC 输入通道 7
		SCLK	SPI 同步串行接口的时钟信号
RST/P4.7	9	P4.7	标准 I/O 口 PORT4[7]
		RST	复位脚
RXD/P3.0	10	P3.0	标准 I/O 口 PORT3[0]
		RXD	串行口 1 的数据接收端
TXD/P3.1	11	P3.1	标准 I/O 口 PORT3[1]
		TXD	串行口 1 的数据发送端
$\overline{INT0}$/P3.2	12	P3.2	标准 I/O 口 PORT3[2]
		$\overline{INT0}$	外部中断 0,下降沿中断或低电平中断

续表

引　脚	编号	说　明	
$\overline{\mathrm{INT1}}$/P3.3	13	P3.3	标准 I/O 口 PORT3[3]
		$\overline{\mathrm{INT1}}$	外部中断 1,下降沿中断或低电平中断
CLKOUT0/$\overline{\mathrm{INT}}$/T0/P3.4	14	P3.4	标准 I/O 口 PORT3[4]
		T0	定时/计数器 0 的外部输入
		$\overline{\mathrm{INT}}$	定时器 0 下降沿中断
		CLKOUT0	定时/计数器 0 的时钟输出 可通过设置 WAKE_CLKO[0]位/T0CLKO 将该引脚配置为 CLKOUT0
CLKOUT1/$\overline{\mathrm{INT}}$/T1/P3.5	15	P3.5	标准 I/O 口 PORT3[5]
		T1	定时/计数器 1 的外部输入
		$\overline{\mathrm{INT}}$	定时器 1 下降沿中断
		CLKOUT1	定时/计数器 1 的时钟输出 可通过设置 WAKE_CLKO[1]位/T0CLKO 将该引脚配置为 CLKOUT1
$\overline{\mathrm{WR}}$/P3.6	16	P3.6	标准 I/O 口 PORT3[6]
		$\overline{\mathrm{WR}}$	外部数据存储器写脉冲
$\overline{\mathrm{RD}}$/P3.7	17	P3.7	标准 I/O 口 PORT3[7]
		$\overline{\mathrm{RD}}$	外部数据存储器读脉冲
XTAL2	18	内部时钟电路反相放大器的输出端,接外部晶振的另一端。当直接使用外部时钟源时,此引脚可浮空,此时 XTAL2 实际将 XTAL1 输入的时钟进行输出	
XTAL1	19	内部时钟电路反相放大器的输入端,接外部晶振的一个引脚。当直接使用外部时钟源时,此引脚是外部时钟源的输入端	
GND	20	电源负极,接地	
P2.0～P2.7/A8～A15	21～28	P2:P2 口内部有上拉电阻,既可以作为输入/输出口,也可作为高 8 位地址总线使用(A8～A15)。当 P2 口作为输入/输出口时,P2 是一个 8 位准双向口	
NA/P4.4	29	标准 I/O 口 PORT4[4]	
ALE/P4.5	30	P4.5	标准 I/O 口 PORT4[5]
		ALE	地址锁存允许
EX_LVD/P4.6/RST2	31	P4.6	标准 I/O 口 PORT4[6]
		EX_LVD	外部低压检测中断/比较器
		RST2	第二复位功能脚

续表

引　　脚	编号	说　　明
P0.0～P0.7/ AD0～AD7	32～39	P0：P0 口既可作为输入/输出口，也可作为地址/数据复用总线使用。当 P0 口作为输入/输出口时，P0 是一个 8 位准双向口，内部有弱上拉电阻，无须外接上拉电阻。当 P0 作为地址/数据复用总线使用时，是低 8 位地址线[A0～A7]，数据线的[D0～D7]。
VCC	40	电源正极，接+5V

2.3.3　传统 8051 过渡到 STC12 系列

AT89C51 是 Atmel 公司生产的传统 8051 处理器内核单片机的经典机型。后来，Atmel 又推出可在线编程的 AT89S51/52 系列单片机。功能完全兼容 AT89C51/52。其中 AT89S52 应用时间较长，现在的国内某些工业设备依然采用此机型。但随着其他处理器架构及更高 CPU 位数单片机的普及，很多传统 8051 机型已经停产。目前，8051 处理器内核单片机主要产品来自国内宏晶科技生产的 STC 系列。其中 STC89C51RC/52RC 完全兼容 AT89S51/52，而且相对 AT89S51/52，STC89C51RC/52RC 的 RAM 和 ROM 容量都有提高。

随着技术的发展，宏晶科技也在不断推出增强型 8051 处理器内核单片机。STC12 和 STC15 系列是其中的杰出代表。STC12 系列 PDIP 封装引脚排列完全兼容传统 8051 单片机，STC15 系列性能进一步提高，但 PDIP 封装引脚排列不再兼容传统 8051 单片机。本书机器人采用双控制器架构，考虑到机器人系统的兼容性，双控制器架构中传统型 8051 单片机选择 STC89C52RC，增强型 8051 单片机选择 STC12 系列中的 STC12C5A60S2。

从传统 8051 过渡到增强型 8051 单片机 STC12C5A60S2，使用中需要注意以下问题。

(1) STC12C5A60S2 单片机改进并增强了 8051 内核。上电复位后其默认设置兼容传统 8051 单片机，即 12 个时钟周期是 1 个机器周期，简称 12T，即 $T_{cy}=12/f_{osc}$，如 $f_{osc}=12\text{MHz}$，则 $T_{cy}=1\mu s$。也可以通过设置特殊功能寄存器实现 STC12 单片机的每个时钟周期即 1 个机器周期，简称 1T，即 $T_{cy}=1/f_{osc}$，如 $f_{osc}=12\text{MHz}$，则 $T_{cy}=1/12\mu s=83.4\text{ns}$。

(2) STC12C5A60S2 单片机提升了传统 8051 单片机 111 条汇编指令执行时间，即大幅缩短了指令周期。最快的指令执行时间只有传统指令的 1/24，最慢的指令执行时间也有传统指令的 1/3，即 STC12C5A60S2 单片机的运行速度平均比传统 8051 快 6～12 倍。速度提高的同时，传统 8051 单片机程序里面依靠软件实现精确延时的需要按照 STC12 的运行速度进行修改。

(3) STC12C5A60S2 单片机的 I/O 口可通过特殊功能寄存器设置为 4 种工作类型：准双向口/弱上拉(传统 8051 模式)、强推挽输出/强上拉、高阻输入(电流既不能流入，也不能流出)、开漏输出。上电复位时，其默认设置为准双向口/弱上拉(传统的 8051 模式)。强推挽模式下每个 I/O 口驱动能力可达 20mA，但整个芯片驱动电流不能超过 120mA。

(4) STC12C5A60S2 单片机对部分 I/O 的功能进行了复用，表 2.3 中已经进行了说明。现对以下几个控制引脚进行特别说明。

ALE：传统 8051 单片机 ALE 引脚对系统时钟有 6 分频输出，可对外提供时钟。当时钟频率较高时，会成为一个干扰源。STC12C5A60S2 单片机直接禁止了 ALE 引脚的 6 分频输出。在不需要地址锁存信号的情况下，ALE 可作为 I/O 口引脚使用，为 P4.5。

$\overline{\text{PSEN}}$：传统 8051 单片机外部程序存储器读选通引脚。单片机具有 16 根地址总线，可在片外扩展最多 64KB 的程序存储器。随着集成芯片技术的发展，增强型 8051 单片机已经可以将片外程序存储器全部集中在片内，所以程序存储器扩展已经没有太大意义。该引脚可直接作为 I/O 口引脚使用，为 P4.4。

$\overline{\text{EA}}$：传统 8051 单片机外部程序存储器访问允许控制引脚。由于外部程序存储器已经可以完全集成到片内，因此该引脚也不再有意义。该引脚可直接作为 I/O 口引脚使用，为 P4.6。

RST：复位引脚也可作为 I/O 口引脚使用，为 P4.7。

可见，STC12C5A60S2 单片机相对传统 8051 单片机 PDIP 封装多了 4 个可直接使用 I/O 引脚的资源，在 P4SW 特殊功能器中设置使用。

(5) STC12C5A60S2 单片机的定时器 T0 和 T1 完全兼容传统 8051 单片机。上电复位后计数加 1 为传统 8051 单片机的 1 个机器周期，即时钟周期的 12 倍。如 $f_{osc}=12\text{MHz}$，则计数加 1 的时长为 $1\mu s$。串行口波特率设置依然可以通过 T1 工作方式 2 实现，但 STC12C5A60S2 单片机增加了一个独立的波特率发生器。不使用 T1 工作方式 2 设置波特率时，可以直接使用此独立波特率发生器设置波特率。

(6) STC12C5A60S2 单片机最小系统与 AT89C51 单片机完全兼容，其复位电路、时钟电路设计可完全参照 AT89C51 单片机最小系统，如图 2.3 所示。

思 考 题

1. 描述单片机的内部资源。
2. 描述单片机的外部引脚功能。
3. 描述单片机正常工作的最小系统。
4. 时钟周期频率为 12MHz，机器周期和指令周期分别为多少微秒？

第3章　C51程序设计

3.1　标准C语言与C51语言

标准C语言与C51语言在数据运算操作、程序流程控制语句及函数的使用上基本没有差别，但从适用于嵌入式计算机的角度出发，标准C语言与C51语言在以下几个方面不一样：

(1) 库函数进行了调整。C51语言去掉了标准C语言中不适合嵌入式计算机的库函数，如图形函数，改进了部分函数，如标准输入输出函数 scanf()和 printf()，这两个函数在标准C语言中用于字符输入和屏幕输出，而在C51语言中用于串行口收发。

(2) 数据类型有所增加。C51语言在标准C语言基础上增加了4种针对51单片机特有的数据类型，如位类型，以实现丰富的位操作，从而更好地完成控制功能。

(3) 存储模式不一样。C51语言中变量的存储模式与51单片机的存储器紧密相关。

(4) 输入输出处理不一样。C51语言中的输入输出是通过51单片机的串行口完成的，输入输出指令执行前必须对串行口进行初始化。

(5) C51语言相对标准C语言设置了有利于嵌入式计算机控制的专门的中断函数。

3.2　C51的数据类型

C51的数据类型分为基本数据类型和构造数据类型，情况与标准C中的数据类型基本相同，其中char型与short型相同，float型与double型相同。

C51的基本数据类型有：**字符型 char、整型 int、长整型 long、浮点型 float、指针型 *、特殊功能寄存器型 sfr/sfr16、位型 bit/sbit**。构造数据类型有：数组、指针、结构、联合、枚举。C51基本数据类型见表3.1。表中后4种是C51相对标准C增加的特殊功能寄存器型和位型数据类型，不能使用指针存取。

表3.1　C51基本数据类型

基本数据类型	长度	取值范围
unsigned char	1B	0～255无符号字符型
signed char	1B	－128～＋127有符号字符型
unsigned int	2B	0～65 535无符号整型
signed int	2B	－32 768～＋32 767有符号整型
unsigned long	4B	0～4 294 967 295无符号长整型
signed long	4B	－2 147 483 648～＋2 147 483 647有符号长整型

续表

基本数据类型	长度	取 值 范 围
float	4B	±1.175 494E-38～±3.402 823E+38 浮点型
*	1～3B	指针型
bit	1bit	0 或 1　位型变量
sbit	1bit	0 或 1　可位寻址的特殊功能寄存器的某位的绝对地址
sfr	1B	0～255 单字节特殊功能寄存器型
sfr16	2B	0～65 535 双字节特殊功能寄存器型

C51 程序在运算过程中可能出现各个运算量的数据类型不一致的情况。C51 允许运算中运算量的数据类型的隐式转换，隐式转换的优先级顺序如下：

```
bit→char→int→long→float
signed→unsigned
```

例如，当 char 型与 int 型运算量进行运算时，先自动将 char 型扩展为 int 型，然后与 int 型进行运算，运算结果为 int 型。C51 除了支持隐式类型转换外，还可以通过强制类型转换符“()”对数据类型进行人为的强制转换。如：

【例 3.1】　数据类型强制转换。

```
(float)x                //将 x 强制转换成 float 型
(int)(x+y)              //将 x+y 的和强制转换成 int 型
```

3.3　C51 的运算量

3.3.1　常量

常量是指在程序执行过程中其值不能改变的量。C51 支持整型常量、浮点型常量、字符型常量和字符串型常量。

1. 整型常量

整型常量就是整型常数，包括：

(1) 十进制整数，如 0、985、−51 等十进制数。

(2) 十六进制整数，以 0x 开头表示，如 0x16、0x1234 分别表示十六进制数 16H、1234H。

2. 浮点型常量

(1) 浮点型常量就是实型常数，包括：

(2) 十进制浮点数，如 0.123、56.78 等都是十进制数形式的浮点型常量。

指数浮点数，如 985.211e-2、−3.1415e3 等都是指数形式的浮点型常量。

3. 字符型常量

字符型常量是用单引号‘’引起来的字符，包括：

(1) 可以显示的 ASCII 字符,如'A'、'a'、'3'等。

(2) 不可显示的控制字符。在其前面加上反斜杠"\"组成转义字符。利用它可以完成一些特殊功能和输出时的格式控制。常用的转义字符见表 3.2。

表 3.2 常用的转义字符

转义字符	含义	ASCII 码(十六进制数)
\0	空字符(NULL)	00H
\n	换行符(LF)	0AH
\r	回车符(CR)	0DH
\t	水平制表符(HT)	09H
\b	退格符(BS)	08H
\f	换页符(FF)	0CH
\\	反斜杠	5CH

4. 字符串型常量

字符串型常量是用双引号" "引起来的字符组。字符串常量与字符常量不一样。

用双引号" "括起来的一串字符称为字符串型常量,如"Sanxia""5678"等。C 编译器会自动在字符串结尾加上转义字符"\0"作为字符串结束符。

用单引号' '括起来的字符型常量,其值实际上是字符的 ASCII 码,而不是字符串,如'A'表示 A 的 ASCII 码值为 65;"A"表示一个字符串,而不是一个字符。

'A'在内存中的存放为 65

"A"在内存中的存放为 65 0

其中 0 是 C 编译系统自动加上去的。

所以,字符常量'A'只占 1B,字符串常量"A"实际占 2B。同理,字符串常量"ABCD"实际占 5B。

3.3.2 变量

变量是指在程序执行过程中其值可以改变的量。变量由两部分组成:变量名和变量值。

在 C51 中,变量在使用前必须对变量进行定义,指出变量的数据类型和存储模式,以便编译系统为它分配相应的存储单元。定义的格式如下:

```
[存储种类]  数据类型说明符  [存储器类型]  变量名 1[=初值],变量名 2[=初值]…;
```

1. 数据类型说明符

定义变量时,数据类型说明符是必需的。通过数据类型说明符指明变量的数据类型,指明变量在存储器中占用的字节数和取值范围。数据类型说明符可以是基本数据类型,也可以是构造数据类型。

为了增加 C51 程序的可读性,允许用户用 typedef 和 # define 为系统固有的基本数据类型说明符起别名,格式如下:

```
typedef  C51基本数据类型说明符  别名;
#define  别名  C51基本数据类型说明符;
```

定义别名后,就可以用别名代替数据类型说明符对变量进行定义。别名可以大写,也可以小写,为了区别,一般用大写字母表示。

【例 3.2】 typedef 和 # define 的使用。

```
typedef    unsigned char  INT8U;          //为无符号字符型取别名
#define    INT16U  unsigned int;          //为无符号整型取别名
INT8U      x1=0x12;
INT16U     x2=0x1234;
```

2. 变量名

变量名是 C51 区分不同变量,为不同变量取的名称,也是必需的。C51 中规定变量名可以由字母、数字和下画线三种字符组成,且第一个字母必须为字母或下画线。变量名有两种:普通变量名和指针变量名。它们的区别是指针变量名前面要带"*"号。

3. 存储种类

存储种类是指变量在程序执行过程中的作用范围。C51 变量的存储种类有四种,分别是自动(auto)、外部(extern)、静态(static)和寄存器(register)。

auto:使用 auto 定义的变量称为自动变量,其作用范围在定义它的函数体或复合语句内部,当定义它的函数体或复合语句执行时,C51 才为该变量分配内存空间,结束时占用的内存空间释放。自动变量一般分配在内存的堆栈空间中。定义变量时,如果缺省存储种类,则该变量默认为 auto 变量。

extern:使用 extern 定义的变量称为外部变量。在一个函数体内,要使用一个已在该函数体外或别的程序中定义过的外部变量时,该变量在该函数体内要用 extern 说明。外部变量被定义后分配固定的内存空间,在程序整个执行时间内都有效,直到程序结束才释放。

static:使用 static 定义的变量称为静态变量。它又分为内部静态变量和外部静态变量。在函数体内部定义的静态变量为内部静态变量,它在对应的函数体内有效,一直存在,但在函数体外不可见,这样不仅使变量在定义它的函数体外被保护,还可以实现当离开函数时值不被改变。外部静态变量(在函数外部定义的静态变量)在程序中一直存在,但在定义的范围之外是不可见的。例如,在多文件或多模块处理中,外部静态变量只在文件内部或模块内部有效。

register:使用 register 定义的变量称为寄存器变量。它定义的变量存放在 CPU 内部的寄存器中,处理速度快,但数目少。C51 编译器编译时能自动识别程序中使用频率最高的变量,并自动将其作为寄存器变量,用户无须专门声明。

4. 存储器类型

存储器类型用于指明变量处于单片机哪块存储器区域的情况。C51 编译器能识别的存储器类型有以下几种,见表 3.3。

定义变量时也可以缺省"存储器类型",缺省时 C51 编译器将按编译存储模式默认存储器类型。C51 编译器支持三种编译存储模式:SMALL 模式、COMPACT 模式和 LARGE 模式。不同的编译存储模式对变量默认的存储器类型不一样。

表 3.3　C51 存储器种类

存储器类型	描　述
data	片内 RAM 直接寻址区(00H～7FH),位于低 128B,直接访问,速度快
bdata	片内 RAM 位寻址区(20H～2FH),允许字节和位混合访问
idata	片内 RAM 间接寻址区,允许寄存器间接访问片内 RAM 全部的 256B
pdata	片外 RAM 低 256B,使用@Ri 间接访问
xdata	片外 RAM 全部 64KB,使用@DPTR 间接访问
code	程序存储器区 ROM 全部 64KB,使用 DPTR 访问

(1) **SMALL 模式(小编译模式)**。在 SMALL 模式下,编译时变量默认在片内 RAM 的低 128B 空间中,存储器类型为 data。

(2) **COMPACT 模式(紧凑编译模式)**。在 COMPACT 模式下,编译时变量默认在片外 RAM 的低 256B 空间中,存储器类型为 pdata。

(3) **LARGE 模式(大编译模式)**。在 LARGE 模式下,编译时变量默认在片外 RAM 的 64KB 空间中,存储器类型为 xdata。

在程序中,变量的编译存储模式的指定通过 # pragma 预处理命令实现。如果没有指定,则系统都默认为 SMALL 模式。随着内部 RAM 和 ROM 空间容量不断增大的增强型 51 单片机得到广泛应用,变量存储器类型的定义多默认为 data。

【例 3.3】 变量存储器类型的定义。

```
char data x1;           //片内 RAM 低 128B 空间用直接寻址方式访问的字符型变量 x1
int xdata x2;           //片外 RAM 64KB 空间用间接寻址方式访问的整型变量 x2
unsign char code x3;    //ROM 64KB 空间无符号字符型变量 x3
```

5. 特殊功能寄存器变量

51 单片机通过片内的特殊功能寄存器控制 I/O、中断、定时/计数器、串行口及其他功能部件,每个特殊功能寄存器在片内 RAM 中都对应一个或两个字节单元。

在 C51 中,允许用户对这些特殊功能寄存器进行访问,访问时须通过 sfr 或 sfr16 类型说明符进行定义,定义时须指明它们对应的片内 RAM 单元的地址。格式如下:

```
sfr 或 sfr16   特殊功能寄存器名 =地址;
```

sfr 用于对 51 单片机中单字节的特殊功能寄存器进行定义。sfr16 用于对双字节的特殊功能寄存器进行定义。特殊功能寄存器名一般用大写字母表示。地址一般用直接地址形式,具体的特殊功能寄存器见表 2.2。

【例 3.4】 特殊功能寄存器的定义。

```
sfr      P1=0x90;
sfr      SCON=0x98;
sfr16    DPTR=0x82;
sfr16    T1=0x8B;
```

6. 位变量

C51 位类型符有两个：bit 和 sbit。可以定义两种位变量。

bit 位类型符用于定义一般的可位处理的位变量。它的格式如下：

```
bit  位变量名;
```

位变量的存储器类型只能是 bdata、data、idata，只能是片内 RAM 的可位寻址区，严格来说只能是 bdata。

【例 3.5】 bit 型位变量的定义。

```
bit  data   x1;
bit  bdata  x2;
```

sbit 位类型符用于定义在可位寻址字节或特殊功能寄存器中的位，定义时须指明其位地址，也可以是位直接地址，可以是可位寻址变量带位号，还可以是特殊功能寄存器名带位号。格式如下：

```
sbit  位变量名 =位地址;
```

如位地址为位直接地址，则其取值范围为 0x00～0xff；如位地址是可位寻址变量带位号或特殊功能寄存器名带位号，则在它前面须对可位寻址变量或特殊功能寄存器进行定义。字节地址与位号之间、特殊功能寄存器与位号之间一般用“^”作间隔。

【例 3.6】 sbit 型位变量的定义。

```
sfr   P1=0x90;
sbit  P1_0=P1^0;
unsigned  char  bdata  reg;
sbit  reg_0=reg^0;
```

C51 编译器已经对 51 单片机常用的特殊功能寄存器和特殊位进行了定义，放在一个 reg51.h 或 reg52.h 的头文件中。reg52.h 头文件相对 reg51.h 只是增加了特殊功能寄存器 T2 和 DPTR1 的定义。使用时需用预处理命令把该头文件包含到程序中，然后就可以在程序中使用特殊功能寄存器名和特殊位名，其形式为

```
#include  <reg51.h>
```

3.4 C51 的运算符

3.4.1 算术运算符

C51 算术运算符及其说明见表 3.4。

表 3.4 C51 算术运算符及其说明

符　号	说　明	举例(设 x=7,y=3)
+	加法	z=x+y;　　　//z=10

续表

符　　号	说　　明	举例(设 x=7,y=3)
-	减法	z=x-y;　　　//z=4
*	乘法	z=x*y;　　　//z=21
/	除法	z=x/y;　　　//z=2
%	取余数	z=x%y;　　　//z=1
++	自增 1	
--	自减 1	

C51 中自增和自减运算符是使变量自动加 1 或减 1。自增和自减运算符放在变量前和变量后是不同的,见表 3.5。

表 3.5　自增运算符与自减运算符及其说明

运　算　符	说　　明	举例(设 x=3)
x++	先用 x 的值,再让 x 加 1	y=x++;　　　//y=3,x=4
++x	先让 x 加 1,再用 x 的值	y=++x;　　　//y=4,x=4
x--	先用 x 的值,再让 x 减 1	y=x--;　　　//y=3,x=2
--x	先让 x 减 1,再用 x 的值	y=--x;　　　//y=2,x=2

3.4.2　关系运算符

关系运算符就是判断两个数的逻辑大小关系。关系运算的结果为逻辑量,成立为真(1),不成立为假(0)。另外,关系运算符中的等于"=="由两个"="组成。

关系运算符及其说明见表 3.6。

表 3.6　关系运算符及其说明

符　　号	说　　明	举例(设 x=2,y=3)
>	大于	x>y;　　　//返回值 0
<	小于	x<y;　　　//返回值 1
>=	大于或等于	x>=y;　　　//返回值 0
<=	小于或等于	x<=y;　　　//返回值 1
==	等于	x==y;　　　//返回值 0
!=	不等于	x!=y;　　　//返回值 1

3.4.3　逻辑运算符

逻辑运算符用于求条件式的逻辑值,用逻辑运算符将关系表达式或逻辑量连接起来的式子就是逻辑表达式。逻辑运算的结果为真(1)或者假(0)。

逻辑运算符及其说明见表 3.7。

表 3.7 逻辑运算符及其说明

<table>
<tr><th>运 算 符</th><th>说 明</th><th colspan="2">举例(设 x=2,y=3)</th></tr>
<tr><td>&&</td><td>逻辑与</td><td>x&&y;</td><td>//返回值为 1</td></tr>
<tr><td>||</td><td>逻辑或</td><td>x||y;</td><td>//返回值为 1</td></tr>
<tr><td>!</td><td>逻辑非</td><td>! x</td><td>//返回值为 0</td></tr>
</table>

3.4.4 位运算符

位运算符是按位对变量进行运算,但并不改变参与运算的变量的值。如果要求按位改变变量的值,则要利用相应的赋值运算。C51 中位运算符只能对整数进行操作,不能对浮点数进行操作。位运算符及其说明见表 3.8。

表 3.8 位运算符及其说明

<table>
<tr><th>符 号</th><th>说 明</th><th>举 例</th></tr>
<tr><td>&</td><td>按位逻辑与</td><td>0x19&0x4d=0x09</td></tr>
<tr><td>|</td><td>按位逻辑或</td><td>0x19|0x4d=0x5d</td></tr>
<tr><td>^</td><td>按位逻辑异或</td><td>0x19^0x4d=0x54</td></tr>
<tr><td>~</td><td>按位取反</td><td>x=0x0f,则~x=0xf0</td></tr>
<tr><td>＜＜</td><td>按位左移(高位丢弃,低位补 0)</td><td>y=0x3a,若 y＜＜2,则 y=0xe8</td></tr>
<tr><td>＞＞</td><td>按位右移(高位补 0,低位丢弃)</td><td>w=0x0f,若 w＞＞2,则 w=0x03</td></tr>
</table>

3.4.5 赋值运算符

赋值运算符及其说明见表 3.9。

表 3.9 赋值运算符及其说明

符 号	说 明	举 例	

=	赋值	x=3;
		x=3+2;
		x=y=3;
			//x=3
			//x=5
			//x=3,y=3

+=	加法赋值	x+=1;	//x=x+1
-=	减法赋值	x-=2;	//x=x-2
*=	乘法赋值	x*=3;	//x=x*3
/=	除法赋值	x/=4;	//x=x/4
%=	取余赋值	x%=5;	//x=x%5
&=	逻辑与赋值	x&=0x55;	//x=x&0x55

续表

符　号	说　明	举　例	
|＝	逻辑或赋值	x|＝0x55；	//x＝x|0x55
^＝	逻辑异或赋值	x^＝0x55；	//x＝x^0x55
＜＜＝	左移位赋值	x＜＜＝2；	//x＝x＜＜2
＞＞＝	右移位赋值	x＞＞＝2；	//x＝x＞＞2

3.4.6 指针与地址运算符

C51的指针变量用于存储某个变量的地址，C51用“*”和“&”运算符提取变量的内容和变量的地址，见表3.10。

表3.10 指针与地址运算符及其说明

符　号	说　明
*	提取变量的内容
&	提取变量的地址

3.4.7 逗号与条件运算符

逗号与条件运算符及其说明见表3.11。

表3.11 逗号与条件运算符及其说明

符　号	说　明
,	逗号运算符表达式的值是最右边表达式的值。 如：z＝(x＝2,y＝3,3＊7)； 则执行结果z＝21
?：	逻辑表达式？表达式1：表达式2。 若逻辑表达式为真，则表达式1的值为整个条件表达式的值。 若逻辑表达式为假，则表达式2的值为整个条件表达式的值。 如：x＝3；y＝2；z＝(x＞＝y？x：y)； 则执行结果z＝3

3.5 C51的流程控制语句

3.5.1 C51的基本结构

1. 顺序结构

顺序结构就是从前向后依次执行语句。整体上看，所有程序的基本结构都是顺序结构，中间的某个过程可以是选择结构或循环结构。

2. 选择结构

选择结构的作用是根据指定的条件是否满足,决定从给定的两组操作选择其一。C51 语言的选择结构通常用 if 语句、if else 语句和 switch/case 语句实现。

3. 循环结构

循环结构的作用是让某一段程序重复执行多次。C51 语言的循环结构通常用 while、do while 和 for 语句实现。

3.5.2 if 语句

if 语句是 C51 中的一个基本条件选择语句,通常有三种格式:

```
(1) if(表达式)
        {语句;}
(2) if(表达式)
        {语句 1;}
    else
        {语句 2;}
(3) if(表达式 1) {语句 1;}
    else  if(表达式 2){语句 2;}
    else  if(表达式 3){语句 3;}
    …
    else  if(表达式 n-1){语句 n-1;}
    else  {语句 n;}
```

说明如下:

(1) 当 if 后面小括号内的表达式成立(真)时,就执行大括号内的语句;当表达式不成立(假)时,则程序跳过 if 结构执行下一条语句。

(2) 当 if 后面小括号内的表达式成立(真)时,就执行大括号内的语句 1,然后跳过 else 大括号内的语句 2,执行下一条语句;当表达式不成立(假)时,则程序执行 else 后面大括号内的语句 2,然后执行下一条语句。

(3) 当 if 后面小括号内的表达式 1 成立(真)时,就执行大括号内的语句 1,然后跳过之后所有 else 大括号内的语句,执行下一条语句;当表达式不成立(假)时,则程序执行 else 后面的语句,此时需要再次判断 if 后面小括号内的表达式 2,若成立(真),则执行语句 2,然后跳过剩下所有的 else 语句执行下一条语句;若不成立(假),则再次判断表达式 3,以此类推。

【例 3.7】 if 语句的用法。

(1) 输入 x 和 y,如果 x 等于 y,则输出 x 的值和 y 的值。串口调试观察结果。

```
#include  <reg51.h>                          //寄存器头文件
#include  <stdio.h>                          //基本输入输出头文件
void main(void)
{
    int x,y;
    SCON=0x52; TMOD=0x20; TH1=0xFD; TR1=1;   //串口初始化
    printf("please input x,y:\n");           //输出提示信息
```

```
    scanf("%d%d",&x,&y);                     //输入 x 和 y 的值
    if(x==y)                                 //如果 x 和 y 相等,则输出,否则不输出
    printf("x=%d,y=%d\n",x,y);
    while(1);                                //循环
}
```

（2）输入 x 和 y,如果 x 大于 y,则把 x 的值送给变量 max,如 x 不大于 y,则把 y 的值送给变量 max,输出 max 的值。

```
#include  <reg51.h>
#include  <stdio.h>
void main(void)
{
  int x,y,max;
  SCON=0x52; TMOD=0x20; TH1=0xFD; TR1=1;      //串口初始化
  printf("please input x,y:\n");
  scanf("%d%d",&x,&y);
    if(x>y)
      max=x;
    else
      max=y;
  printf("max=%d\n",max);
  while(1);
}
```

（3）学生成绩划分为 A、B、C、D、E 五个等级。五名学生的分数分别为 90、80、70、60、50。输入其中某一学生的分数,打印出对应的等级。

```
#include  <reg51.h>
#include  <stdio.h>
void main(void)
{
    int x;
    SCON=0x52; TMOD=0x20; TH1=0xFD; TR1=1;   //串口初始化
    printf("please input x:\n");
    scanf("%d",&x);
  if  (x==90)  printf("You are A\n");
    else  if  (x==80)  printf("You are B\n");
    else  if  (x==70)  printf("You are C\n");
    else  if  (x==60)  printf("You are D\n");
    else  if  (x==50)  printf("You are E\n");
    else  printf("You are wrong\n");
    while(1);
}
```

3.5.3 switch/case 语句

if 语句通过 if else if 嵌套可以实现多分支结构,但结构复杂。switch/case 是 C51 专门

处理多分支结构的选择语句，其格式如下：

```
switch(表达式)
{
    case  常量表达式 1:{ 语句 1;}  break;
    case  常量表达式 2:{ 语句 2;}  break;
    …
    case  常量表达式 n:{ 语句 n;}  break;
    default:{ 语句 n+1;}
}
```

说明如下：

(1) switch 后面小括号内的表达式必须是整型或字符型表达式，运算结果必须是常量。

(2) 大括号里面的每一个 case 后面的常量表达式的值必须不同。

(3) 每个 case 语句后面可以带一个语句，也可以带多个语句，还可以不带。语句可以用花括号括起，也可以不括。

(4) 多个 case 可以共用一组执行语句。

(5) 当表达式的值与大括号内某一 case 后面的常量表达式的值相同时，就执行该 case 后面的语句，然后遇到 break 语句即退出 switch 结构。若表达式的值与所有 case 后的常量表达式的值都不相同，则执行 default 后面的语句，然后退出 switch 结构。

(6) case 语句和 default 语句的出现次序对执行过程没有影响。

(7) 每个 case 语句后面可以有 break，也可以没有。有 break 语句，执行到 break 则退出 switch 结构，若没有，则会顺次执行后面的语句，直到遇到 break 或结束。

【例 3.8】 switch/case 语句的用法。

学生成绩划分为 A、B、C、D、E 五个等级。五名学生的分数分别为 90、80、70、60、50。输入其中某一学生的分数，打印出对应的等级。

```
#include  <reg51.h>
#include  <stdio.h>
void main(void)
{
    int x;
    SCON=0x52; TMOD=0x20; TH1=0xFD; TR1=1;   //串口初始化
    printf("please input x:\n");
    scanf("%d",&x);
    switch(x)
    {
      case 90:   printf("You are A\n"); break;
      case 80:   printf("You are B\n"); break;
      case 70:   printf("You are C\n"); break;
      case 60:   printf("You are D\n"); break;
      case 50:   printf("You are E\n"); break;
      default:   printf("You are wrong\n");
    }
```

```
    while(1);
}
```

3.5.4 while 语句

while 语句在 C51 中用于实现循环结构,格式如下:

```
while(表达式)
{  语句; }                                      //循环体
```

while 语句后面小括号里的表达式是能否循环的条件,大括号里的语句是循环体。

while 语句的执行过程如下:

先判断表达式,当表达式成立(真)时,就重复执行循环体内的语句;当表达式不成立(假)时,则中止 while 循环,程序将执行 while 循环结构之外的下一条语句。while 语句在执行时,如表达式第一次就不成立,则循环体一次也不执行。

【例 3.9】 while 语句的用法。计算并输出 1～10 的累加和。

```
#include  <reg51.h>
#include  <stdio.h>
void main(void)
{
  int  i=1,sum=0;
  SCON=0x52; TMOD=0x20; TH1=0xFD; TR1=1;     //串口初始化
  while  (i<=10)
  {
      sum=sum+i;
      i++;
  }
  printf("1+2+3+4+5+6+7+8+9+10=%d\n",sum);
  while(1);
}
```

3.5.5 do while 语句

do while 语句在 C51 中也用于实现循环结构,格式如下:

```
   do
  {  语句; }                                    //循环体
while(表达式);
```

do 后面大括号里的语句是循环体,while 后面小括号里的表达式是能否循环的条件。

do while 语句的执行过程如下:

先执行一遍循环体中的语句,后判断表达式。如表达式成立(真),则再执行循环体,然后又判断表达式,直到表达式不成立(假)时退出循环,执行 do while 循环结构外的下一条语句。do while 语句在执行时,循环体内的语句至少会被执行一次。

【例 3.10】 do while 语句的用法。计算并输出 1～10 的累加和。

```
#include  <reg51.h>
#include  <stdio.h>
void main(void)
{
  int  i=1,sum=0;
  SCON=0x52; TMOD=0x20; TH1=0xFD; TR1=1;     //串口初始化
  do
  {
      sum=sum+i;
      i++;
  }
  while  (i<=10);
  printf("1+2+3+4+5+6+7+8+9+10=%d\n",sum);
  while(1);
}
```

3.5.6 for 语句

for 语句在 C51 中用于实现循环结构的功能最强大，可用于循环次数已经确定的情况，也可用于循环次数不确定的情况。其格式如下：

```
for(表达式 1; 表达式 2; 表达式 3)
{ 语句; }                                    //循环体
```

for 后面小括号里包含 3 个表达式，大括号里的语句是循环体。在 for 循环中，一般表达式 1 为初值表达式，用于给循环变量赋初值；表达式 2 为条件表达式，对循环变量进行判断；表达式 3 为循环变量更新表达式，用于对循环变量的值进行更新，使循环变量在不满足条件时退出循环。

for 语句的执行过程如下：

(1) 求解表达式 1 的值。

(2) 求解表达式 2 的值。若表达式 2 的值为真，则执行循环体中的语句，执行完后再执行步骤(3)的操作；若表达式 2 的值为假，则退出 for 循环，执行 for 循环结构外的下一条语句。

(3) 若表达式 2 的值为真，则执行完循环体中的语句后，求解表达式 3，然后转到步骤(2)继续执行。

【例 3.11】 for 语句的用法。计算并输出 1～10 的累加和。

```
#include  <reg51.h>
#include  <stdio.h>
void main(void)
{
  int  i=1,sum=0;
  SCON=0x52; TMOD=0x20; TH1=0xFD; TR1=1;     //串口初始化
```

```
  for (i=1;i<=10;i++)
    sum=sum+i;
  printf("1+2+3+4+5+6+7+8+9+10=%d\n",sum);
  while(1);
}
```

3.5.7 break 语句和 continue 语句

break 语句和 continue 语句通常用于循环结构中,用来跳出循环结构,但是二者又有所不同。

1. break 语句

break 语句可以跳出 switch 结构,使程序继续执行 switch 结构后面的下一条语句。break 语句还可以从循环体中跳出该循环,提前结束该循环而接着执行循环结构下面的语句。break 语句不能用在除了 switch 语句和循环语句之外的任何其他语句中。

2. continue 语句

continue 语句用在循环结构中,用于结束本次循环,跳过循环体中 continue 下面尚未执行的语句,直接进行下一次是否继续执行循环的判定。

continue 语句和 break 语句的区别在于:continue 语句只是结束本次循环,而不是终止整个循环;break 语句则是结束循环,不再进行条件判断。

3.5.8 return 语句

return 语句一般放在函数的最后位置,用于终止函数的执行,并控制程序返回调用该函数时所处的位置。返回时还可以通过 return 语句带回返回值。return 语句的格式有两种:

(1) return;

(2) return (表达式);

如果 return 语句后面带有表达式,则要计算表达式的值,并将表达式的值作为函数的返回值。若不带表达式,则函数返回时将返回一个不确定的值。通常用 return 语句把调用函数取得的值返回给主调用函数。

3.6 C51 的函数

3.6.1 函数的定义

函数定义的一般格式如下:

```
函数类型  函数名(形式参数表) [reentrant] [interrupt m] [using n]
{
    函数体
}
```

1. 函数类型

函数类型用于说明函数返回值的类型,为表 3.1 所述基本数据类型。如果函数没有返回值,则函数类型一般定义为空类型 void。

2. 函数名

函数名是用户为自定义函数取的名字,以便调用函数时使用。

3. 形式参数表

形式参数表用于列出在主调用函数与被调用函数之间进行数据传递的形式参数。形式参数也需要进行数据类型说明。无形式参数时,括号内可以空着或者用 void。若包含多个形式参数,则各个形参之间用逗号隔开。

4. reentrant 修饰符

reentrant 修饰符用于把 C51 的函数定义为可重入函数。所谓可重入函数,就是允许被递归调用的函数。函数的递归调用是指当一个函数正被调用尚未返回时,又直接或间接调用函数本身。一般的函数不允许递归调用,只有声明为可重入函数才允许递归调用。

5. interrupt m 修饰符

interrupt m 修饰符用于把 C51 的函数定义为中断函数。当函数定义时用了 interrupt m 修饰符,系统在编译时自动把对应函数转化为中断函数,自动加上程序头段和尾段,并按 51 单片机中断的处理方式自动把它安排在程序存储器中的相应位置。在该修饰符中,m 的取值为 0～31。

6. using n 修饰符

using n 修饰符用于指定本函数内部使用的工作寄存器组,其中 n 的取值为 0～3,表示寄存器组号。using n 通常与 interrupt m 联合使用。

3.6.2 函数的调用

函数调用的一般格式如下:

```
函数名(实际参数);
```

对于有参数的函数调用,若包含多个实际参数,则各个实参之间用逗号隔开。

按照函数调用在主调函数中出现的位置,函数调用方式有以下三种:

(1) 函数语句。把被调用函数作为主调用函数的一个语句。

(2) 函数表达式。函数被放在一个表达式中,以一个运算对象的方式出现,这时的被调用函数要求带有返回语句,以返回一个明确的数值参加表达式的运算。

(3) 函数参数。被调用函数作为另一个函数的参数。

【例 3.12】 函数的定义和调用。

```
#include  <reg51.h>
#include  <stdio.h>
int max(int  x,int  y)                          //取两个数中的最大值
{  int  z;
   z=(x>=y?x:y);                                //若 x>=y,则把 x 赋给 z,否则把 y 赋给 z
   return(z);                                   //返回 z 的值
}
void main(void)                                 //主函数
{
```

```
    int x,y;
    SCON=0x52; TMOD=0x20; TH1=0xFD; TR1=1;  //串口初始化
    printf("please input x,y:\n");
    scanf("%d%d",&x,&y);
    printf("max is:%d\n",max(x,y));
    while(1);
}
```

3.7 C51的数组与指针

3.7.1 数组

1. 一维数组

1）一维数组的定义

一维数组只有一个下标，定义的格式如下：

```
数据类型说明符  数组名[常量表达式][={初值,初值…}]
```

说明如下：

(1)“数据类型说明符”用于说明数组中各个元素存储的数据的类型，为前述基本数据类型，如int等。

(2)“数组名”是整个数组的标识符，取名方法与变量取名方法相同。同时，数组名还是整个数组第一个元素的首地址。

(3)“常量表达式”的取值为整型常量，必须用方括号“[ ]”括起来，用于说明该数组的长度，即该数组元素的个数。

(4)“初值”用于给数组元素赋初值，也称为初始化。对数组元素赋初值，可以在定义时赋值，也可以在定义之后赋值。在定义时赋值，后面须带等号，初值须用花括号括起来，括号内的初值互相之间用逗号间隔，可以对数组的全部元素赋值，也可以只对部分元素赋值。初值为0的元素可以只用逗号占位，而不写初值0。

下面是一维数组定义的两个例子：

```
unsigned  char  a[5];
unsigned  int  b[3]={1,2,3};
```

第一句定义了一个无符号字符型数组，数组名为a，数组中的元素个数为5。

第二句定义了一个无符号整型数组，数组名为b，数组中的元素个数为3，在定义的同时给数组中的三个元素赋初值，初值分别为1、2、3。

需要注意的是，C51中数组的下标是从0开始的，因此上面第一句定义的5个元素分别是a[0]、a[1]、a[2]、a[3]、a[4]。第二句定义的3个元素分别是b[0]、b[1]、b[2]。赋值情况为b[0]=1;b[1]=2;b[2]=3。

C51规定，在引用数组时只能逐个引用数组中的各个元素，而不能一次引用整个数组。但如果是字符数组，则可以一次引用整个数组。

2）一维数组的初始化

对一维数组的初始化，可以用以下方法实现：

(1) 在定义数组时对数组的全部元素赋初值。例如：

```
int  a[3]={1,2,3};
```

经过上面的定义与初始化后，a[0]=1，a[1]=2，a[2]=3。

(2) 只对数组的一部分元素赋值。例如：

```
int  a[3]={1,2};
```

定义数组 a 有 3 个元素，但花括号内只提供 2 个初值，初始化后，有 a[0]=1，a[1]=2，最后 1 个元素的值默认为 0，即 a[2]=0。

(3) 对数组的全部元素赋值时，也可以不指定数组长度。例如：

```
int  a[3]={1,2,3};
```

可以写成：

```
int  a[ ]={1,2,3};
```

由于这种写法花括号里面有 3 个数，因此系统自身定义 a 数组元素个数为 3，并将这 3 个初值分配给 3 个数组元素。注意，如果只对一部分元素赋值，就不能省略掉表示数组长度的常量表达式。

2. 二维数组

1）二维数组的定义

二维数组有两个下标，定义的格式如下：

```
数据类型说明符  数组名[常量表达式][常量表达式] [={初值,初值…}]
```

例如：

```
int  a[2][3];                                    //定义 a 为 2 行 3 列的数组
```

二维数组的存取顺序是：按行存取，先存取第 1 行第 0 列，1 列，2 列，直到第 1 行的最后一列。然后转到第 2 行开始，再取第 2 行第 0 列，1 列，2 列，直到第 2 行最后一列。以此类推，直到最后一行的最后一列。

2）二维数组的初始化

对二维数组的初始化，可以用以下方法实现：

(1) 在定义数组时分行对数组的全部元素赋初值。例如：

```
int  a[2][3]={{1,2,3},{4,5,6}};
```

赋值后数组元素如下：

```
1  2  3
4  5  6
```

可见，经过上面的定义与初始化后，把第 1 个花括号内的值赋给第 1 行元素，把第 2 个花括号内的值赋给第 2 行元素。也可以将所有数据写在一个花括号内，按数组的排列顺序对各元素赋初值。其初始化结果与上面一样。例如：

```
int  a[2][3]={1,2,3,4,5,6} ;
```

(2) 可以只给一部分元素赋值。例如：

```
int  a[2][3]={1,2} ;
```

赋值后数组元素如下：

```
1  2  0
0  0  0
int  a[2][3]={ {1},{2} }
```

赋值后数组元素如下：

```
1  0  0
2  0  0
```

3. 字符数组

用来存放字符数据的数组称为字符数组，它是C语言中常用的一种数组。字符数组中的每一个元素都用来存放一个字符，也可用字符数组存放字符串。字符数组的定义与一般数组相同，只是在定义时把数据类型定义为char型。

1) 字符数组的定义

一维字符数组有一个下标，定义的格式如下：

```
char   数组名[常量表达式] [={初值,初值…}]
```

二维字符数组有两个下标，定义的格式如下：

```
char   数组名[常量表达式][常量表达式] [={初值,初值…}]
```

例如：

```
char  a[10];
char  a[3][20];
```

上面第一句定义了一个一维字符数组，包含10个字符元素。第二句定义了一个二维字符数组，包含60个字符元素。

在C51语言中，字符数组用于存放一组字符或字符串，字符串以“\0”作为结束符，只存放一般字符的字符数组的赋值与使用和一般的数组完全相同。对于存放字符串的字符数组，既可以对字符数组的元素逐个进行访问，也可以对整个数组按字符串的方式进行处理。

2) 字符数组的初始化

将字符数组初始化的最直接方法是将各个字符逐个赋给数组中的元素。例如：

```
char  a[10]={'N','a','n','k','a','i',' ',' ',' '};
```

上面定义了一个字符型数组a[10]，一共有10个元素。

C51还允许用字符串直接给字符数组赋初值，有如下两种形式：

```
char  a[ ]={"Nankai"};
```

```
char  a[]="Nankai";
```

上面例子的[ ]中的常量表达式没有规定元素个数,由初始化的字符串长度决定。

二维字符数组由若干个字符串组成,也可称之为字符串数组。二维字符数组的第1个下标是定义字符串的个数,第2个下标是定义每个字符串的长度。该长度应当比这批字符串中最长字符的个数多一个字符,用于装入字符串的结束符"\0"。

例如:

```
unsigned  char  a[3][20]=
{   {"Hello Qinghua!"},
    {"Byebye Beida!"},
    {"This is a Joke!"},
};
```

上面定义了一个二维字符数组a[3][20],数组名为a,可以容纳3个字符串,每个字符串最多能够存放20个字符。其中第一个下标可以省略,如a[ ][20],由初始化的字符串个数决定。如本例中省略第1个下标,那么其值是3,因为是3个字符串。第2个下标必须给定,因为它不能从数据表中得到。

【例 3.13】 数组的定义和输出。

```
#include <reg51.h>
#include <stdio.h>
void main(void)
{
    int i;
    int array[8]={1,2,3,4,5,6,7};
    char  string[20]="please show array:\n";
    SCON=0x52; TMOD=0x20; TH1=0xFD; TR1=1;  //串口初始化
    printf("%s",string);
    for(i=0;i<8;i++)
        printf("%2d", array[i]);
    while(1);
}
```

3.7.2 指针

在C语言中,数据存放在内存单元中,内存单元按字节进行组织管理。内存单元前面的编号字节叫作内存单元的**地址**;内存单元里存放的数据叫作内存单元的**内容**。C语言可以直接访问内存单元的数据,也可以通过地址方式访问内存单元的数据。作为一种高级程序设计语言,C语言中的数据通常是以变量的形式进行存放和访问的。

变量在使用时需要分清两个概念:变量名和变量的值。前一个是数据的标识,后一个是数据的内容。**变量名**相当于内存单元的**地址**,**变量的值**相当于内存单元的**内容**。

对于内存单元的数据有两种访问方式,对于变量也有两种访问方式:直接访问方式和间接访问方式。

直接访问方式。对于变量的访问是直接给出变量名。例如:printf("%d",x),直接给出变量 x 的变量名输出变量 x 的内容。执行时,根据变量名得到内存单元的地址,然后从内存单元的内容中取出数据按指定的格式输出,这就是直接访问。

间接访问方式。例如：要存取变量 x 中的值时,可以先将变量 x 的地址放在另一个变量 y 中,访问时先找到变量 y,从变量 y 中取出变量 x 的地址,然后根据这个地址从内存单元的内容中取出变量 x 的值,这就是间接访问。这里,从变量 y 中取出的不是所访问的数据,而是访问的数据(变量 x 的值)的地址,这就是指针,变量 y 称为指针变量。

关于指针,注意两个基本概念：变量的指针和指向变量的指针变量。变量的指针就是变量的地址。对于变量 x,如果它所对应的内存单元地址为 30H,它的指针就是 30H。指针变量是指一个专门用来存放另一个变量地址的变量,它的值是指针。上面变量 y 中存放的是变量 x 的地址,变量 y 中的值是变量 x 的指针,变量 y 就是一个指向变量 x 的指针变量。

如上所述,指针实质上就是各种数据在内存单元中的地址。

1. 指针变量的定义

指针变量的定义与一般变量的定义类似,定义的一般格式如下：

```
数据类型说明符  [存储器类型]  *指针变量名;
```

其中：

“数据类型说明符”说明了该指针变量指向的变量的类型。

“存储器类型”是可选项,如果带有此选项,则指针被定义为基于某种存储器的指针。无此选项时,被定义为一般指针,这两种指针的区别在于它们占的存储字节不同。

下面是几个指针变量定义的例子：

```
int  *p1;                //定义一个指向整型变量的指针变量 p1
char  *p2;               //定义一个指向字符型变量的指针变量 p2
char  data  *p3;         //定义一个指向字符型变量的指针变量 p3,该指针访问的数据
                         //在片内数据存储器中,该指针在内存中占一个字节
int  xdata  *p4;         //定义一个指向整型变量的指针变量 p4,该指针访问的数据在
                         //片外数据存储器中,该指针在内存中占两个字节
```

2. 指针变量的引用

指针变量是存放另一变量地址的特殊变量,只能存放地址。指针变量使用时须注意两个运算符：& 和 *。其中：“&”是取地址运算符,“*”是指针运算符。通过“&”运算符可以把一个变量的地址送给指针变量,使指针变量指向该变量;通过“*”运算符可以实现通过指针变量访问它所指向的变量的值,即变量的内容。

指针变量经过定义之后可以像其他基本类型变量一样引用。例如：

```
int x, *px, *py;         //变量及指针变量的定义
px=&x;                   //将变量 x 的地址赋给指针变量 px,使 px 指向变量 x
*px=6;                   //等价于 x=6
py=px;                   //将指针变量 px 中的地址赋给指针变量 py,使指针变量 py 也指向 x
```

【例 3.14】 输入三个整数 x、y、z,经比较后按从大到小的顺序输出。

```
#include  <reg51.h>
#include  <stdio.h>
```

```
void main(void)
{
    int  t, x, y, z;
    int  *p, *p1, *p2, *p3;
    SCON=0x52; TMOD=0x20; TH1=0xFD; TR1=1;        //串口初始化
    p=&t;
    printf("input  x, y and z:\n");
    scanf("%d%d%d", &x, &y, &z);
    p1 =&x; p2 =&y; p3 =&z;
    if (x <y) { *p = *p1, *p1 = *p2, *p2 = *p; }
    if (x <z) { *p = *p1, *p1 = *p3, *p3 = *p; }
    if (y <z) { *p = *p2, *p2 = *p3, *p3 = *p; }
    printf("max=%d,mid=%d,min=%d\n", *p1, *p2, *p3);
    while (1);
}
```

3.7.3 绝对地址的访问

1. 使用 C51 库文件中的宏定义

C51 编译器提供了一组宏定义对 51 单片机的 code、data、pdata 和 xdata 存储器空间的绝对地址进行访问。规定只能以无符号数方式进行访问。8 个宏定义的函数原型如下：

```
#define  CBYTE((unsigned char volatile*)0x50000L)
#define  DBYTE((unsigned char volatile*)0x40000L)
#define  PBYTE((unsigned char volatile*)0x30000L)
#define  XBYTE((unsigned char volatile*)0x20000L)

#define  CWORD((unsigned int volatile*)0x50000L)
#define  DWORD((unsigned int volatile*)0x40000L)
#define  PWORD((unsigned int volatile*)0x30000L)
#define  XWORD((unsigned int volatile*)0x20000L)
```

这些函数原型放在 C51 库的 absacc.h 文件中。使用时需用预处理命令把该头文件包含到程序中，形式为

```
#include  <absacc.h>
```

其中 CBYTE 以字节形式对 code 区寻址，DBYTE 以字节形式对 data 区寻址，PBYTE 以字节形式对 pdata 区寻址，XBYTE 以字节形式对 xdata 区寻址，CWORD 以字形式对 code 区寻址，DWORD 以字形式对 data 区寻址，PWORD 以字形式对 pdata 区寻址，XWORD 以字形式对 xdata 区寻址。访问形式如下：

宏名[地址]

宏名为 CBYTE、DBYTE、PBYTE、XBYTE、CWORD、DWORD、PWORD 或 XWORD。地址为存储单元的绝对地址，一般用十六进制形式表示。

【例 3.15】 绝对地址对存储单元的访问。

```
#include  <reg51.h>
#include  <absacc.h>              //绝对地址头文件
#define uchar unsigned char
void  main(void)
{
  uchar  x1;
  x1=XBYTE[0x0003];               //将片外 RAM 空间 0003H 地址对应的字节内容赋给 x1
  while(1);
}
```

2. 使用 C51 扩展关键字_at_

使用_at_对指定的存储器空间的绝对地址进行访问,一般格式如下:

```
数据类型说明符  [存储器类型]  变量名  _at_  地址常数;
```

其中,数据类型为 C51 支持的数据类型;存储器类型为 data、bdata、idata、pdata 等,若缺省,则按 C51 编译存储模式规定的默认存储器类型确定变量的存储器空间;地址常数用于指定变量的绝对地址,必须位于有效的存储器空间内;使用_at_定义的变量必须为全局变量。

【例 3.16】 通过_at_实现绝对地址的访问。

```
#include  <reg51.h>
#define  uchar  unsigned char
#define  uint  unsigned int
uchar data  x1 _at_ 0x30;       //在 data 区定义字节变量 x1,它的地址为 30H
uint xdata x2 _at_ 0x1000;      //在 xdata 区定义字变量 x2,它的地址 1000H
void  main(void)
{
    x1=0xff;                    //将数据 0xff 送到片内 RAM 的 30H 地址的内容中
    x2=0x1234;                  //将数据 0x1234 送到片外 RAM 的 1000H 地址的内容中
    while(1);
}
```

3. 使用指针

采用指针的方法,可以实现在 C51 程序中对任意指定的存储器空间进行访问。

【例 3.17】 通过指针实现绝对地址的访问。

```
#include  <reg51.h>
#define  uchar  unsigned char
#define  uint  unsigned int
void  main(void)
{
  uchar  data  x1;
  uchar  data  *p1;             //定义一个指向 data 区的指针 p1
  uint  xdata  *p2;             //定义一个指向 xdata 区的指针 p2
  uchar  data  *p3;             //定义一个指向 data 区的指针 p3
```

```
    p1=0x30;                    //p1 指针赋值,指向 data 区的地址 30H
    p2=0x1000;                  //p2 指针赋值,指向 xdata 区的地址 1000H
    *p1=0xff;                   //将数据 0xff 送到 data 区地址为 30H 的内容中
    *p2=0x1234;                 //将数据 0x1234 送到 xdata 区地址为 1000H 的内容中
    p3=&x1;                     //将 data 区的 x1 变量的地址赋给 p3 指针
    *p3=0x20;                   //给 p3 指针对应的内容赋值 0x20,即 x1=0x20
}
```

3.8 工具软件的基本使用

3.8.1 集成开发软件 Keil

C51 集成开发软件为 Keil。目前已经发布到 Keil μVision5,其各个版本的使用方法基本相同。下面以 Keil μVision3 为例,详细介绍如何使用集成开发软件 Keil μVision3 开发、编译 C51 程序。

(1) 启动 Keil μVision3,进入 Keil μVision3 的主编辑界面,如图 3.1 所示。

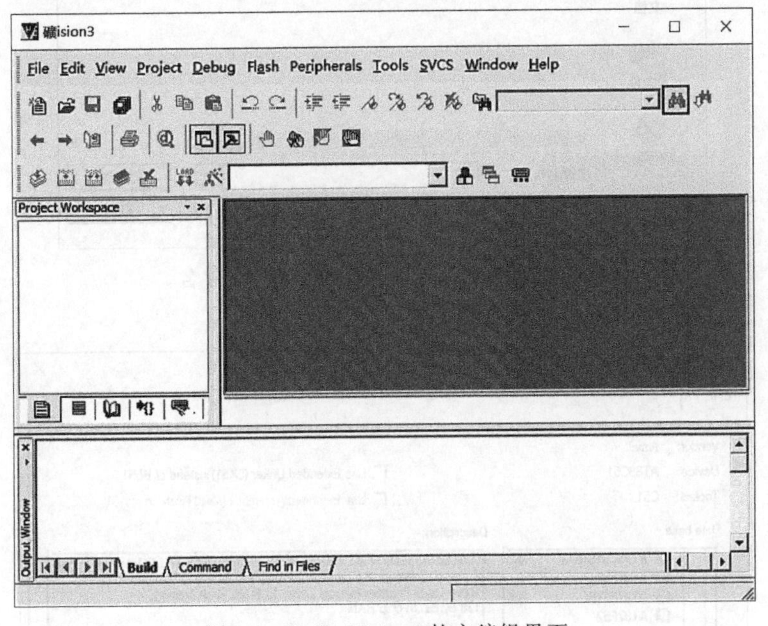

图 3.1 Keil μVision3 的主编辑界面

(2) 建立一个新工程,单击 Project 菜单,在弹出的下拉菜单中选中 New μVision Project 选项,如图 3.2 所示。

(3) 在弹出的对话框中选择新工程要保存的路径和文件名,例如,保存路径为 E:\C51\LED,工程名为 LED,单击“保存”按钮即可。Keil μVision3 的工程文件扩展名为(.uv2),如图 3.3 所示。Keil μVision4 和 Keil μVision 5 的工程文件扩展名为(.uvprj)。

(4) 保存工程后会弹出 Select Device for Target 'Target 1'(选择所需器件)对话框,如图 3.4 所示。用户可在左侧的数据列表(Data base)中选择自己使用的具体的单片机型号。

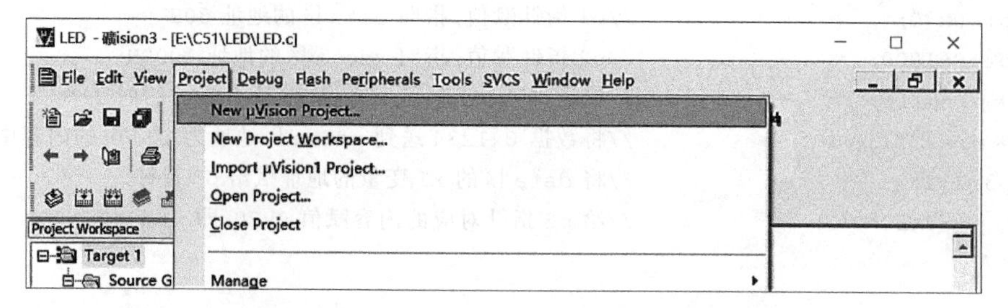

图 3.2　选中 New μVision Project 建立新工程

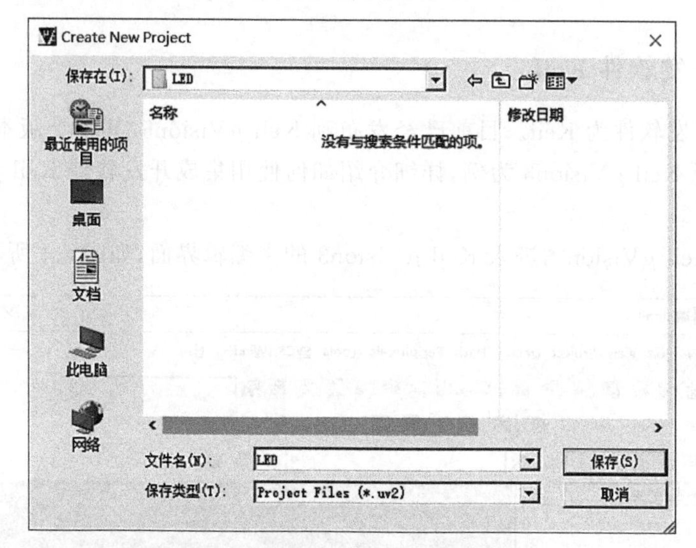

图 3.3　选择新工程保存的路径和文件名

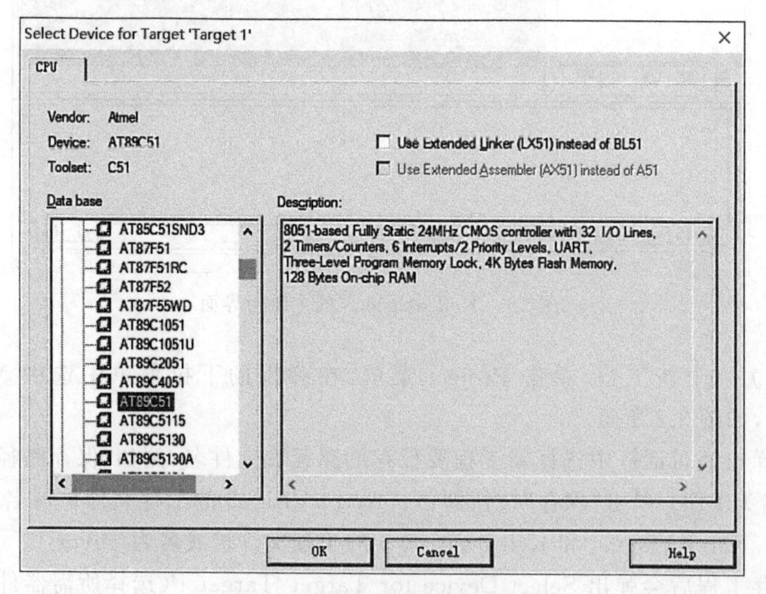

图 3.4　选择所需器件对话框

(5) 选择单片机型号并单击 OK 按钮后，会出现如图 3.5 所示的对话框，询问是否将标准 51 初始化程序(STARTUP.A51)加入工程中。单击“是”按钮，程序会自动复制标准 51 初始化程序到工程所在目录并将其加入工程中。一般情况下，单击“否”按钮。

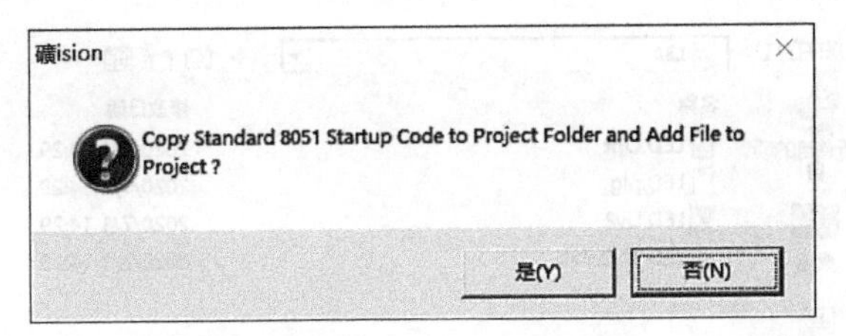

图 3.5　询问是否将标准 51 初始化程序加入工程对话框

(6) 工程建好后就可以开始编写程序了，选择 File 菜单，在下拉菜单中单击 New 选项，如图 3.6 所示。新建文件后的界面如图 3.7 所示。

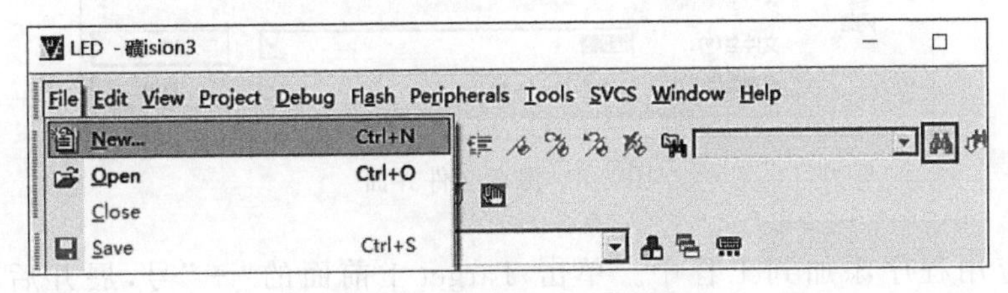

图 3.6　在工程下新建文件

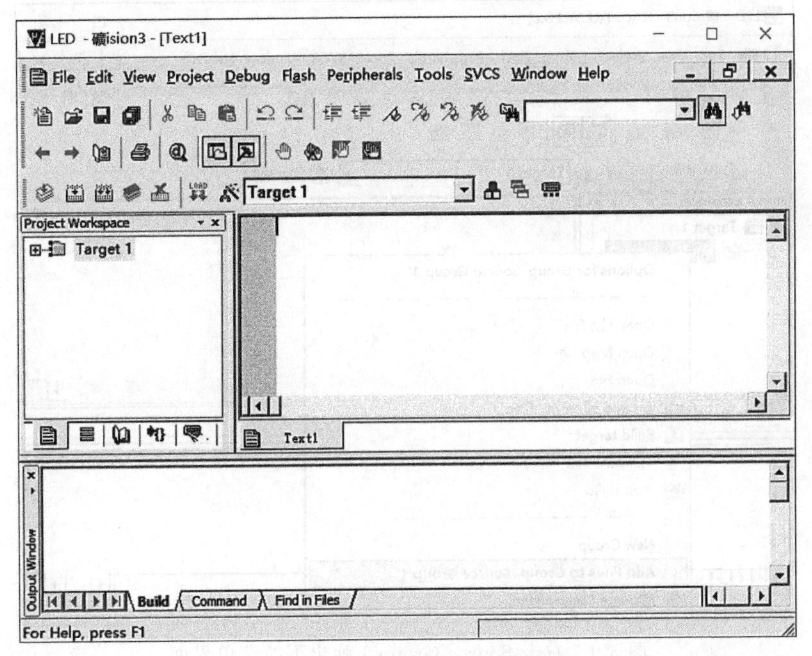

图 3.7　新建文件后的界面

此时可以在编辑窗口键入用户编写的应用程序。输入程序后单击菜单上的 File，在下拉菜单中选中 Save As 选项单击，弹出如图 3.8 所示的界面，在“文件名”栏右侧的编辑框中键入欲使用的文件名,同时必须输入正确的扩展名。使用 C 语言编写程序,扩展名为.c,扩展名不分大小写。然后,单击“保存”按钮。

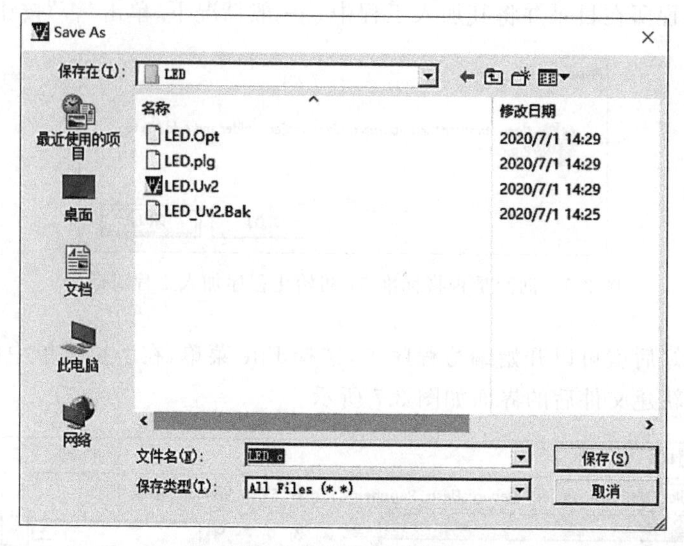

图 3.8　保存文件界面

(7) 将应用程序添加到工程中。单击 Target 1 前面的“+”号,展开后出现 Source Group 1 文件夹,在该文件夹上右击,弹出下拉菜单界面,如图 3.9 所示。

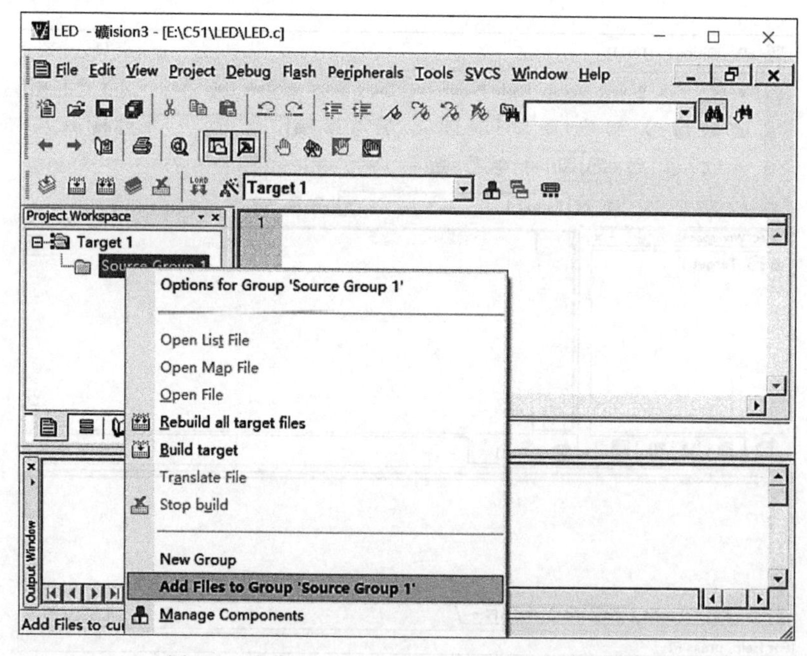

图 3.9　右击 Source Group 1 弹出下拉菜单界面

然后单击 Add Files to Group ‘Source Group 1’,弹出添加文件对话框,文件类型选择为 C Source file。选中文件 LED.c,单击 Add 按钮,将该文件添加至工程,如图 3.10 所示。

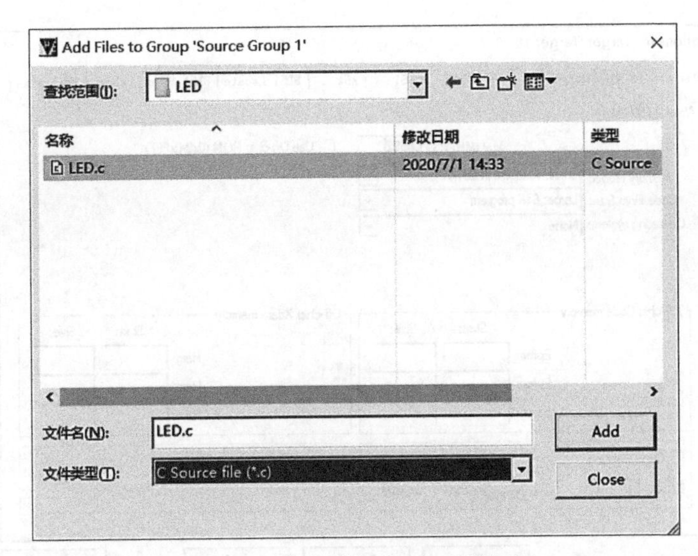

图 3.10　将文件添加至工程界面

(8) 环境设置。如图 3.11 所示，在 Target 1 上右击，从弹出的快捷菜单中选择 Options for Target 'Target 1'，或选择菜单命令 Project→ Options for Target 'Target1'，弹出 Options for Target 'Target 1'对话框。

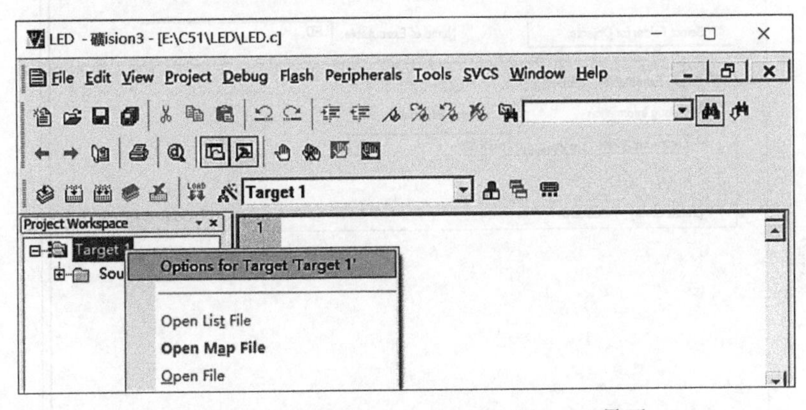

图 3.11　选择 Options for Target 'Target 1'界面

使用 Options for Target 'Target 1'对话框设定目标的硬件环境，如图 3.12 所示。

"Options for Target 'Target 1'对话框有多个选项页，用于设备(Device)选择、目标(Target)属性、输出(Output)属性、C51 编译器属性、A51 编译器属性、BL51 连接器属性、调试(Debug)属性等信息的设置，一般情况下按缺省设置。需要注意的是，一定要设置在编译、链接程序时自动生成机器代码文件(.HEX)，因为默认是不输出 HEX 代码的，需要用户手动设置。单击 Output 选项页，在弹出的 Output 对话框中勾选 Create HEX File 选项，如图 3.13 所示，使程序编译后产生 HEX 代码文件，单击 OK 按钮结束设置。

(9) 代码输入。创建完工程以后，可以进行软件编程。在 LED.c 文件中输入如下代码：

```
#include <reg51.h>
```

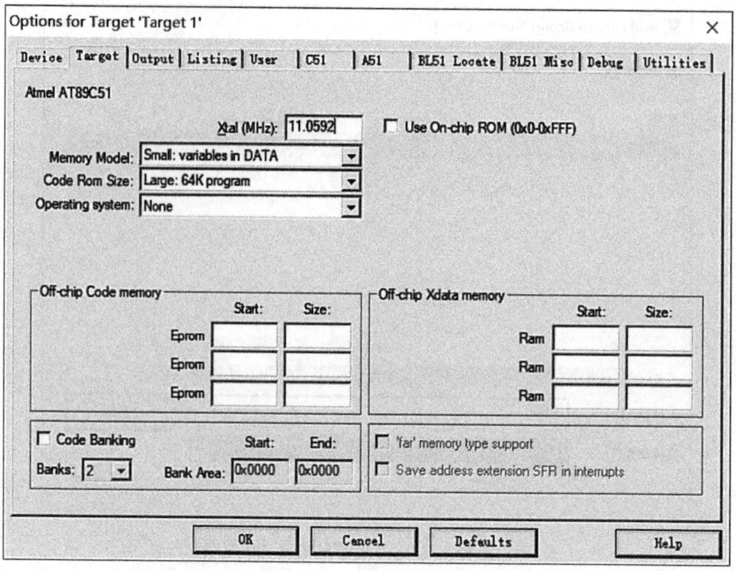

图 3.12　Options for Target 'Target 1'对话框

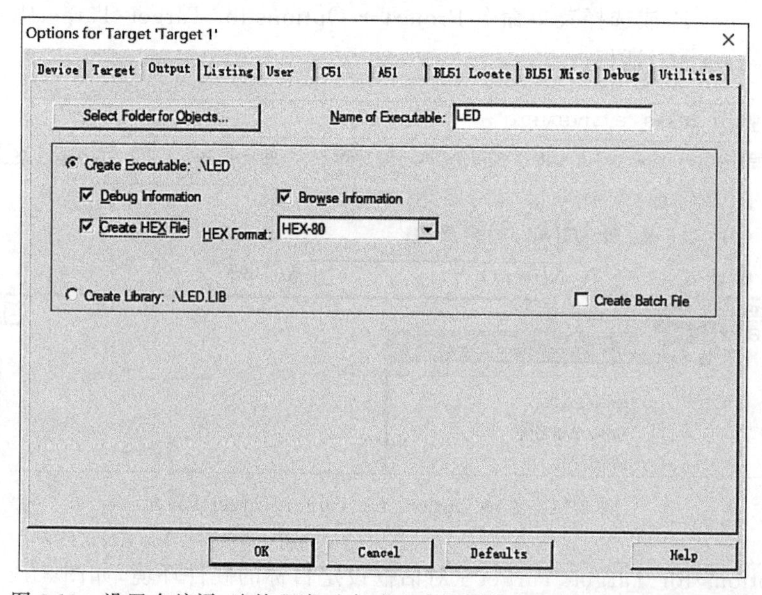

图 3.13　设置在编译、连接程序时自动生成机器代码文件(.HEX)的示意图

```
void main()
{
    while(1)
    {
        P1=0xFE;
    }
}
```

(10) 程序编译。在程序编写输入完成后，需要进行编译与调试。

单击 Project 菜单，在弹出的下拉菜单中选择 Rebuild all target files 选项，如图 4.14 所示。

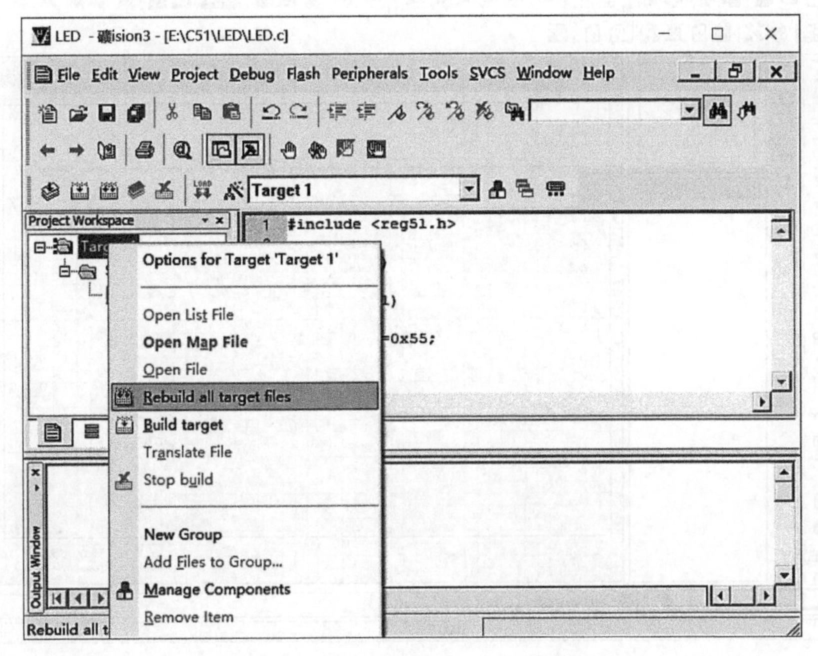

图 3.14　Rebuild all target files 界面

可以看到，输出显示信息为 0 错误、0 警告时，说明程序编译通过，可以进入程序调试，如图 3.15 所示。编译成功生成的.HEX 文件可下载烧写到单片机中。

```
Build target 'Target 1'
compiling LED.c...
linking...
Program Size: data=9.0 xdata=0 code=20
creating hex file from "LED"...
"LED" - 0 Error(s), 0 Warning(s).
```

Output Window　Build　Command　Find in Files

图 3.15　Build Output 输出信息界面

3.8.2　虚拟仿真软件 Proteus

程序通过编译以后，可以利用 Proteus 虚拟仿真软件对程序功能进行仿真调试。

(1) 创建仿真原理图。启动 Proteus 7 Professional 软件，弹出 ISIS 主界面，如图 3.16 所示。

首先进行元件的选择，把元件添加到元件列表中。单击元件选择按钮 P(Pick)，弹出元件选择窗口，如图 3.17 所示。

在左上角的对话框 Keywords 中输入需要的元件名称，如图 3.18 所示。

Proteus 软件不支持 STC 系列的单片机仿真，因此选择经典的兼容机型 AT89C51。此外，还需要电阻(Resistors)、发光二极管(LED-YELLOW)。输入的名称是元件的英文名

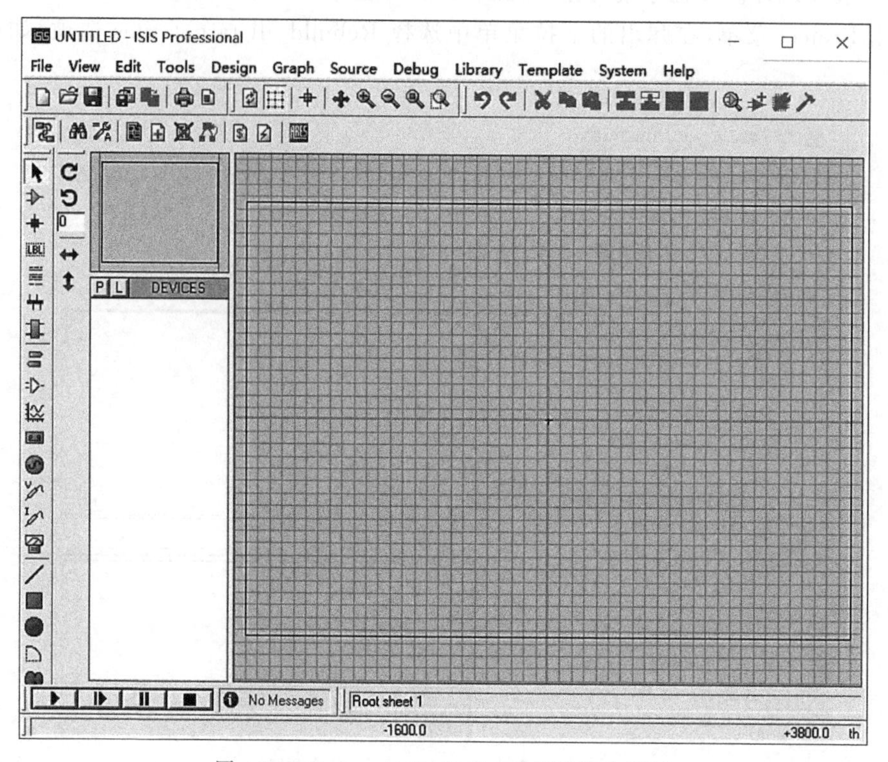

图 3.16 Proteus 7 Professional 原理图主界面

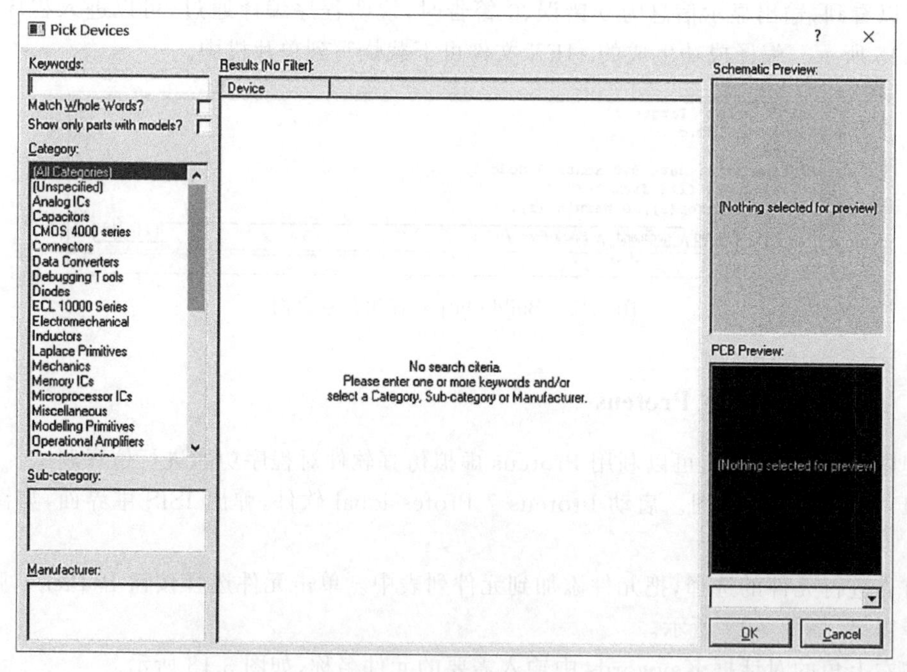

图 3.17 元件选择窗口

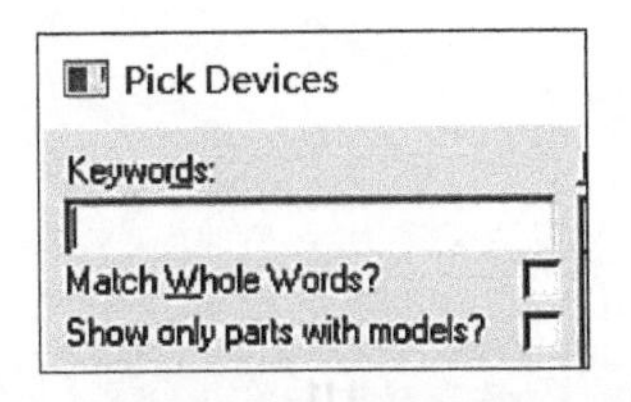

图 3.18　输入关键词选择元件对话框

称，但没必要输入完整的名称，输入相应关键字就能找到对应的元件，这里在对话框中输入 89C51，得到如图 3.19 所示的结果。

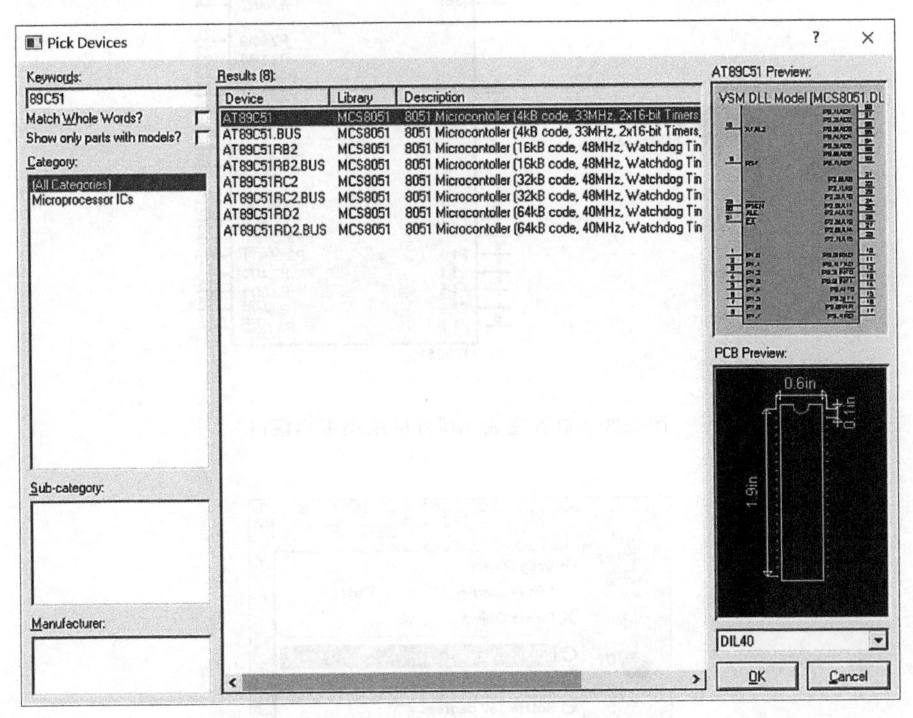

图 3.19　输入关键词 89C51 选择元件示意图

在出现的搜索结果中双击需要的元件，该元件便会添加到主窗口左侧的元件列表区。同理，输入 RES，选择电阻；输入 LED，在列表中选择 LED-YELLOW。这样，AT89C51、电阻、黄色 LED 就都被添加到主窗口左侧的元件列表区中了。

(2) 绘制电路图。在元件列表区单击选中 AT89C51，把鼠标移到右侧编辑窗口中，鼠标变成铅笔形状，单击鼠标左键，框中出现一个 AT89C51 原理图的轮廓图，该图可以移动。鼠标移到合适的位置后，按下鼠标左键，原理图就放好了。按照这个方法，依次将各个元件放置到绘图编辑窗口的合适位置，如图 3.20 所示。

滚动鼠标滚轮可对电路视图进行放大/缩小，视图会以鼠标指针为中心进行放大/缩小；绘图编辑窗口没有滚动条，只能通过预览窗口调节绘图编辑窗口的可视范围。在预览窗口中移动绿色方框的位置即可改变绘图编辑窗口的可视范围。

为了方便原理图设计，需要调整电阻的方向。例如，在电阻 R1 上右击，如图 3.21 所示。

选择 Rotate Clockwise，便可将 R1 顺时针旋转，如图 3.22 所示。

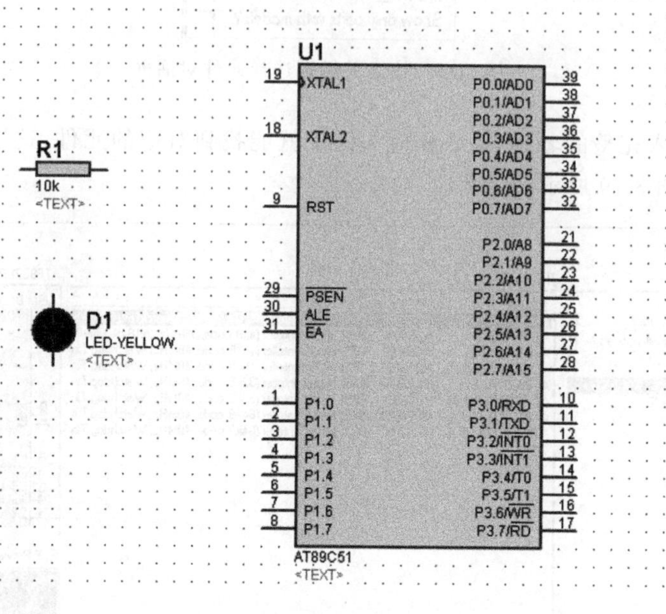

图 3.20　放置完成元器件的绘图编辑窗口

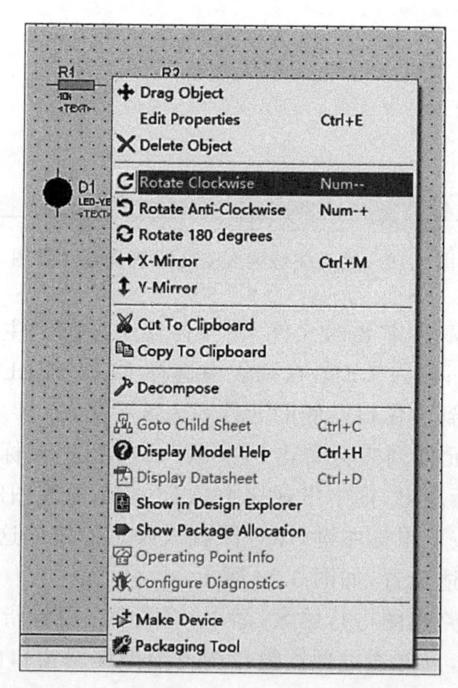

图 3.21　在电阻 R1 上右击所得下拉菜单

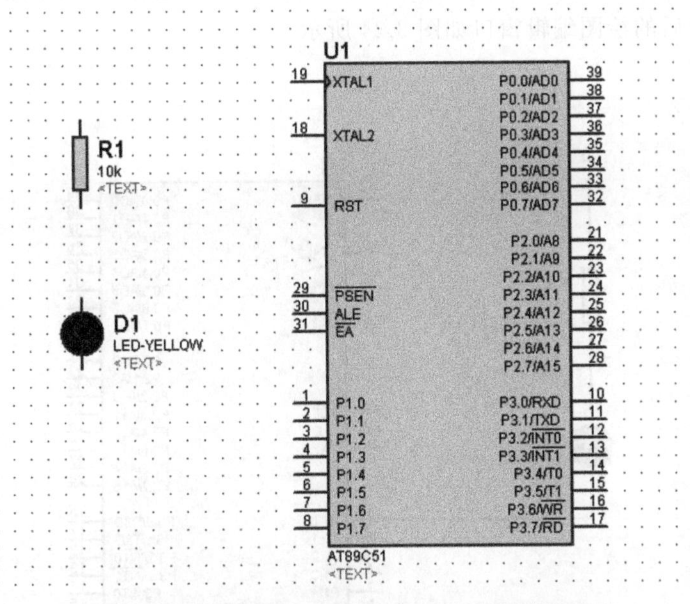

图 3.22　将电阻 R1 进行顺时针旋转后的绘图编辑窗口

接下来添加电源。首先选择模型选择工具栏中的图标，然后选择 POWER(电源)，添加至绘图区，如图 3.23 所示。

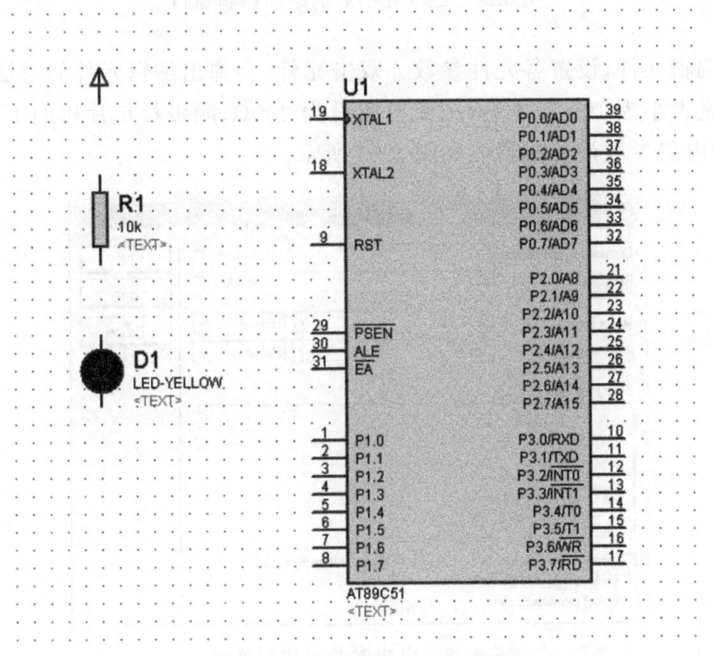

图 3.23　添加电源后的绘图编辑窗口

下面进行连线。将鼠标指针靠近元件的一端，当鼠标的铅笔形状变为绿色时，表示可以连线了，单击该点，再将鼠标移至另一元件的一端，单击，两点间的线路就画好了。依次连接好所有线路(因为 Proteus 软件中单片机已默认提供+5V 电源,所以不用给单片机添加电源)。连线完毕后的绘图编辑窗口如图 3.24 所示。

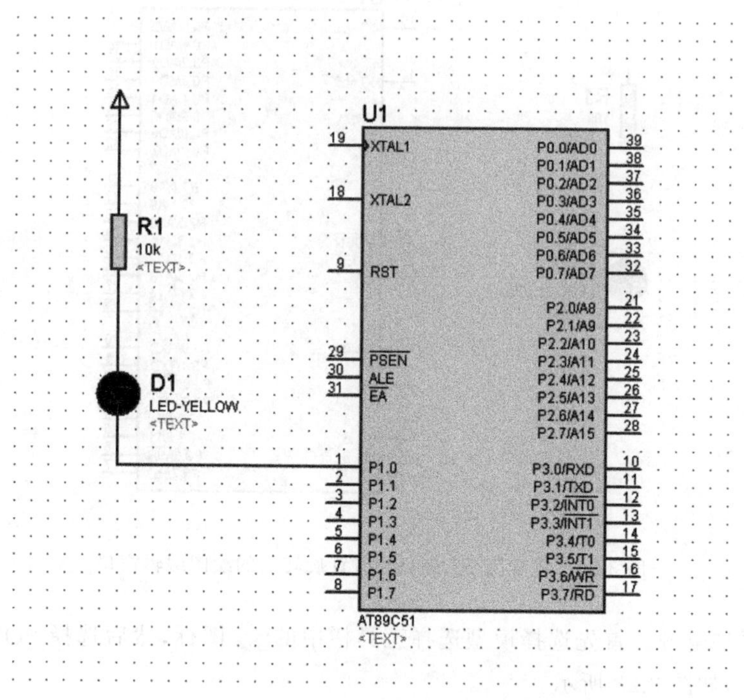

图 3.24　连线完毕后的绘图编辑窗口

下面需要编辑元件,设置各元件参数。双击元件,会弹出编辑元件的对话框。因为发光二极管点亮电流大小为 10mA 左右,限流电阻设为 200Ω,阴极接单片机的 I/O,阳极接高电平,设置完成的电阻参数设置对话框如图 3.25 所示。

Edit Component

Component Reference: R1　Hidden:

Resistance: 200　Hidden:

Model Type: ANALOG　Hide All

PCB Package: RES40　?　Hide All

Other Properties:

Exclude from Simulation　Attach hierarchy module

Exclude from PCB Layout　Hide common pins

Edit all properties as text

OK　Help　Cancel

图 3.25　电阻参数设置对话框

双击单片机 AT89C51,弹出单片机参数设置对话框,如图 3.26 所示。

单击图 3.26 中 Program File 后面的图标,选择要执行的程序,单击“打开”按钮导入编

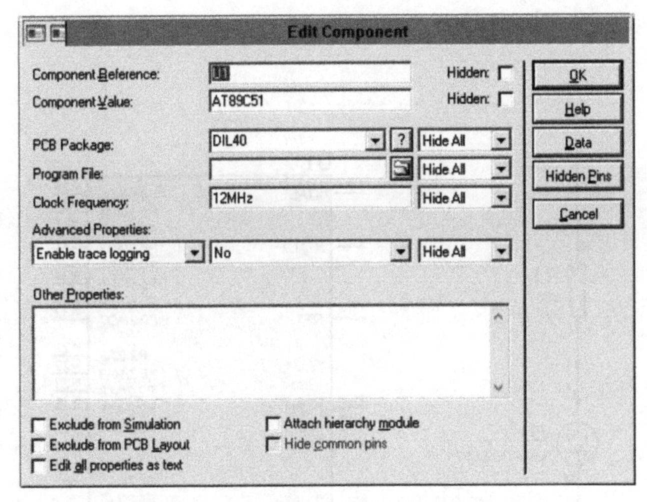

图 3.26　单片机参数设置对话框

好的程序 LED.hex,如图 3.27 所示。

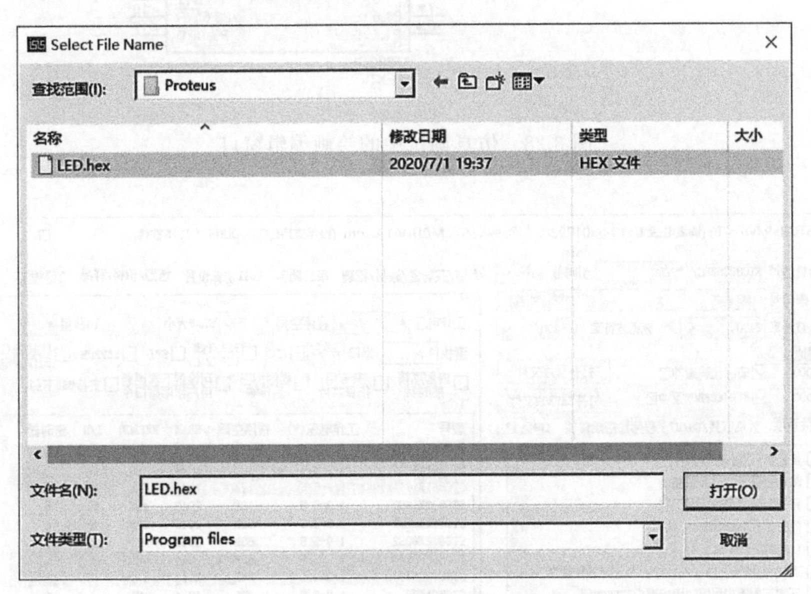

图 3.27　打开导入程序 LED.hex 的对话框

(3) 仿真调试。窗口左下方有仿真控制按钮。▶表示运行,▶表示单步运行,Ⅱ表示暂停,■表示停止。单击运行按钮,程序开始执行,LED 被点亮。在运行时,电路中输出的高电平用红色表示,低电平用蓝色表示,如图 3.28 所示。

3.8.3　下载烧写软件 STC-ISP

将相应的单片机开发板与通用计算机用串口线连接后,打开专用的下载烧写软件 STC-ISP,如图 3.29 所示。注意,该软件只支持 STC 系列单片机的程序下载。

单片机型号根据实际使用的单片机机型选择。这里选择 STC89C52RC/LE52RC,串口

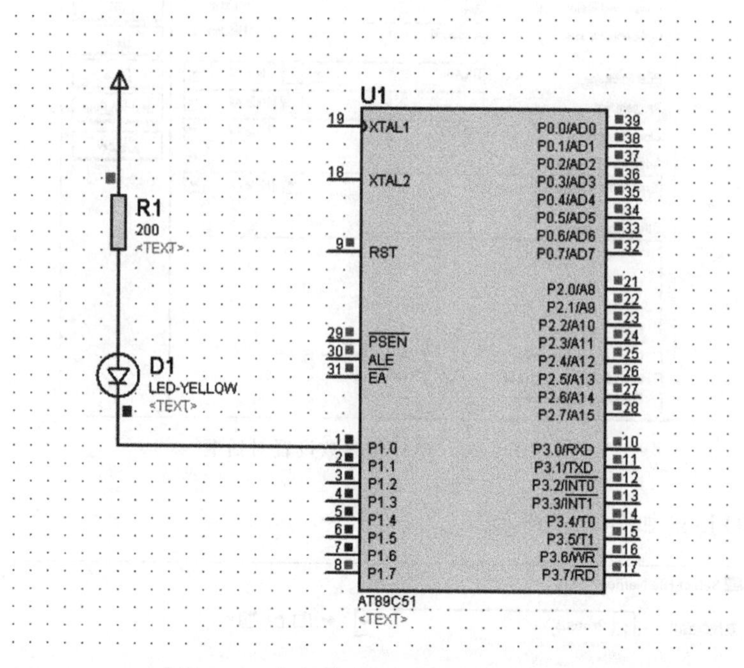

图 3.28　仿真调试中的绘画编辑窗口

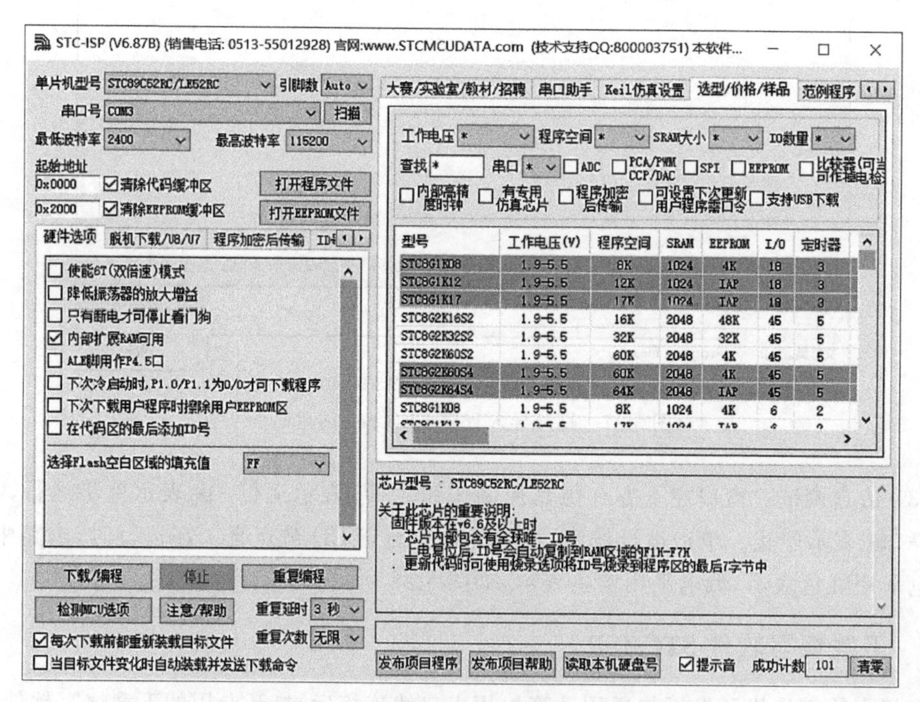

图 3.29　下载烧写软件 STC-ISP 主界面

号根据实际使用的串口进行选择,通常为 COM1。单击“打开程序代码文件”,选择将要下载的十六进制程序文件,程序文件后缀为.hex,如图 3.30 所示。

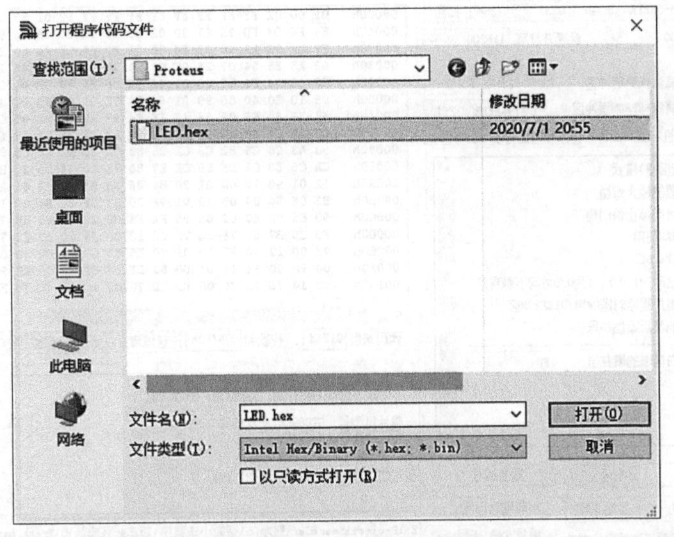

图 3.30　打开需要下载的程序文件界面

选择程序后,单击主界面中的“下载/编程”按钮即可进行下载。此时下载/编程窗口显示的信息如图 3.31 所示。

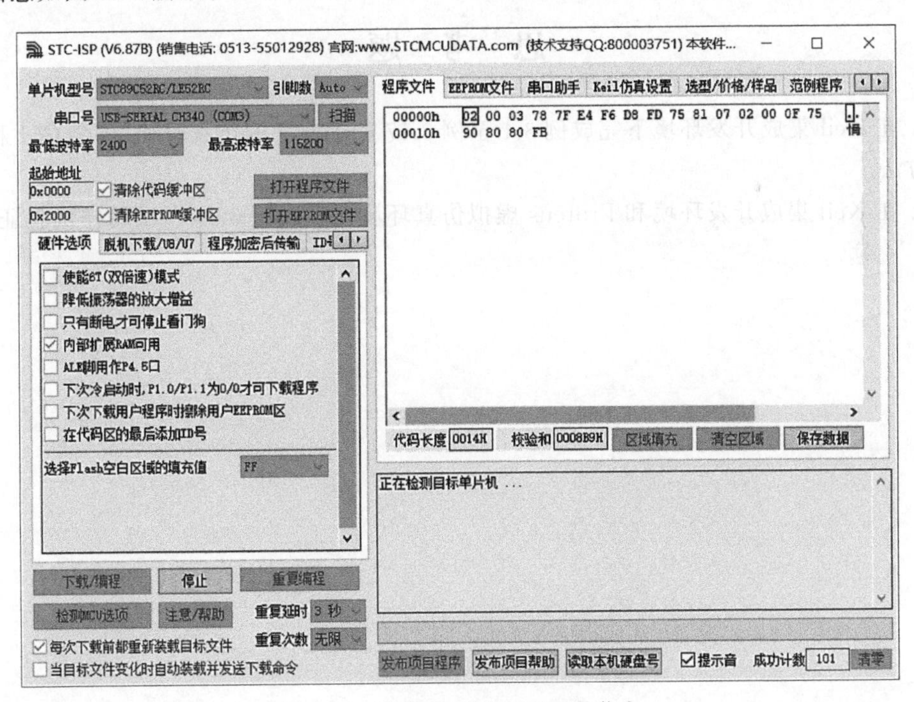

图 3.31　下载/编程窗口显示的信息

现在需要对单片机系统进行电源开关冷启动,按下开发板的电源键,窗口信息如图 3.32 所示,表示程序下载完毕。此时可以看到程序的运行效果。

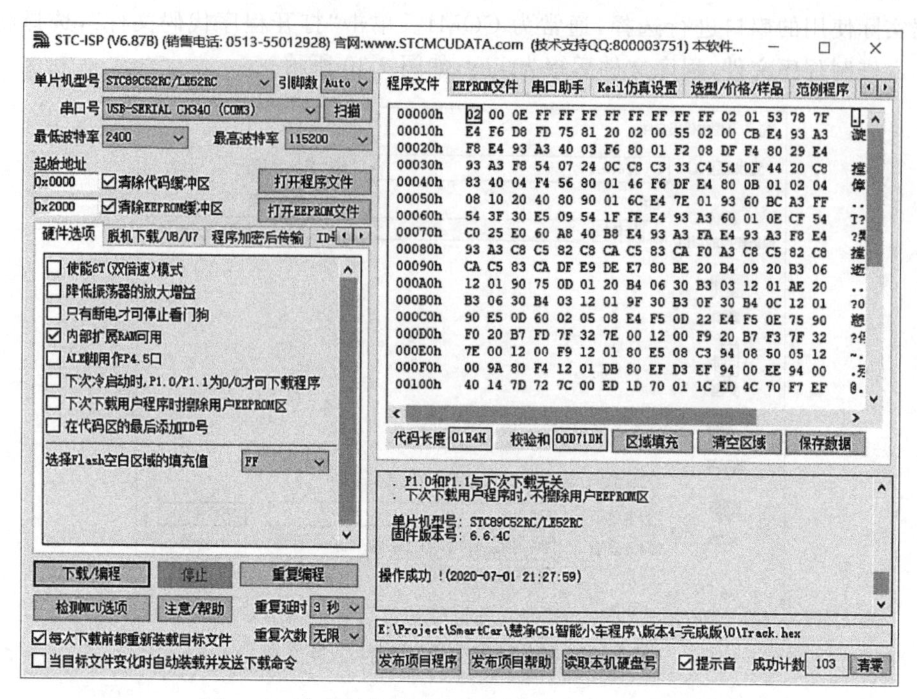

图 3.32　按下复位开关或电源键后显示的窗口信息

思　考　题

1. 在 Keil 集成开发环境下完成例 3.1 至例 3.17 C51 程序的仿真验证，体会 C51 程序设计的方法。

2. 在 Keil 集成开发环境和 Proteus 虚拟仿真环境下实现图 3.28 所示的样例验证。

第4章 单片机内部资源与常用接口

4.1 输入/输出

51 单片机能够工作的基本电路系统称为最小系统。最小系统的硬件电路搭建完毕以后，单片机即能正常工作。通过软件集成开发环境 Keil 使用 C51 语言编写程序，再编译生成十六进制 HEX 文件，然后通过烧写软件将 HEX 文件烧写到单片机内部的闪存(Flash ROM)中，单片机即可按照程序设计的思路完成相应的信号检测、信息处理、智能控制与通信组网等功能。在 Proteus 仿真环境下，AT89C51 单片机最小系统如图 4.1 所示。

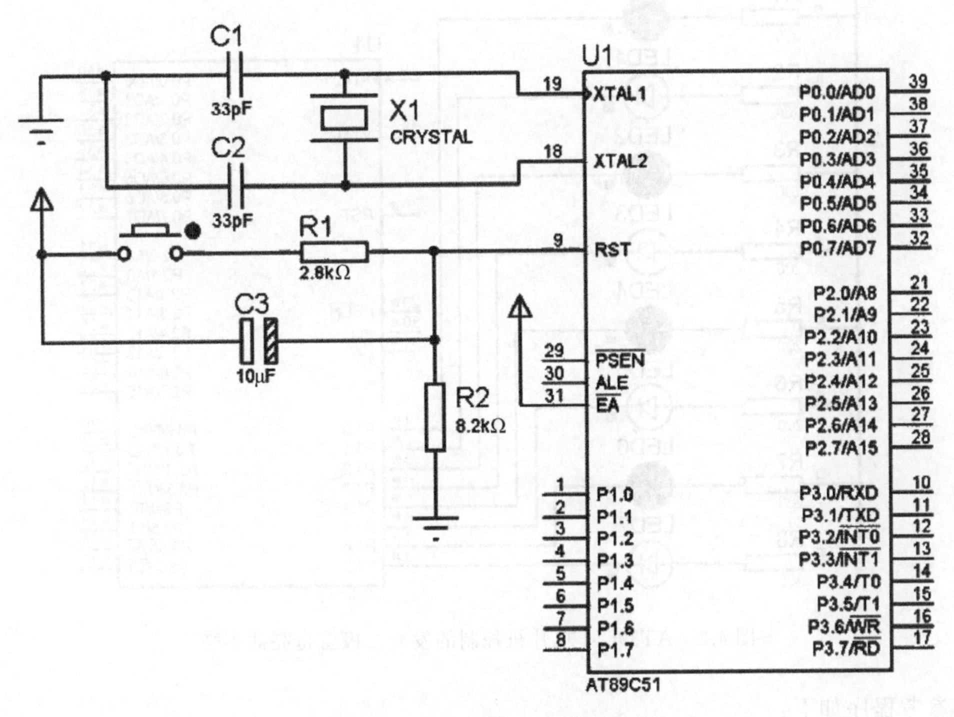

图 4.1 AT89C51 单片机最小系统

图 4.1 中，单片机选择的是 AT89C51。AT89C51 包含 128B 的 RAM 和 4KB 的 ROM，只需外接晶体振荡器和电容构成时钟电路，以及由电阻电容和按键构成复位电路，同时接好电源和地就可以组成最小系统。在 Proteus 仿真环境下，AT89C51 单片机默认晶体时钟频率为 12MHz，复位方式为上电复位，电源和地也默认接通，$\overline{\text{EA}}$默认接+5V。为了画面简洁和运行结果观察的方便，在之后的仿真设计中不再设计时钟电路和复位电路，只选择 Proteus 仿真软件的默认值。但是，**在单片机的实际硬件电路设计中，时钟电路和复位电路是必不可少的。**

4.1.1 控制发光二极管显示

发光二极管(LED)是最常见的显示器件,可用来显示控制系统的工作状态。目前,大部分发光二极管的工作电流在1～5mA,其内阻为20～100 Ω。发光二极管的工作电流越大,显示亮度越高。为保证发光二极管正常工作,同时减少功耗,需要在供电电压+5V与单片机I/O端口之间接限流电阻。

【例4.1】 P1口的P1.0～P1.7引脚接8个发光二极管LED0～LED7和限流电阻,阳极共同接高电平。编写程序,实现奇数发光二极管点亮,偶数发光二极管不亮。原理电路与运行结果如图4.2所示。其中发光二极管选择LED-YELLOW,限流电阻选择RES,单片机的时钟电路和复位电路采用仿真软件默认值。

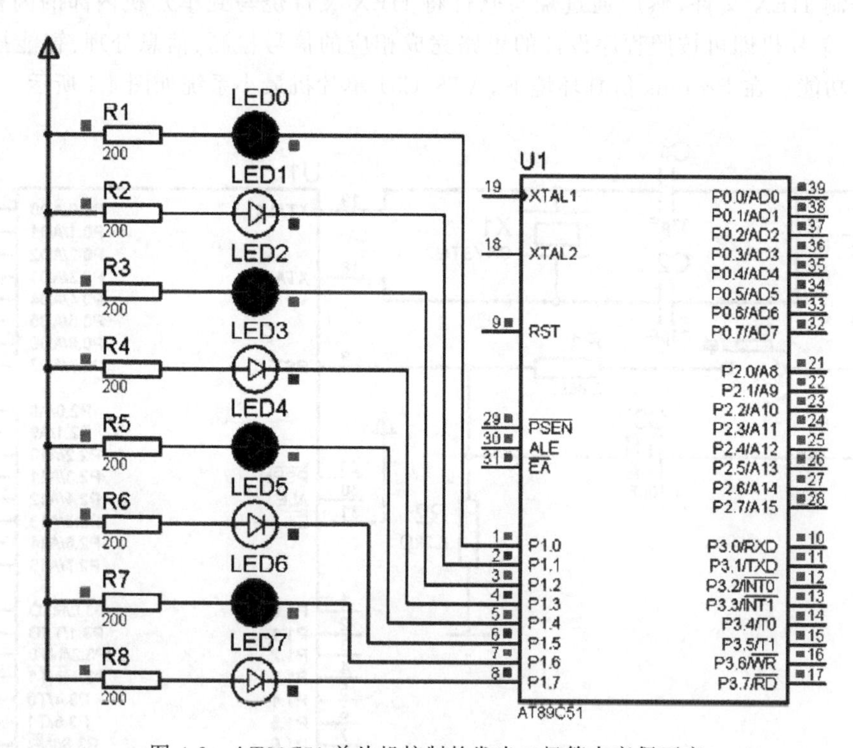

图4.2 AT89C51单片机控制的发光二极管奇亮偶不亮

参考程序如下:

```
#include <reg51.h>
void main(void)
{
  while(1)
  {
     P1=0x55;
  }
}
```

程序说明：

- “while(1);”——while(1)后面有一个分号,是使程序停留在这个指令上反复循环；
- “while(1){ ……;}”——反复循环执行大括号内的程序段,这是本例的用法,即控制发光二极管一直保持奇亮偶不亮的状态显示。

【例 4.2】 P1 口的 P1.0～P1.7 引脚接 8 个发光二极管 LED0～LED7 和限流电阻,阳极共同接高电平。编写程序,实现发光二极管由上到下反复循环流水灯点亮。原理电路与运行结果如图 4.3 所示。其中时钟电路和复位电路采用仿真软件默认值。

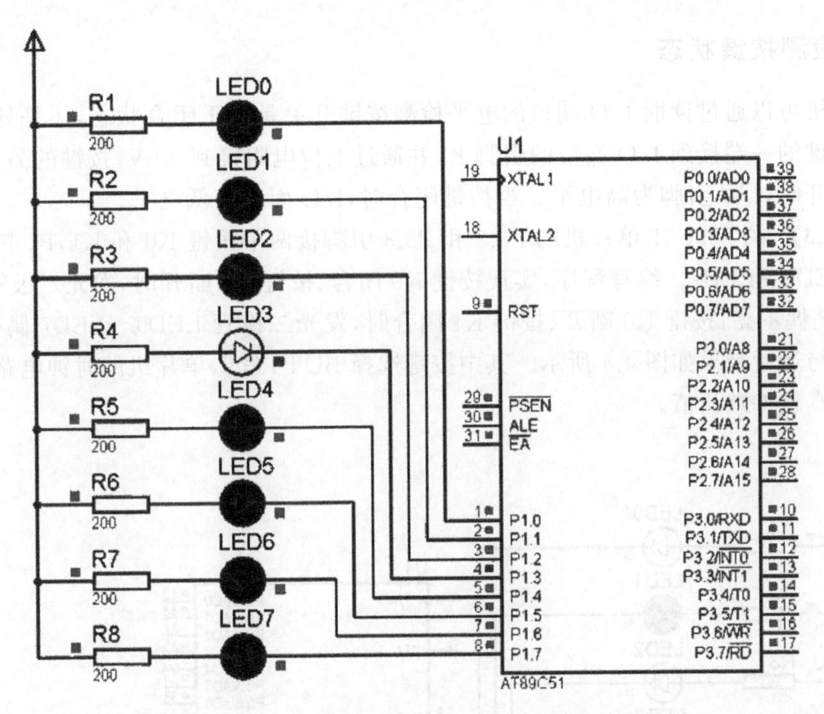

图 4.3　AT89C51 单片机控制的发光二极管流水灯滚动

建立一个无符号字符型数组,将控制 8 个发光二极管显示的数值作为数组元素,依次送到 P1 口显示。参考程序如下：

```
#include <reg51.h>
unsigned char LED[8]={0xFE,0xFD,0xFB,0xF7,0xEF,0xDF,0xBF,0x7F};
void delay_ms(unsigned int n)          //延时函数
{
    unsigned int i,j;
    for(i=n;i>0;i--)
        for(j=123;j>0;j--);
}
void main(void)
{
    while(1)
    {
```

```
        unsigned int i;
        for(i=0;i<8;i++)
        {
          P1=LED[i];                    //将数组中的显示值赋给 P1
          delay_ms(1000);               //延时 1s
        }
    }
}
```

4.1.2 检测按键状态

单片机可以通过读取 I/O 端口的电平检测按键开关是处于闭合状态,还是处于断开状态。将按键的一端接到 I/O 端口的引脚上,并通过上拉电阻接到+5V,按键的另一端接地,当按键断开时,I/O 引脚为高电平。当按键闭合时,I/O 引脚为低电平。

【例 4.3】 AT89C51 单片机的 P3.2 和 P3.3 引脚接两个按键 K0 和 K1,P1 接 8 个发光二极管 LED0～LED7。编写程序,实现按键 K0 闭合、按键 K1 断开时,发光二极管 LED0～LED7 奇亮偶不亮;按键 K0 断开、按键 K1 闭合时,发光二极管 LED0～LED7 偶亮奇不亮。原理电路与运行结果如图 4.4 所示。其中按键选择 BUTTON,单片机的时钟电路和复位电路采用仿真软件默认值。

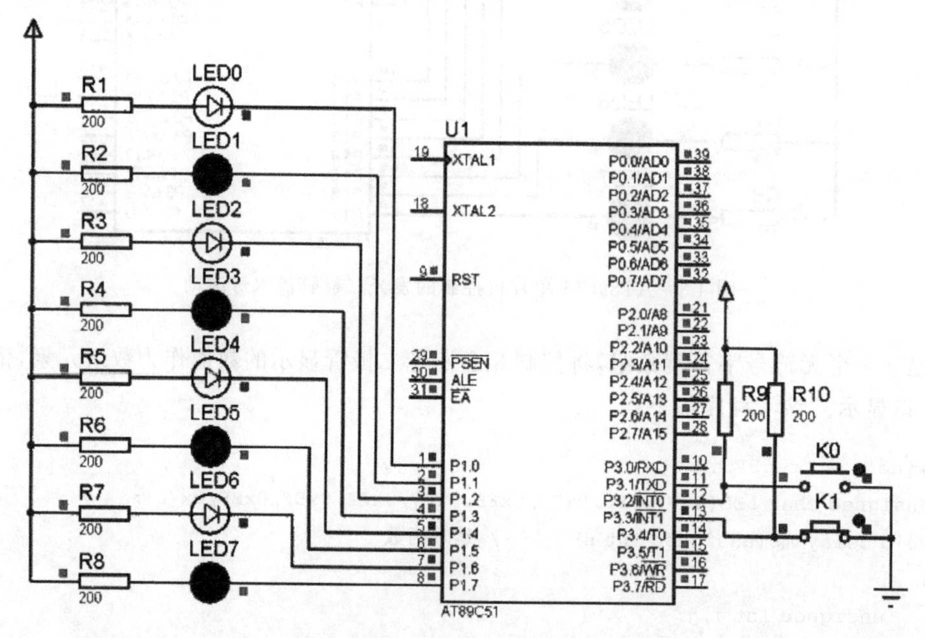

图 4.4　AT89C51 检测按键 K1 闭合、按键 K0 断开时,发光二极管偶亮奇不亮

参考程序如下:

```
#include <reg51.h>
void  main()
{
```

```
    unsigned char key_value;
    while(1)
    {
        key_value=P3;                  //读取 P3 键值
        key_value=key_value&0x0c;      //保留 P3.2、P3.3 键值
        if(key_value==0x08)            //按键 K0 闭合、按键 K1 断开
        P1=0x55;
        if(key_value==0x04)            //按键 K1 闭合、按键 K0 断开
        P1=0xaa;
    }
}
```

【例 4.4】 AT89C51 单片机的 P3.2～P3.5 引脚接 4 个按键开关 K0～K3，P1 接 8 个发光二极管 LED0～LED7。编写程序，实现按键 K0 闭合、其余按键断开时，发光二极管 LED0～LED7 奇亮偶不亮。按键 K1 闭合、其余按键断开时，发光二极管 LED0～LED7 偶亮奇不亮。按键 K2 闭合、其余按键断开时，发光二极管 LED0～LED7 从上到下流水灯滚动。按键 K3 闭合、其余按键断开时，发光二极管 LED0～LED7 从下到上流水灯滚动。原理电路与运行结果如图 4.5 所示。其中时钟电路和复位电路采用仿真软件默认值。

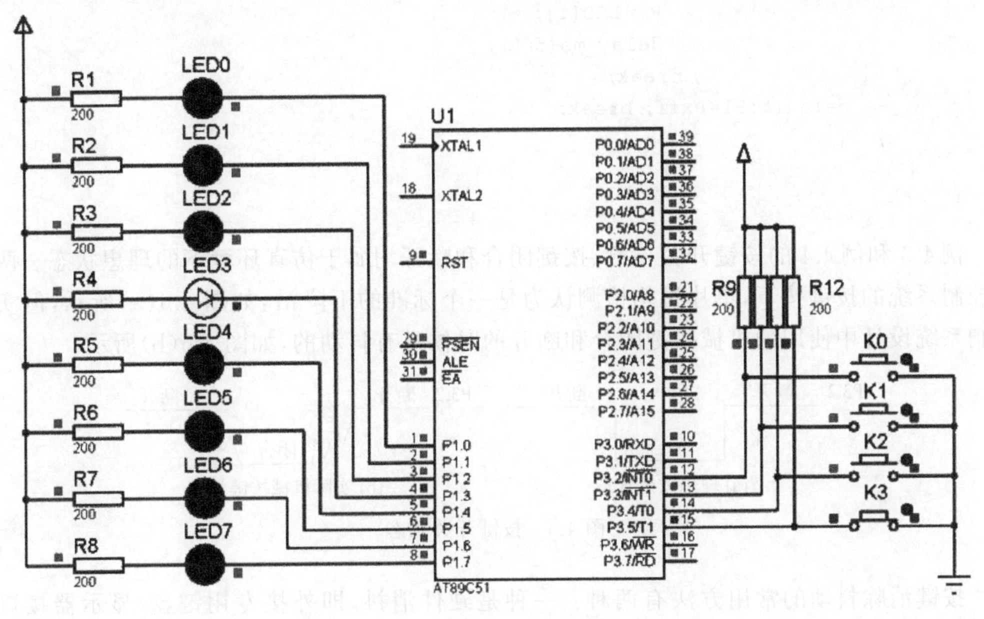

图 4.5　AT89C51 检测按键 K3 闭合、其余按键断开时，发光二极管从下到上流水灯滚动

参考程序如下：

```
#include <reg51.h>
unsigned char LED[8]={0xFE,0xFD,0xFB,0xF7,0xEF,0xDF,0xBF,0x7F};
void delay_ms(unsigned int n)
{
    unsigned int i,j;
    for(i=n;i>0;i--)
```

```
        for(j=123;j>0;j--);
    }
    void  main()
    {
        unsigned char key_value;
        char i;
        while(1)
        {
          key_value=P3;
          key_value=key_value&0x3c;
          switch(key_value)
          {
              case 0x38: P1=0x55; break;
              case 0x34: P1=0xaa; break;
              case 0x2c: for(i=0;i<=7;i++)
                          {
                             P1=LED[i];
                             delay_ms(500);
                          } break;
              case 0x1c: for(i=7;i>=0;i--)
                          {
                             P1=LED[i];
                             delay_ms(500);
                          } break;
              default:P1=0xff; break;
          }
        }
    }
```

例 4.3 和例 4.4 的按键开关检测、按键闭合和断开均属于仿真环境下的理想状态。两例中控制系统的按键按下,单片机均检测认为是一个标准的下降沿,如图 4.6(a)所示,但实际控制系统设计中使用的机械按键闭合和断开的时候是有抖动的,如图 4.6(b)所示。

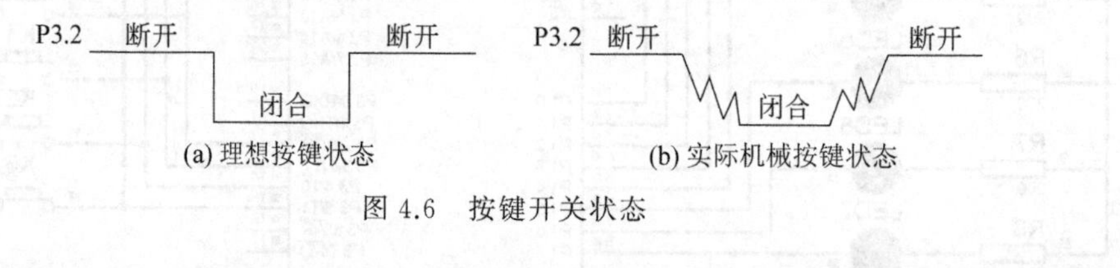

图 4.6　按键开关状态

按键消除抖动的常用方法有两种:一种是硬件消抖,即外接专用键盘/显示器接口芯片,此类芯片内部包含自动消除抖动的硬件电路;另一种是软件消抖,即利用软件延时的方法。其基本思想是当单片机检测到引脚有按键按下时,该引脚输入为低电平,然后延时10ms,再次检测该引脚,如果依然为低电平,则确认该引脚有按键按下。实际工程应用中,多选用软件消抖。

所以,例 4.3 的程序在实际应用中应该改为

```
#include <reg51.h>
void delay_ms(unsigned int n)
{
```

```
    unsigned int i,j;
    for(i=n;i>0;i--)
      for(j=123;j>0;j--);
  }
void main()
{
    unsigned char key_value;
    while(1)
    {
      key_value=P3;                    //读取 P3 键值
      key_value=key_value&0x0c;        //保留 P3.2、P3.3 键值
      if(key_value&0x0c!=0x0c)         //检测按键是否按下
      {
        delay_ms(10);                  //软件消抖,延时 10ms
        if(key_value==0x08)            //按键 K0 闭合、按键 K1 断开
        P1=0x55;
        if(key_value==0x04)            //按键 K1 闭合、按键 K0 断开
        P1=0xaa;
      }
    }
}
```

4.1.3 控制数码管显示

LED 数码管是单片机控制系统中常见的显示器件。可以认为 LED 数码管将 8 个发光二极管组成了一个“8.”字形的图案,“8.”字包含“a～g”7 段,加上右下角的小数点“dp”一共 8 段。发光二极管的连接方式有共阳极和共阴极两种,如图 4.7 所示。共阳极数码管的阳极连接在一起,公共阳极接到＋5V 上;共阴极数码管的阴极连接在一起,通常接地。

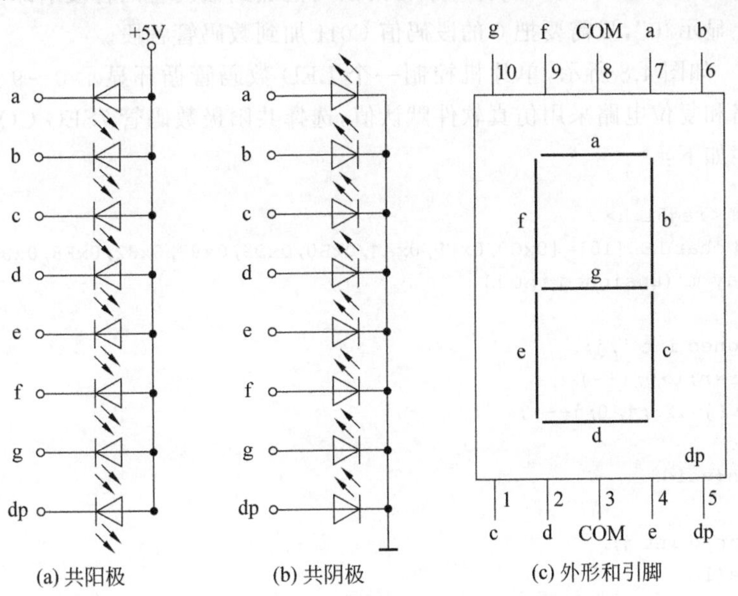

图 4.7　LED 数码管的内部结构及引脚功能

对于共阳极数码管来说，公共阳极连接在一起接+5V，当某个发光二极管的阴极为低电平时，该发光二极管被点亮，相应的段显示。同样，共阴极数码管公共阴极连接在一起接地，当某个发光二极管的阳极为高电平时，该发光二极管点亮，相应的段显示。

点亮某些固定的段，可以使LED数码管显示不同的字符，这些让数码管显示相应字符的占一个字节的二进制代码称为段码，其由高到低的顺序是"dp、g、f、e、d、c、b、a"。LED数码管的段码见表4.1。

表4.1 LED数码管的段码

显示字符	共阳极段码	共阴极段码	显示字符	共阳极段码	共阴极段码
0	C0H	3FH	C	C6H	39H
1	F9H	06H	d	A1H	5EH
2	A4H	5BH	E	86H	79H
3	B0H	4FH	F	8EH	71H
4	99H	66H	P	8CH	73H
5	92H	6DH	U	C1H	3EH
6	82H	7DH	T	CEH	31H
7	F8H	07H	y	91H	6EH
8	80H	7FH	H	89H	76H
9	90H	6FH	L	C7H	38H
A	88H	77H	8.	00H	FFH
b	83H	7CH	"灭"	FFH	00H

要在数码管上显示某字符，只将该字符的段码值加到数码管的各段上即可。例如，在共阳极数码管上显示"0"，只需要把0的段码值C0H加到数码管各段。

【例4.5】 如图4.8所示，单片机控制一个LED数码管循环显示0～9这10个数字。其中时钟电路和复位电路采用仿真软件默认值，选择共阳极数码管7SEG-COM-AN-GRN。

参考程序如下：

```
#include <reg51.h>
unsigned char LED[10]={0xC0,0xF9,0xA4,0xB0,0x99,0x92,0x82,0xF8,0x80,0x90};
void delay_ms(unsigned int n)
{
    unsigned int i,j;
    for(i=n;i>0;i--)
      for(j=123;j>0;j--);
}
void main(void)
{
    unsigned int j;
    while(1)
    {
```

```
        for(j=0;j<=9;j++)
        {
            P2=LED[j];
            delay_ms(1000);
        }
    }
}
```

单片机控制 LED 数码管有两种显示方式：静态显示和动态显示。

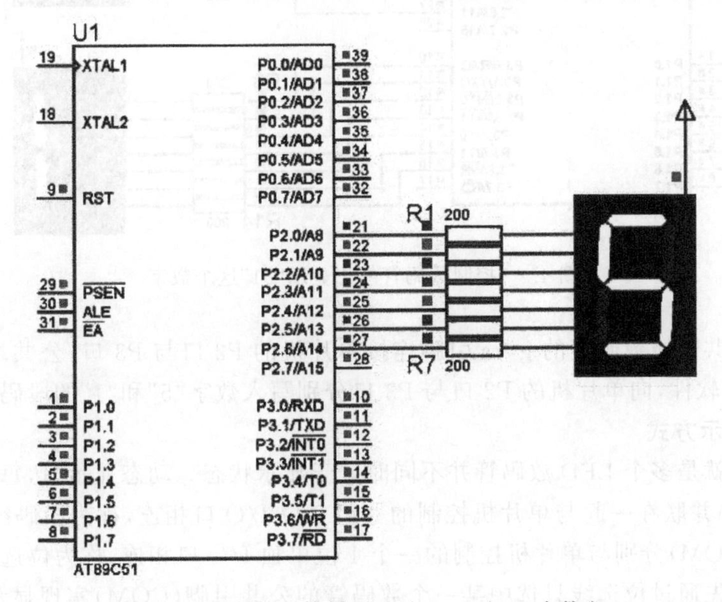

图 4.8　控制数码管循环显示 0～9 这 10 个数字

1. 静态显示方式

静态显示是指多个 LED 数码管同时处于显示状态。静态显示时，每个数码管的段码引脚(dp～a)分别与单片机控制的一组 8 位 I/O 口相连；共阳极数码管的公共引脚(COM)直接接+5V，共阴极数码管的公共引脚(COM)直接接地。如果送往各个数码管显示字符的段码一经确定，则相应 I/O 口的段码输出将维持不变，直到送入下一个显示字符的段码。静态显示方式的优点是显示无闪烁，亮度较高，软件控制比较容易。缺点是占用 I/O 较多。从图 4.9 中可以看出，最多外接四个 LED 数码管，单片机的 I/O 就已经占完。

【例 4.6】 如图 4.9 所示，单片机控制两个 LED 数码管静态显示"51"这个数字。其中时钟电路和复位电路采用仿真软件默认值。

参考程序如下：

```
#include <reg51.h>
void main(void)
{
    P2=0x92;                        //将数字"5"的段码送 P2 口
    P3=0xF9;                        //将数字"1"的段码送 P3 口
    while(1);                       //程序在此无限循环
}
```

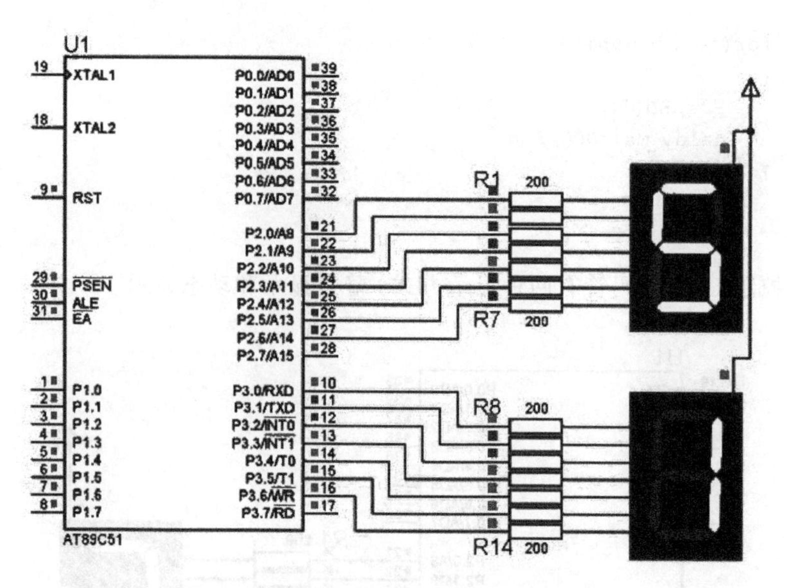

图 4.9　控制数码管静态显示“51”这个数字

上下两个共阳极数码管的 g～a 引脚连接单片机的 P2 口与 P3 口，公共端(COM)直接接＋5V。编写软件，向单片机的 P2 口与 P3 口分别写入数字“5”和“1”的段码。

2. 动态显示方式

动态显示就是多个 LED 数码管并不同时处于显示状态。动态显示时，每个数码管的段码引脚(dp～a)并联在一起与单片机控制的一组 8 位 I/O 口相连，称为段码线；每个数码管的公共引脚(COM)分别与单片机控制的一个 1 位单独 I/O 口相连，称为位选线。

单片机首先通过位选线只选中某一个数码管的公共引脚(COM)实现显示，此时只有 1 位位选线有效，其他各个数码管的位选线都是无效的；接下来，通过段码线输出要显示字符的段码。重复以上过程，按照扫描方式实现每隔一定时间逐位地轮流点亮各数码管，由于数码管的余晖和人眼的“视觉残留”作用，只要控制好每个数码管显示的时间和间隔，就可造成“多个数码管同时亮”的假象，达到看起来同时显示的效果。

各个数码管轮流点亮的时间间隔根据实际情况而定。发光二极管从导通到发光有一定的延时，如果点亮时间太短，发光太弱，则人眼无法看清；如果点亮时间太长，会产生闪烁现象，而且此时间越长，占用的单片机时间越多。另外，显示位数增多，也将占用单片机的大量时间，因此，动态显示的实质是以执行程序的时间换取 I/O 端口的减少。

【例 4.7】 如图 4.10 所示，单片机控制两个 LED 数码管动态显示“51”这个数字。其中时钟电路和复位电路采用仿真软件默认值。选用共阳极数码管 7SEG-MPX2-CA-BLUE。位选线采用 NPN 晶体管驱动 ZTX108。

运行流程为：单片机先选通第 1 个数码管，然后给所有数码管均送入数字“5”的段码，于是第 1 个数码管显示 5。其他数码管虽然接收到段码，但未选通，所以不显示。延时之后，单片机选通第 2 个数码管，然后再给所有数码管均送入数字“1”的段码，于是只有第 2 个数码管显示 1，其他虽然接收到段码但未选通，所以不显示，反复循环上述过程。

参考程序如下：

```
#include <reg51.h>
```

```
void delay_ms(unsigned int n)
{
    unsigned int i,j;
    for(i=n;i>0;i--)
        for(j=123;j>0;j--);
}
void main(void)
{
    while(1)
    {
        P3=0xF7;                    //P3.3 置 0,P3.2 置 1,位选通数码管 1
        P2=0x92;                    //将数字"5"的段码送 P2 口
        delay_ms(100);              //延时 100ms
        P3=0xFB;                    //P3.3 置 1,P3.2 置 0,位选通数码管 2
        P2=0xF9;                    //将数字"1"的段码送 P2 口
        delay_ms(100);
    }
}
```

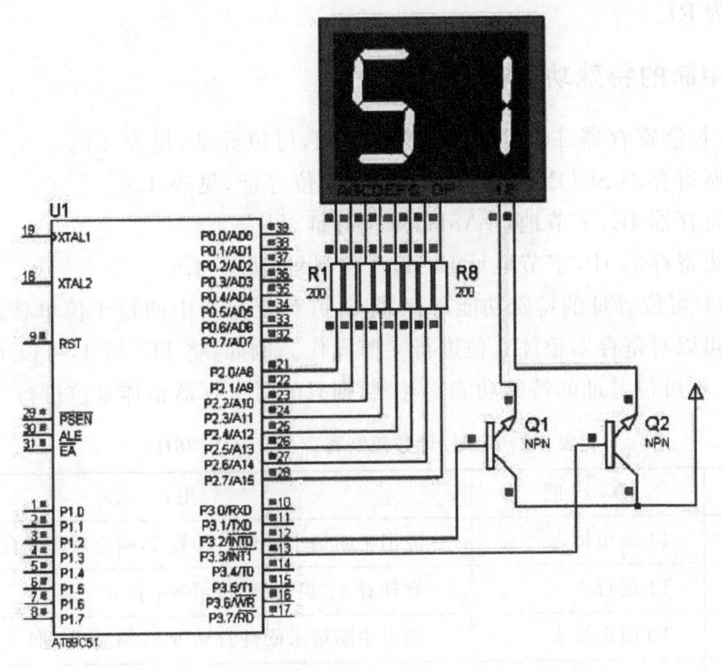

图 4.10 控制数码管动态显示“51”这个数字

4.2 中 断

中断是单片机实现实时监测和控制的一项重要技术。中断过程为：主程序在执行过程中收到中断源发来的中断请求信号，主程序停下当前工作，设置断点，然后响应中断信号，跳转到中断服务子程序执行，执行完毕以后，中断返回到刚才断点，主程序继续往下执行。

例如，你躺在卧室床上看《西游记》，这可以认为是主程序。此时厨房的烧水壶正在烧开水，烧水壶此时便是一个中断源。水一旦烧开壶会发出鸣叫，可以认为是中断源发出了中断请求信号。你放下《西游记》，从床上爬起来，走到厨房关掉火，然后将水灌入暖水瓶，这个过程可以称为执行中断服务子程序。完成后，你走回卧室继续躺在床上拿起书，这可以称为中断返回。然后你继续看《西游记》，这便是继续执行主程序。

4.2.1 中断源

AT89C51 单片机有五个中断源，分别是：

(1) $\overline{\text{INT0}}$：外部中断 0，外部中断请求信号由$\overline{\text{INT0}}$引脚输入，低电平或下降沿有效，中断请求标志位 IE0。

(2) $\overline{\text{INT1}}$：外部中断 1，外部中断请求信号由$\overline{\text{INT1}}$引脚输入，低电平或下降沿有效，中断请求标志位 IE1。

(3) T0：定时/计数溢出时发出中断请求信号，中断请求标志位 TF0。

(4) T1：定时/计数溢出时发出中断请求信号，中断请求标志位 TF1。

(5) 串行口中断：发送或接收 1B 数据以后发出中断请求信号，中断请求标志位发送时为 TI，接收时为 RI。

4.2.2 控制中断的特殊功能寄存器

定时/计数控制寄存器 TCON，字节地址 88H，可位寻址，见表 4.2。

串行口控制寄存器 SCON，字节地址 98H，可位寻址，见表 4.3。

中断允许寄存器 IE，字节地址 A8H，可位寻址，见表 4.4。

中断优先级寄存器 IP，字节地址 B8H，可位寻址，见表 4.5。

编程时，针对可位寻址的特殊功能寄存器，既可对寄存器中的每 1 位单独进行位操作，置 1 或者清零，也可以对寄存器整体 8 位进行字节操作。例如，将 IT0 置 1，可以 IT0＝1，也可以 TCON＝0x01。不可位寻址的特殊功能寄存器，则只能对寄存器整体 8 位进行字节操作。

表 4.2 定时/计数控制寄存器 TCON(88H)

位	名称	功 能	用 法
7	TF1	T1 溢出标志	溢出中断请求硬件自动置 1，响应后硬件自动清零
6	TR1	T1 运行	软件置 1：启动；软件清零：停止
5	TF0	T0 溢出标志	溢出中断请求硬件自动置 1，响应后硬件自动清零
4	TR0	T0 运行	软件置 1：启动；软件清零：停止
3	IE1	外部中断 1 标志	外部中断 1 请求硬件自动置 1，响应后硬件自动清零
2	IT1	外部中断 1 触发	软件置 1：下降沿触发；软件清零：低电平触发
1	IE0	外部中断 0 标志	外部中断 0 请求硬件自动置 1，响应后硬件自动清零
0	IT0	外部中断 0 触发	软件置 1：下降沿触发；软件清零：低电平触发

表 4.3　串行口控制寄存器 SCON(98H)

位	名称	功　能	用　法
7	SM0	方式选择	
6	SM1		
5	SM2	方式 2,3 时的多机通信协议允许	
4	REN	接收允许	
3	TB8	方式 2,3 时发送的第 9 位数据	
2	RB8	方式 2,3 时收到的第 9 位数据	
1	TI	发送中断标志	串行发送或接收完 1B 数据后产生中断，硬件自动置 1，再次收发需要软件清零
0	RI	接收中断标志	

表 4.4　中断允许寄存器 IE(A8H)

位	名称	功　能	用　法
7	EA	总中断允许	软件置 1：允许所有的中断； 软件清零：禁止所有的中断
6	—	保留位	软件置 1：允许中断； 软件清零：禁止中断
5	ET2	定时器 T2 中断允许	
4	ES	串行口中断允许	
3	ET1	定时器 T1 中断允许	
2	EX1	外部$\overline{\text{INT1}}$中断允许	
1	ET0	定时器 T0 中断允许	
0	EX0	外部$\overline{\text{INT0}}$中断允许	

表 4.5　中断优先级寄存器 IP(B8H)

位	名　称	功　能	用　法
5	PT2	定时器 T2 中断优先级	软件置 1：中断优先级高； 软件清零：中断优先级低
4	PS	串行口中断优先级	
3	PT1	定时器 T1 中断优先级	
2	PX1	外部$\overline{\text{INT1}}$中断优先级	都为 1 或 0 的情况下，默认中断优先顺序见表 4.6
1	PT0	定时器 T0 中断优先级	
0	PX0	外部$\overline{\text{INT0}}$中断优先级	

4.2.3　中断函数

中断产生后即转入相应的中断服务子程序处理中断。C51 语言专门定义了中断函数，用来编写中断服务子程序。中断函数的一般形式为

```
函数类型  函数名(形式参数表) interrupt n  using n
```

例如，外部中断 1($\overline{\text{INT1}}$)的中断服务函数书写如下：

```
void int1() interrupt 2 using 0     //中断号 n=2,选择 0 区工作寄存器区
```

关键字 interrupt 后面的 n 是中断号，对于 51 单片机从外部中断 0 到串行口的 5 个中断向量，n 的取值为 0～4，编译器从 8×n+3 地址处产生中断向量。AT89C51 的中断源对应的中断号和入口地址以及默认的优先顺序见表 4.6。

表 4.6　中断号和中断向量

中断号	中　断　源	入口地址	默认的优先顺序
0	外部INT0中断	0003H	依次递减
1	定时器 T0 中断	000BH	
2	外部$\overline{\text{INT1}}$中断	0013H	
3	定时器 T1 中断	001BH	
4	串口中断	0023H	
5	定时器 T2 中断	002BH	

单片机在内部 RAM 中可使用 4 个工作寄存器区，每个工作寄存器区包含 8 个工作寄存器(R0～R7)。C51 扩展了一个关键字 using，using 后面的 n 专门用来选择单片机的 4 个不同的工作寄存器区。using 是一个选项，如果不选用该项，中断函数中的所有工作寄存器的内容将被保存到堆栈中。

关键字 using 对函数目标代码的影响如下：在中断函数的入口处将当前工作寄存器区的内容保存到堆栈中，函数返回之前将被保存的寄存器区的内容从堆栈中恢复。使用关键字 using 在函数中确定一个工作寄存器区时必须十分小心，要保证任何工作寄存器区的切换都只在指定的控制区域中发生，否则将产生不正确的函数结果。

编写单片机中断程序时，应遵循以下规则：

(1) 中断函数没有返回值，因此将中断函数类型定义为 void 类型。

(2) 中断函数不包含任何形式的参数，形式参数表为空。

(3) 在任何情况下都不能直接调用中断函数，否则会产生编译错误。

(4) 如果在中断函数中再调用其他函数，则被调用的函数使用的寄存器区必须与中断函数使用的寄存器区不同。

4.2.4　中断应用

【例 4.8】 如图 4.11 所示，AT89C51 单片机的 P3.2 引脚接按键 K0，P1.0 接 1 个发光二极管 LED0。使用外部中断 0，编写程序，实现按键 K0 闭合和断开，发光二极管 LED0 显示状态在亮灭之间切换。其中，时钟电路和复位电路采用仿真软件默认值。

参考程序如下：

```
#include <reg51.h>
```

```
sbit P1_0=P1^0;
void main(void)
{
  IT0=1;              //下降沿触发
  EX0=1;              //外部中断 0 允许
  EA=1;               //总中断允许
  while(1);           //程序在此无限循环,等待外部中断信号到来后跳转到中断函数执行
}
void EXT_INT0() interrupt 0
{
  P1_0=!P1_0;         //P1.0 取反,执行完返回 while(1)等待下一个外部中断信号
}
```

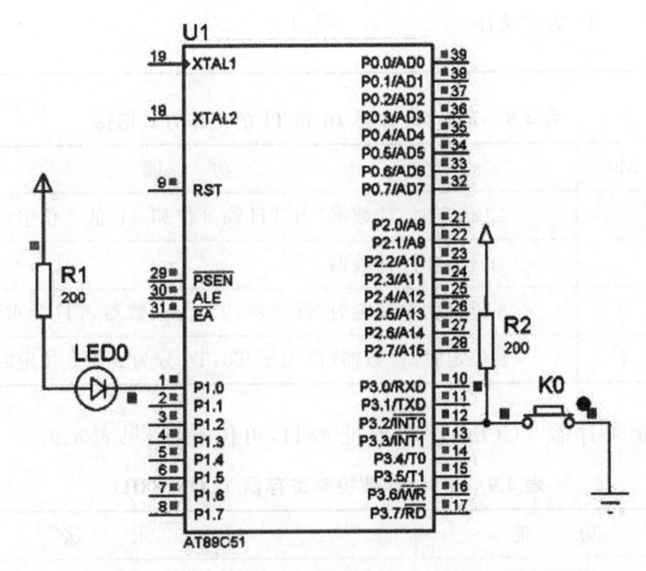

图 4.11 使用外部中断 0 控制发光二极管的亮灭转换

4.3 定时/计数器

AT89C51 单片机有两个 16 位定时/计数器 T0(包含高 8 位 TH0 和低 8 位 TL0)和 T1(包含高 8 位 TH1 和低 8 位 TL1)。

定时/计数器具有定时和计数两种工作模式。定时模式是对片内机器周期进行计数;计数模式是对片外加在 T0(P3.4)和 T1(P3.5)两个引脚上的外部脉冲进行计数。

T0 和 T1 都属于加 1 计数,每计一个脉冲,计数器加 1。由于单片机时钟频率固定,因此可由计数值得到精确的时间。

4.3.1 控制定时/计数器的特殊功能寄存器

定时/计数方式寄存器 TMOD,字节地址 89H,不可位寻址,所有位通过软件按字节操作置 1 或清零,见表 4.7 和表 4.8。

表 4.7　定时/计数方式寄存器 TMOD(89H)

位	名称	功　　能	用　　法
7	GATE	T1 门控位	GATE=1 时,计数受外部引脚 P3.3 控制,P3.3=1 时才能计数
6	$C/\overline{T}$	T1 定时/计数选择	软件清零:定时模式;软件置 1:计数模式
5	M1	T1 方式选择	见表 4.8
4	M0		
3	GATE	T0 门控位	GATE=1 时,计数受外部引脚 P3.3 控制,P3.3=1 时才能计数
2	$C/\overline{T}$	T0 定时/计数选择	软件清零:定时模式;软件置 1:计数模式
1	M1	T0 方式选择	见表 4.8
0	M0		

表 4.8　定时/计数器 T0 和 T1 的工作方式选择

方式	M1	M0	功　　能
0	0	0	13 位定时/计数器(由 TH 高 8 位和 TL 低 5 位组成)
1	0	1	16 位定时/计数器
2	1	0	8 位自动重装定时/计数器,TL 为计数器,TH 为重装初值
3	1	1	8 位定时/计数器(仅用于 T0,T0 分为 2 个 8 位定时/计数器)

定时/计数控制寄存器 TCON,字节地址 88H,可位寻址,见表 4.9。

表 4.9　定时/计数控制寄存器 TCON(88H)

位	名称	功　　能	用　　法
7	TF1	T1 溢出标志	溢出中断请求硬件自动置 1,响应后硬件自动清零
6	TR1	T1 运行	软件置 1:启动;软件清零:停止
5	TF0	T0 溢出标志	溢出中断请求硬件自动置 1,响应后硬件自动清零
4	TR0	T0 运行	软件置 1:启动;软件清零:停止
3	IE1	外部中断 1 标志	外部中断 1 请求硬件自动置 1,响应后硬件自动清零
2	IT1	外部中断 1 触发	软件置 1:下降沿触发;软件清零:低电平触发
1	IE0	外部中断 0 标志	外部中断 0 请求硬件自动置 1,响应后硬件自动清零
0	IT0	外部中断 0 触发	软件置 1:下降沿触发;软件清零:低电平触发

4.3.2　定时/计数器应用

工程应用中,单片机的定时/计数器一般较多使用定时器模式。定时器模式下,工作方式一般较多使用方式 1 和方式 2,即 16 位定时或者 8 位自动重装定时。12MHz 时钟频率下,256μs 以下的定时多采用方式 2;256～65536μs 及 65536μs 以上的定时多采用方式 1。

【例 4.9】 如图 4.12 所示，单片机的 P1.0 引脚接虚拟数字示波器 Digital Oscilloscope，时钟频率为 12MHz，选择定时器 T0。编程实现，P1.0 引脚输出一个周期为 200μs 的方波。其中时钟电路和复位电路采用仿真软件默认值。

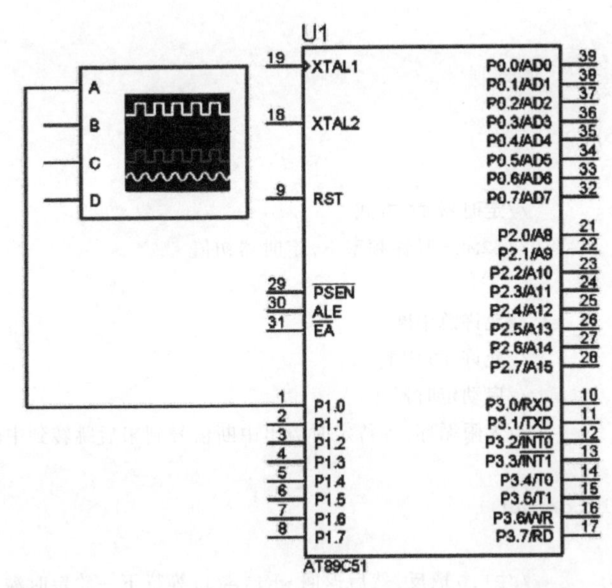

图 4.12 控制示波器显示 P1.0 输出周期为 200μs 的方波

要在 P1.0 引脚上产生周期为 200μs 的方波，可使用定时器产生 100μs 的定时，定时结束后将 P1.0 上的电平取反，再定时 100μs，然后再次将 P1.0 上的电平取反。如此循环，便可在 P1.0 引脚上产生周期为 200μs，占空比为 1∶2 的方波。可见，根据定时时间的不同，能够产生不同占空比的方波，因此定时器可以实现脉宽调制(PWM)。本例采用定时器 T0，方式 2，用定时器 T0 的中断实现。

(1) 设置 TMOD 寄存器规定工作方式。

TMOD 寄存器高四位控制 T1，低四位控制 T0。本例使用 T0，所以高四位缺省为 0000。低四位中 T0 的运行由 TR0 控制，GATE 门控位不使用，GATE＝0。选择定时器模式，$C/\overline{T}=0$。由于定时时间 100μs＜256μs，定时器 T0 选择工作于方式 2，M1M0＝10。

所以，寄存器初始化为 TMOD＝0x02，即 00000010B。

(2) 计算定时器 T0 的初值。

方式 2 下初值的计算公式为：初值 X＝256－定时时长/机器周期。

12MHz 时钟频率下，机器周期为 1μs。

初值 X＝256－100/1＝156。也可以转换成十六进制，此时初值 X＝0x9C。

给 T0 赋初值，TH0＝156，TL0＝156，或者 TH0＝0x9C，TL0＝0x9C。计数由 TL0 完成，TL0 计数过程中，TH0 保持 156 不变。当 TL0 从 156 计数到 256 时达到最大值溢出，此时 TH0 将初值 156 重新赋给 TL0 开始下一轮计数。

(3) 设置 IE 寄存器允许中断。

采用定时器 T0 中断。IE 寄存器中，总中断允许 EA＝1；定时器 T0 中断允许 ET0＝1。

(4) 设置 TCON 寄存器启动或停止定时器 T0。

若 TCON 寄存器中的 TR0=1,则启动定时器 T0 计数;若 TR0=0,则停止定时器 T0 计数。

参考程序如下:

```
#include <reg51.h>
sbit  P1_0=P1^0;
void main(void)
{
    TMOD=0x02;          //定时器 T0 方式 2
    TH0=156;            //12MHz 时钟频率下,定时器初值
    TL0=156;
    EA=1;               //允许总中断
    ET0=1;              //允许 T0 中断
    TR0=1;              //启动定时器 T0
    while(1);           //无限循环,等待定时溢出中断信号到来后跳转到中断函数执行
}
void T0_INT() interrupt 1
{
    P1_0=!P1_0;         //P1.0 取反,然后返回 while(1)等待下一轮定时溢出中断信号
}
```

虚拟数字示波器显示的周期为 200μs 的方波波形如图 4.13 所示。

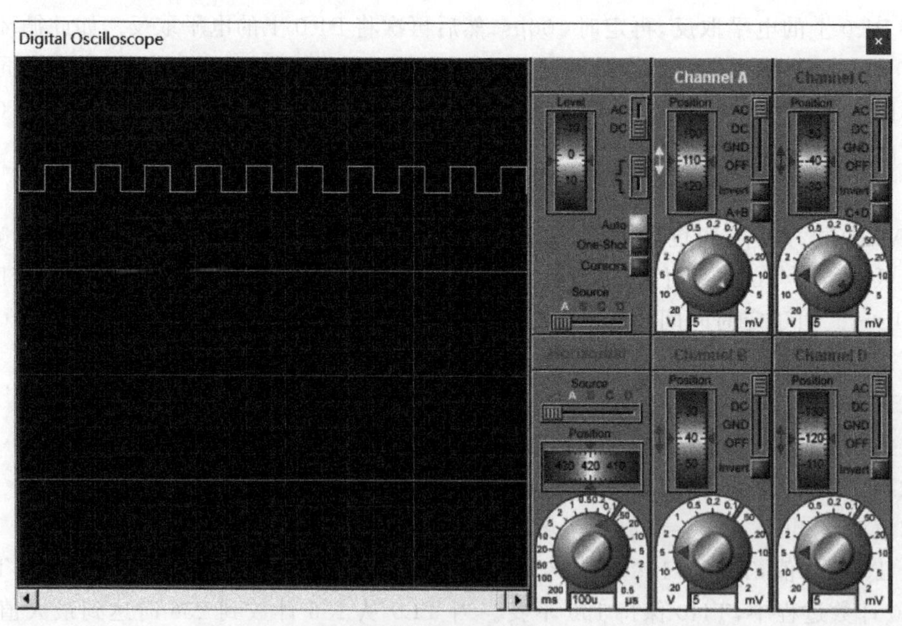

图 4.13　虚拟数字示波器显示的周期为 200μs 的方波

如果本例不使用中断方式,而使用查询方式完成上述功能,则主程序需要查询 TF0 标志位。启动定时器以后,TL0 从 156 增加到 256,达到最大值溢出,TF0 标志位硬件自动置

1，此时如果重新启动计数，则需要将 TF0 软件清零。

参考程序如下：

```
#include <reg51.h>
sbit  P1_0=P1^0;
void main(void)
{
    TMOD=0x02;            //定时器 T0 方式 2
    TH0=156;              //12MHz 时钟频率下，定时器初值
    TL0=156;
    TR0=1;                //启动定时器 T0
    while(1)
    {
        if(TF0)           //等待查询 TF0，判断是否定时完毕溢出
        {
          TF0=0;          //软件清零，开始下一轮定时
          P1_0=!P1_0;     //P1.0 取反
        }
    }
}
```

【例 4.10】 如图 4.12 所示，单片机的 P1.0 引脚接虚拟数字示波器 Digital Oscilloscope，时钟频率为 12MHz，选择定时器 T1。编程实现，P1.0 引脚输出一个周期为 2ms 的方波。其中时钟电路和复位电路采用仿真软件默认值。

本例采用定时器 T1，方式 1，用定时器 T1 的中断实现。

(1) 设置 TMOD 寄存器规定工作方式。

TMOD 寄存器高四位控制 T1，低四位控制 T0。本例使用 T1，所以低四位缺省为 0000。高四位中 T1 的运行由 TR1 控制，GATE 门控位不使用，GATE＝0。选择定时器模式，$C/\overline{T}=0$。由于定时时间 256μs＜1ms＜65.536ms，定时器 T1 选择工作于方式 1，M1M0＝01。所以，寄存器初始化为 TMOD＝0x10，即 00010000B。

(2) 计算定时器 T1 的初值。

方式 1 下初值的计算公式为：初值 X＝65536－定时时长/机器周期。

12MHz 时钟频率下，机器周期为 1μs。

初值 X＝65536－1000/1＝64536。转换成十六进制，此时初值 X＝0xFC18。

给 T1 赋初值，TH1＝252，TL1＝24，或者 TH1＝0xFC，TL1＝0x18。这两种直接赋初值的方法程序效率高。当然，也可以采用如下公式法赋初值：

$$TH1=(65536-1000)/256,TL1=(65536-1000)\%256$$

由于方式 1 不带自动重装功能，因此一轮计数结束达到最大值 65536 溢出后需要在中断函数中重新赋一遍初值，才能开始下一轮计数。

(3) 设置 IE 寄存器允许中断。

采用定时器 T1 中断。IE 寄存器中，总中断允许 EA＝1；定时器 T0 中断允许 ET1＝1。

(4) 设置 TCON 寄存器启动或停止定时器 T1。

若 TCON 寄存器中的 TR1=1,则启动定时器 T1 计数;若 TR1=0,则停止定时器 T1 计数。

参考程序如下:

```
#include <reg51.h>
sbit  P1_0=P1^0;
void main(void)
{
    TMOD=0x10;              //定时器 T1 方式 1
    TH1=64536/256;          //高 8 位初值
    TL1=64536%256;          //低 8 位初值
    EA=1;                   //允许总中断
    ET1=1;                  //允许 T1 中断
    TR1=1;                  //启动 T1 定时
    while(1);               //无限循环,等待定时溢出中断信号到来后跳转到中断函数执行
}
void T1_INT() interrupt 3
{
    TH1=64536/256;          //重新赋一遍初值
    TL1=64536%256;
    P1_0=!P1_0;             //P1.0 取反,然后返回等待下一轮定时溢出中断信号
}
```

虚拟数字示波器显示的周期为 2ms 的方波如图 4.14 所示。

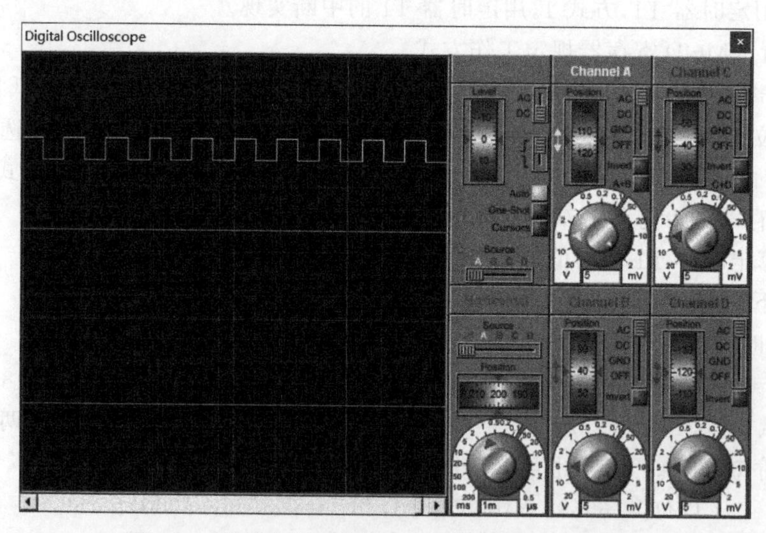

图 4.14 虚拟数字示波器显示的周期为 2ms 的方波

【例 4.11】 如图 4.12 所示,单片机的 P1.0 引脚接虚拟数字示波器 Digital Oscilloscope,时钟频率为 12MHz,选择定时器 T1。编程实现,P1.0 引脚输出一个周期为 2s 的方波。其中时钟电路和复位电路采用仿真软件默认值。由于 1s 超过了 65.536ms,编程

思路为：采用定时器 T1，方式 1，定时 50ms，循环 20 次，完成 1s 定时，定时器依然使用 T1 中断。

(1) 设置 TMOD 寄存器规定工作方式。

TMOD 寄存器高四位控制 T1，低四位控制 T0。本例使用 T1，所以低四位缺省为 0000。高四位中 T1 的运行由 TR1 控制，GATE 门控位不使用，GATE＝0。选择定时器模式，$C/\overline{T}$＝0。虽然定时时间 1s ＞65.536ms，但可以定时 50ms，循环 20 次实现。定时器 T1 依然选择工作于方式 1，M1M0＝01。所以，寄存器初始化为 TMOD＝0x10，即 00010000B。

(2) 计算定时器 T1 的初值。

方式 1 下初值的计算公式为：初值 X＝65536－定时时长/机器周期。

12MHz 时钟频率下，机器周期为 1μs。

初值 X＝65536－50000/1＝15536。转换成十六进制，此时初值 X＝0x3CB0。

给 T1 赋初值，TH1＝60，TL1＝176，或者 TH1＝0x3C，TL1＝0xB0。这两种直接赋初值的方法程序效率高。当然，也可以采用如下公式法赋初值：

$$TH1=(65536-50000)/256, \quad TL1=(65536-50000)\%256$$

由于方式 1 不带自动重装功能，因此一轮计数结束达到最大值 65536 溢出后需要在中断函数中重新赋一遍初值，才能开始下一轮计数。

(3) 设置 IE 寄存器允许中断。

采用定时器 T1 中断。IE 寄存器中，总中断允许 EA＝1；定时器 T0 中断允许 ET1＝1。

(4) 设置 TCON 寄存器启动或停止定时器 T1。

若 TCON 寄存器中的 TR1＝1，则启动定时器 T1 计数；若 TR1＝0，则停止定时器 T1 计数。

参考程序如下：

```
#include <reg51.h>
sbit  P1_0=P1^0;
char i;
void main(void)
{
    TMOD=0x10;                //定时器 T1 方式 1
    TH1=15536/256;            //高 8 位初值
    TL1=15536%256;            //低 8 位初值
    EA=1;                     //允许总中断
    ET1=1;                    //允许 T1 中断
    TR1=1;                    //启动 T1 定时
    while(1);                 //无限循环，等待定时溢出中断信号到来后跳转到中断函数执行
}
void T1_INT() interrupt 3
{
    TH1=15536/256;            //重新赋一遍初值
    TL1=15536%256;
    i++;
```

```
    if(i==20)              //定时 50ms 循环 20 次,P1.0 取反
    {
      P1_0=!P1_0;
      i=0;
    }
}
```

虚拟数字示波器显示的周期为 2s 的方波如图 4.15 所示。注意,波形有失真。

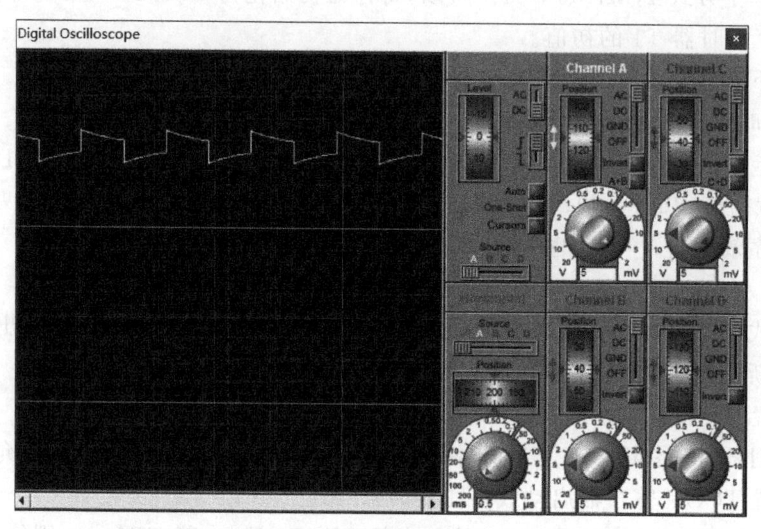

图 4.15 虚拟数字示波器显示的周期为 2s 的方波

4.4 串 行 口

AT89C51 单片机内部有一个全双工异步通信串行数据接口(UART)。全双工就是两个单片机之间串行数据可以同时双向传输。异步通信就是收发双方使用各自的时钟控制数据收发过程,不需要同步时钟信号线。

串行口通信将一字节的 8 位数据,低位在前高位在后,一位一位地串行接收或发送。该功能由数据接收引脚 RXD(P3.0)和数据发送引脚 TXD(P3.1)实现。

SBUF 是串行口接收和发送共用的数据缓冲器(字节地址为 99H),物理上独立,收发使用不同的读写指令区分。

串行口具有不同的工作方式和传输速率(波特率),还能产生接收或发送中断,这些都可以通过串行口控制寄存器 SCON 设定或根据其值判断。

4.4.1 控制串行口的特殊功能寄存器

串行口控制寄存器 SCON,字节地址 98H,可位寻址,见表 4.10 和表 4.11。

电源控制寄存器 PCON,字节地址 87H,不可位寻址,所有位通过软件按字节操作置 1 或清零,见表 4.12。

表 4.10　串行口控制寄存器 SCON(98H)

位	名称	功　能	用　法
7	SM0	方式选择	见表 4.11
6	SM1		
5	SM2	方式 2,3 时的多机通信协议允许	软件置 1 允许,清零禁止
4	REN	接收允许	软件置 1 允许,清零禁止
3	TB8	方式 2,3 时发送的第 9 位数据	软件置 1 或清零
2	RB8	方式 2,3 时收到的第 9 位数据	软件置 1 或清零
1	TI	发送中断标志	串行发送或接收完 1B 数据后产生中断,硬件自动置 1,再次收发需要软件清零
0	RI	接收中断标志	

表 4.11　串行口工作方式的选择

方式	SM0	SM1	功　能
0	0	0	同步移位寄存器方式(用于扩展 I/O 口),波特率为 $f_{osc}/12$
1	0	1	8 位异步收发,波特率可变(由定时器 T1 方式 2 控制)
2	1	0	8 位异步收发,波特率为 $f_{osc}/64$ 或 $f_{osc}/32$
3	1	1	9 位异步收发,波特率可变(由定时器 T1 方式 2 控制)

表 4.12　电源控制寄存器 PCON(87H)

位	名称	功　能	用　法
7	SMOD	串口波特率倍增	软件置 1：波特率倍增;软件清零：波特率不倍增
6	—	保留位	
5	—	保留位	
4		保留位	
3	GF1	通用标志	软件置 1 或清零
2	GF0	通用标志	软件置 1 或清零
1	PD	掉电保持模式	软件置 1：进入掉电保持模式
0	IDL	空闲模式	软件置 1：进入空闲模式

4.4.2　工作方式与波特率

波特率的定义：串行口每秒接收或发送的二进制位数,单位为 b/s。收发双方的波特率必须保持一致,否则会出现收发数据错误。如表 4.11 所示,串行口的工作方式由 SCON 寄存器中的 SM0 SM1 定义,设定为四种工作方式。其中方式 0 和方式 2,波特率是固定的;方式 1 和方式 3,波特率是可变的,由定时器 T1 的溢出率,即 T1 每秒溢出的次数确定。

1. 方式 0

串行口的工作方式 0 为同步移位寄存器输入/输出方式。此方式并不用于串行数据通信，而是用于外接移位寄存器，使用移位寄存器扩展并行 I/O 口。

方式 0 以 8 位数据为 1 帧，没有起始位和停止位，先接收或发送最低位。其帧格式如图 4.16 所示。

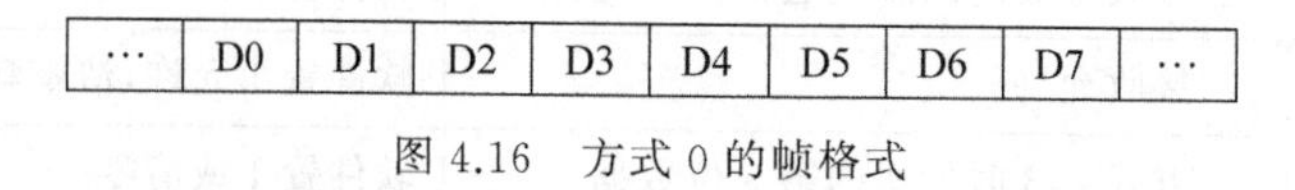

图 4.16　方式 0 的帧格式

方式 0 的波特率固定为时钟频率 f_{osc} 的 1/12，且不受 SMOD 位的值影响。若 f_{osc} = 12MHz，则波特率为 f_{osc}/12，即 1Mb/s。

2. 方式 1

串行口的工作方式 1 为双机串行通信方式，如图 4.17 所示。

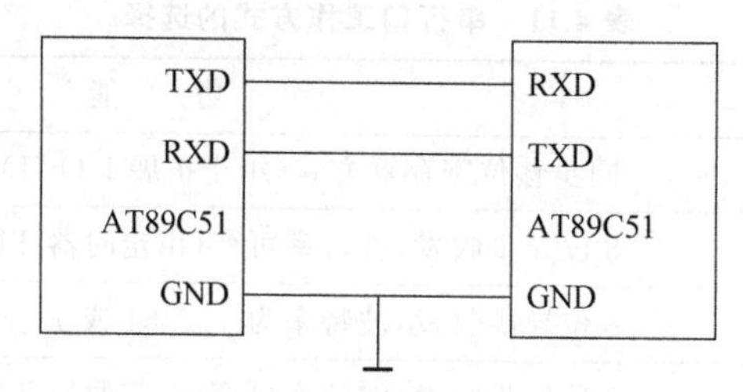

图 4.17　方式 1 双机串行通信连接电路

方式 1 以 10 位数据为 1 帧，包含 1 个起始位(0)，8 个数据位，1 个停止位(1)，先接收或发送最低位。方式 1 的帧格式如图 4.18 所示。

起始位	D0	D1	D2	D3	D4	D5	D6	D7	停止位

图 4.18　方式 1 的帧格式

方式 1 的波特率可变，一般由定时器 T1 的工作方式 2(8 位自动重装初值)确定。波特率的公式为

$$波特率 = 2^{SMOD} \times (T1\ 的溢出率) / 32$$

设定时器 T1 方式 2 的初值为 X，则有

$$T1\ 的溢出率 = f_{osc} / [12 \times (256 - X)]$$

所以

$$T1\ 的初值\ X = 256 - f_{osc} \times 2^{SMOD} / (12 \times 波特率 \times 32)$$

可见，波特率由时钟频率、SMOD 和定时初值 X 共同决定。在实际工程应用中，收发双方的波特率、时钟频率和 SMOD 位值是设计者指定的，所以波特率设置就转化为定时器 T1 方式 2 的初值设置。如果时钟频率 f_{osc} = 12MHz，T1 的初值计算出来不会是整数，将导致波特率有一定误差。要得到精确的波特率，时钟频率 f_{osc} 一般选择 11.0592MHz。

3. 方式 2

串行口的工作方式 2 为 9 位串行通信方式，可用于双机通信，也可用于多机通信。

方式 2 以 11 位数据为 1 帧，包含 1 个起始位(0)，8 个数据位，1 个奇偶校验位(1/0)，1

个停止位(1),先接收或发送最低位。方式 2 的帧格式如图 4.19 所示。

起始位	D0	D1	D2	D3	D4	D5	D6	D7	D8	停止位

图 4.19　方式 2 的帧格式

方式 2 的波特率公式为

$$波特率=2^{SMOD}\times f_{osc}/64$$

所以,方式 2 的波特率只有 2 种,$f_{osc}/32$ 或者 $f_{osc}/64$。若 f_{osc}=12MHz,SMOD=0,则波特率=187.5kb/s。

4. 方式 3

串行口的工作方式 3 为 9 位串行通信方式,可用于双机通信,也可用于多机通信。

方式 3 的帧结构与方式 2 相同。

方式 3 的波特率可变,设置方法和方式 1 相同。

4.4.3　串行口通信应用

【例 4.12】　甲乙两个单片机进行双机串行通信,时钟频率 f_{osc}=11.0592MHz,波特率为 2400b/s,波特率倍增位 SMOD=0。甲机的 RXD 和 TXD 分别与乙机的 TXD 和 RXD 相连。甲机 P3.3 接一个按键 K0。乙机的 P1 口接 8 个发光二极管。编程实现,按下 K0,甲机发送 0x55 给乙机,不按下 K0,甲机发送 0xff 给乙机,乙机将接收到的甲机发送值送给 P1 连接的发光二极管显示,如图 4.20 所示。

(1) 设置 SCON 寄存器规定工作方式。

串行通信选择工作方式 1,SM1 SM0=01。不使用多机通信,SM2=0。串行数据可以直接发送,但数据接收却需要允许,REN=1。因为选择的是方式 1,串行收发数据一共只有 8 位,没有第 9 位——奇偶校验位,TB8=0,RB8=0。发送和接收中断标志位由硬件自动置 1,初始设置 TI=0,RI=0。所以,寄存器初始化为 SCON=0x50,即 01010000B。

(2) 设置 PCON 寄存器波特率倍增位。

选择不倍增,波特率倍增位 SMOD=0,所以寄存器 PCON=0x00,即 00000000B。

(3) 设置 TMOD 寄存器规定工作方式。

选择定时器 T1 方式 2,产生波特率。所以,TMOD 低四位缺省为 0000。高四位中门控位不使用,GATE=0。选择定时器模式,$C/\overline{T}$=0。工作于方式 2,M1M0=10。所以,寄存器初始化为 TMOD=0x20,即 00100000B。

(4) 计算定时器 T1 方式 2 下的初值。

波特率为 2400b/s,时钟频率 f_{osc}=11.0592MHz,SMOD=0,代入公式

$$T1\ 的初值\ X=256-f_{osc}\times 2^{SMOD}/(12\times 波特率\times 32)$$

解得初值 X=0xF4

给 T1 赋初值,TH1=0xF4,TL1=0xF4。

(5) 设置 TCON 寄存器启动或停止定时器 T1。

若 TCON 寄存器中的 TR1=1,则启动定时器 T1 计数;若 TR1=0,则停止定时器 T1 计数。

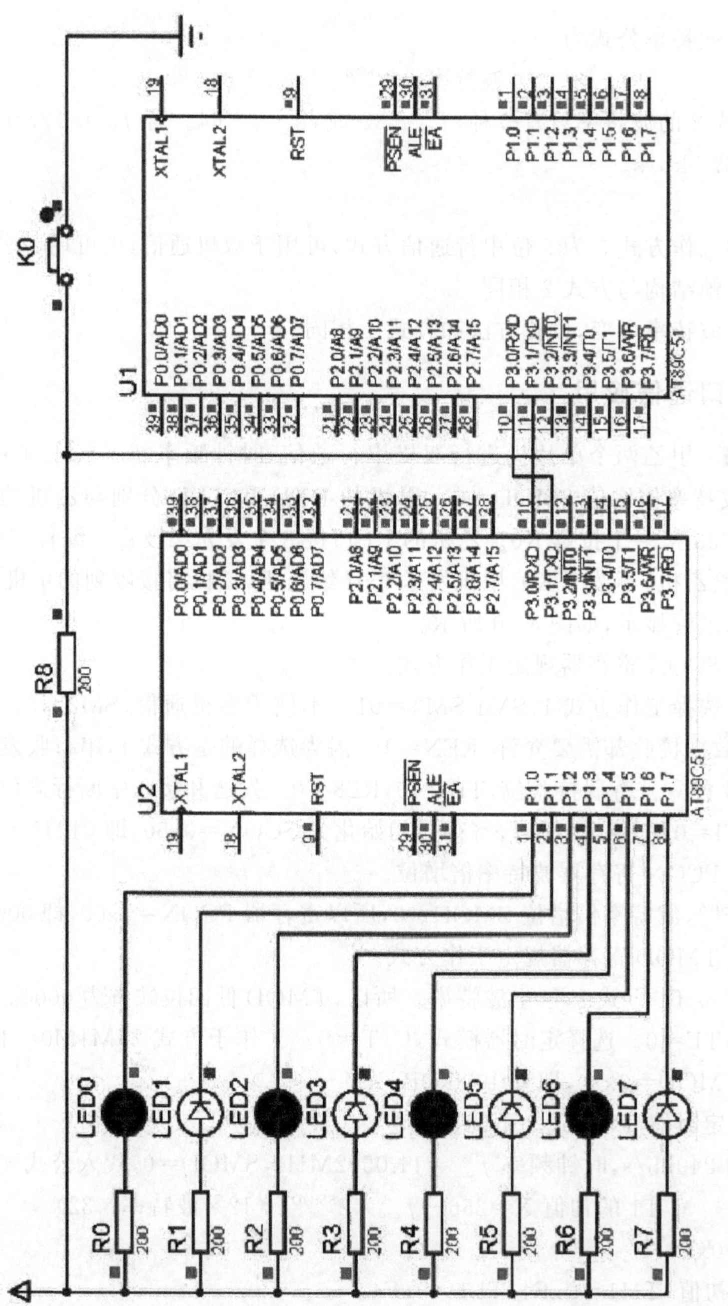

图 4.20 双机串行通信，按下 K0 甲机发送 0x55 给乙机显示

参考程序如下：

```
//甲机发送程序
#include <reg51.h>
sbit  P3_3=P3^3;
void main(void)
{
    SCON=0x50;              //串行口通信方式 1,接收允许
    PCON=0x00;              //SMOD=0
    TMOD=0x20;              //定时器 T1 方式 2
    TH1=0xF4;               //波特率为 2400b/s,时钟频率 11.0592MHz 的初值
    TL1=0xF4;
    TR1=1;                  //启动 T1 定时
    if(P3_3==0)             //检测按键,仿真环境下标准下降沿,无须软件消抖
    {
        SBUF=0x55;          //将 0x55 送入缓冲器,低位到高位开始发送
        while(TI==0);       //发送中 TI 为 0,直到发送完毕 TI 硬件置 1
        TI=0;               //软件清零,开始下一轮发送
    }
    else
    {
        SBUF=0xff;
        while(TI==0);
        TI=0;
    }
}
//乙机接收程序
#include <reg51.h>
void main(void)
{
    SCON=0x50;              //串行口通信方式 1,接收允许
    PCON=0x00;              //SMOD=0
    TMOD=0x20;              //定时器 T1 方式 2
    TH1=0xF4;               //波特率为 2400b/s,时钟频率 11.0592MHz 的初值
    TL1=0xF4;
    TR1=1;                  //启动 T1 定时
    while(RI==0);           //接收中 RI 为 0,直到接收完毕 RI 硬件置 1
    RI=0;                   //软件清零,开始下一轮接收
    P1=SBUF;                //接收到的数据由缓冲器送给 P1
}
```

以上发送和接收程序使用的均是查询方法,甲机串行口发送数据查询的是 TI 的状态,乙机串行口接收数据查询的是 RI 的状态。在实际工程应用中,串行口发送数据多使用查询方法,串行口接收数据则往往使用中断方法,以提高程序效率。所以,乙机接收数据改为使用串行口中断,程序改为

```
//甲机发送程序
#include <reg51.h>
sbit  P3_3=P3^3;
void main(void)
{
    SCON=0x50;              //串行口通信方式 1,接收允许
    PCON=0x00;              //SMOD=0
    TMOD=0x20;              //定时器 T1 方式 2
    TH1=0xF4;               //波特率为 2400b/s,时钟频率 11.0592MHz 的初值
    TL1=0xF4;
    TR1=1;                  //启动 T1 定时
    if(P3_3==0)             //检测按键,仿真环境下标准下降沿,无须软件消抖
    {
        SBUF=0x55;          //将 0x55 送入缓冲器,低位到高位开始发送
        while(TI==0);       //发送中 TI 为 0,直到发送完毕 TI 硬件置 1
        TI=0;               //软件清零,开始下一轮发送
    }
    else
    {
        SBUF=0xff;
        while(TI==0);
        TI=0;
    }
}
//乙机接收程序
#include <reg51.h>
void main(void)
{
    SCON=0x50;              //串行口通信方式 1,接收允许
    PCON=0x00;              //SMOD=0
    TMOD=0x20;              //定时器 T1 方式 2
    TH1=0xF4;               //波特率为 2400b/s,时钟频率 11.0592MHz 的初值
    TL1=0xF4;
    TR1=1;                  //启动 T1 定时
    EA=1;                   //允许总中断
    ES=1;                   //允许串行口中断
    while(1);               //接收中 RI 为 0,直到接收完毕 RI 硬件置 1
}
void UART_INT() interrupt 4
{
    RI=0;                   //软件清零,开始下一轮接收
    P1=SBUF;                //接收到的数据由缓冲器送给 P1
}
```

4.5 并行扩展数据存储器 6264

AT89C51 单片机片内包含 128B 的数据存储器(RAM)、4KB 的程序存储器(ROM)以及 4 组输入/输出(I/O)口,但当单片机内部的这些存储器和 I/O 口资源不能满足应用系统功能要求的时候,则需要利用单片机的总线进行扩展。

单片机的总线扩展包括并行扩展与串行扩展,4.5～4.7 节介绍单片机的并行扩展。单片机的串行扩展结合应用接口芯片介绍。4.9 节介绍单片机的单总线(1-Wire)串行扩展。第 7 章介绍单片机的 SPI 总线串行扩展。

单片机的并行总线分为地址总线(Address Bus)16 根、数据总线(Data Bus)8 根和控制总线(Control Bus)5 根三个部分,如图 4.21 所示。

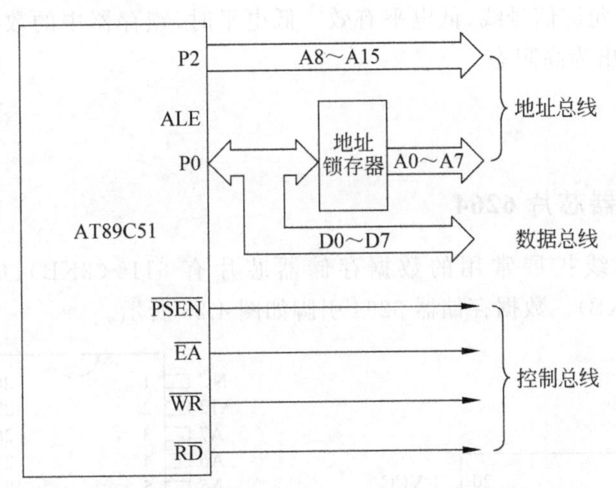

图 4.21 单片机片外并行扩展地址、数据、控制总线

(1) P0 口作数据总线/地址总线低 8 位。

(2) P2 口作地址总线高 8 位。

(3) 控制总线主要有 5 根,其中 2 根是 P3 口引脚 P3.6、P3.7 的第二功能。ALE 为 P0 发出的低 8 位地址线锁存控制信号线。$\overline{\text{PSEN}}$为外部并行扩展程序存储器的读选通控制信号线。$\overline{\text{EA}}$为片内片外程序存储器访问允许控制信号线。$\overline{\text{RD}}$和$\overline{\text{WR}}$为外部并行扩展数据存储器和 I/O 接口芯片的读、写选通控制信号线。

单片机并行总线扩展时序遵循地址总线先寻址,数据总线再传输数据的顺序。控制总线控制芯片的选通与数据的读、写。

随着增强型 51 单片机的不断推出,其片内集成的数据存储器和程序存储器的容量也在不断增加。如第 2 章所述,51 单片机可在片外扩展最多 64KB 的程序存储器。现在的增强型 51 单片机已经可以将片外扩展的程序存储器全部集成到片内。如 STC12C5A60S2 单片机其内部 Flash ROM 已经达到 60KB。因此,51 单片机并行扩展程序存储器意义已经不大。

51 单片机片内集成数据存储器的容量也在增加,STC12C5A60S2 单片机其内部 RAM

为 1280B，远大于 AT89C51 的 128B。但由于成本的原因，内部集成数据存储器的容量增加相比程序存储器还是有限，因此并行扩展数据存储器依然具有一定的应用价值。

4.5.1 地址锁存器芯片 74LS373

由于 P0 口实现数据总线和地址总线低 8 位的时分复用，为了将二者的功能分离开，需要在单片机外部增加地址锁存器芯片。常用的地址锁存器芯片为 74LS373。

74LS373 是一种带有三态门的 8 位锁存器，其引脚如图 4.22 所示。

D7～D0：8 位数据输入信号线。

Q7～Q0：8 位数据输出信号线。

G：数据输入锁存信号线。高电平时，输入数据进入锁存器，负跳变时，数据锁存入锁存器。

$\overline{OE}$：数据输出允许信号线，低电平有效。低电平时，锁存器中的数据进入数据输出信号线，高电平时，输出为高阻态。

VCC：接＋5V。

GND：接地。

4.5.2 数据存储器芯片 6264

单片机并行总线扩展常用的数据存储器芯片有 6116（2KB）、6264（8KB）、62128（16KB）、62256（32KB）。数据存储器 6264 引脚如图 4.23 所示。

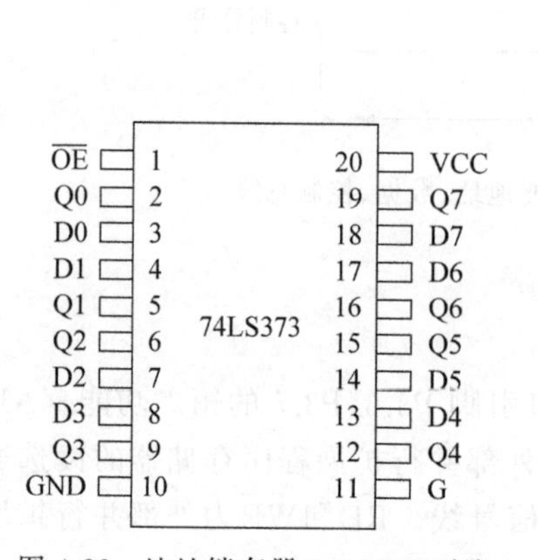

图 4.22 地址锁存器 74LS373 引脚

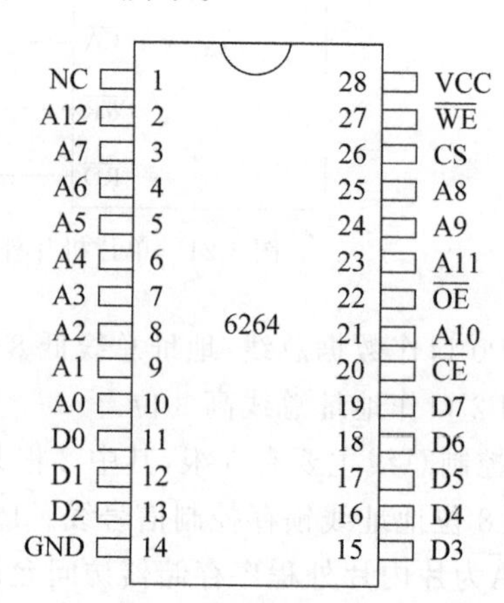

图 4.23 数据存储器 6264 引脚

A12～A0：12 位地址输入信号线。

D7～D0：8 位双向数据输入/输出信号线。

$\overline{CE}$：片选输入信号线，低电平有效，用来选中 6264 芯片。

$\overline{OE}$：从 6264 读数据选通输入信号线，低电平有效。

$\overline{WE}$：向 6264 写数据选通输入信号线，低电平有效。

CS：接＋5V。

VCC：接＋5V。

GND：接数字地。

4.5.3 单片机与 6264 的接口与编程

单片机并行扩展存储器，选通扩展芯片的方法有两种：

一种称为线选法，即直接利用单片机地址高 8 位总线中的某一根连接扩展芯片的片选线进行选通控制，适合于单芯片或者较少芯片扩展。

另一种称为译码法，即利用地址高 8 位总线中的几根，如 3 根，利用 74LS138 译码芯片进行译码，这样，3 根高位地址线最多可以选通 8 块扩展芯片。此种方法相较于线选法能有效利用存储器空间，适合于多芯片扩展。

【例 4.13】 AT89C51 单片机并行总线扩展一片数据存储器 6264，选通采用线选法。P2.7 接$\overline{CE}$，P0.7～P0.0 经过地址锁存器 74LS373 接 6264 的 A7～A0，同时直接连接 6264 的 D7～D0。P2.4～P2.0 直接接 6264 的 A12～A8。单片机的 P1 口接 8 个 LED 发光二极管。$\overline{WR}$接$\overline{WE}$，$\overline{RD}$接$\overline{OE}$。编程实现，单片机将 0x00 到 0x0F 这 16 个数依次送到 6264 的 0x0000 到 0x000F 这 16 个地址中，然后又依次取回送给 P1 显示。单片机与数据存储器 6264 的接口如图 4.24 所示，此时传回单片机的是 0x04 这个数值内容。

接口电路连接好以后，单片机地址总线高 8 位中 P2.7 必须为低电平，才能保持对 6264 $\overline{CE}$的选通，程序中必须清零。P2.6 和 P2.5 没有连接，所以保持高电平或低电平都可以，程序中选择清零。地址总线低 8 位 P0.7～P0.0 通过锁存器和地址总线高 8 位中的 P2.4～P2.0 接 6264 的地址线，取值从 0 0000 0000 0000B 到 1 1111 1111 1111B，容量正好为 8KB。

因此，6264 的地址二进制范围为 0000 0000 0000 0000B～0001 1111 1111 1111B，转换成十六进制则为 0x0000 到 0x1FFF。

参考程序如下：

```
#include <reg51.h>
#include <absacc.h>
void delay_ms(unsigned int n)
{
    unsigned int i,j;
      for(i=n;i>0;i--)
        for(j=123;j>0;j--);
}
void main (void)
{
    unsigned int i;
    while(1)
    {
      for(i=0;i<=15;i++)
      {
        XBYTE[0x0000+i]=i;
        P1=XBYTE[0x0000+i];
        delay_ms(1000);
      }
    }
}
```

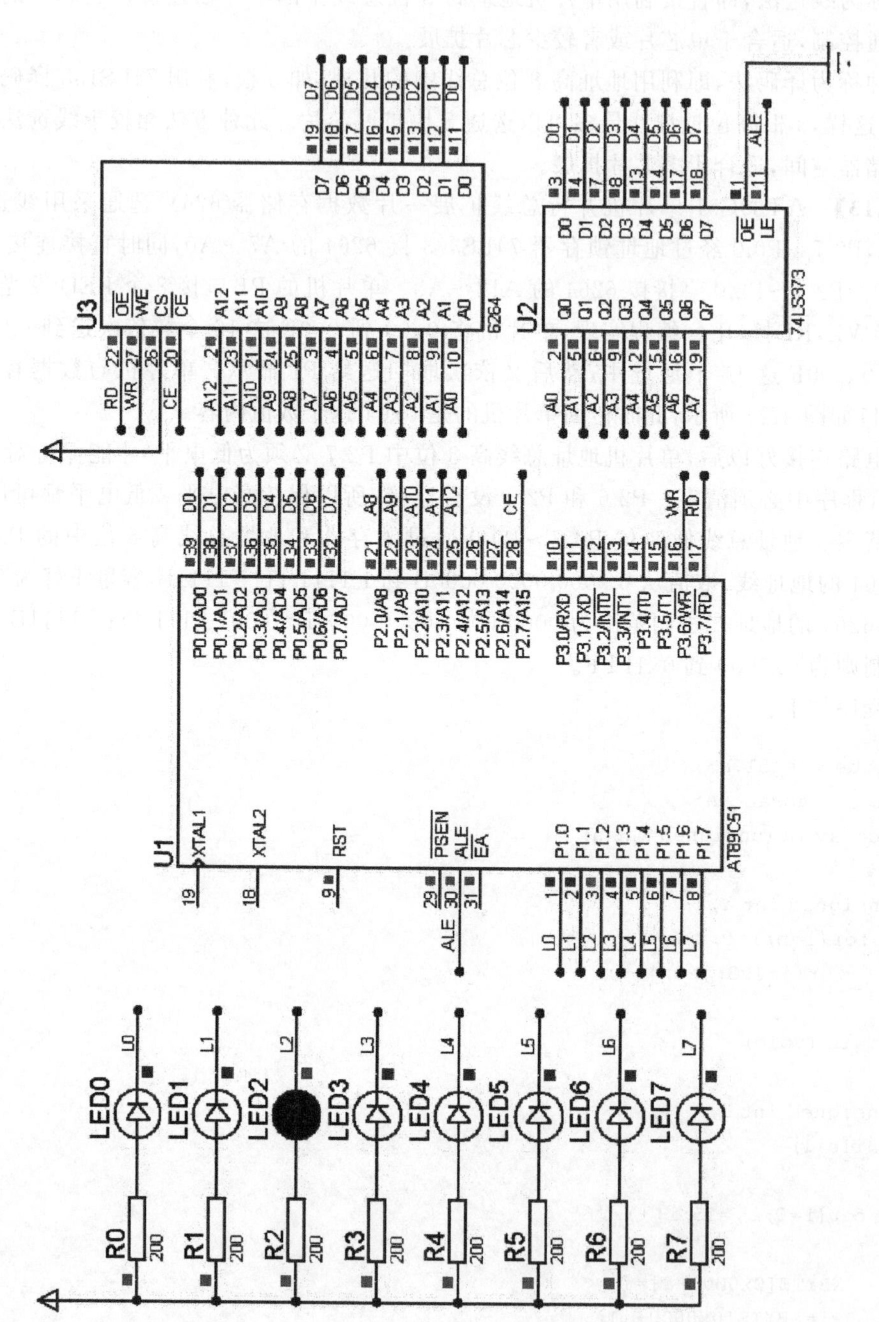

图 4.24　单片机与数据存储器 6264 的接口

4.6 并行扩展输入/输出芯片 8255A

4.6.1 输入/输出芯片 8255A 简介

8255A 是 Intel 公司生产的可编程并行输入/输出(I/O)接口芯片。该芯片具有 3 组 8 位并行 I/O 口 PA、PB 和 PC。其中 PA 和 PB 只能进行字节操作。PC 可以进行位操作。

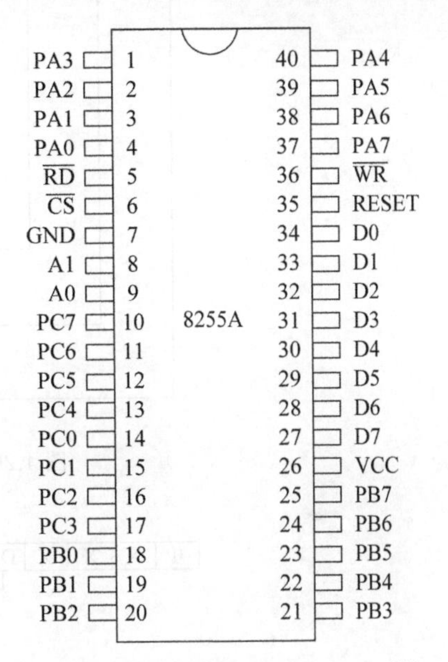

图 4.25　输入/输出芯片 8255A 引脚

8255A 具有 3 种工作方式：方式 0，基本输入/输出方式；方式 1，应答输入/输出方式；方式 2，双向传送(仅 PA 口)。实际工程应用中，多使用方式 0，即基本输入/输出方式。

输入/输出芯片 8255A 引脚如图 4.25 所示。

D7～D0：8 位双向数据输入/输出数据线。

$\overline{CS}$：片选信号线，低电平有效，用来选中 8255A 芯片。

$\overline{RD}$：从 8255A 读数据选通信号线，低电平有效。

$\overline{WR}$：向 8255A 写数据选通信号线，低电平有效。

VCC：接＋5V 电源。

GND：接数字地。

A1、A0：地址线，用来选择 8255A 内部的 4 个端口(PA、PB、PC 和控制字)。

RESET：复位引脚，高电平有效。

PA7～PA0：端口 A 输入/输出线。

PB7～PB0：端口 B 输入/输出线。

PC7～PC0：端口 C 输入/输出线。

4.6.2 输入/输出芯片 8255A 的控制字

单片机通过向 8255A 片内的控制字写入命令实现对 8255A 的控制。8255A 内部的控制字功能有点类似于单片机内部的特殊功能寄存器。8255A 的控制字分为工作方式控制字和 PC 口置 1/清零控制字。8255A 的工作方式控制字如图 4.26 所示。8255A 的 PC 口置 1/清零控制字如图 4.27 所示。

内部控制字作工作方式控制字时，D7＝1，作 PC 口置 1/清零控制字时，D7＝0。方式控制字中，PC 口分为高 4 位和低 4 位，高 4 位与 PA 口组成 A 组，低 4 位与 PB 口组成 B 组。PC 口置 1/清零控制字则主要完成对 PC 口 8 个引脚的位操作。

4.6.3 单片机与 8255A 的接口与编程

【例 4.14】 AT89C51 单片机并行总线扩展一片输入/输出芯片 8255A，选通采用线选法，工作方式选择方式 0，即基本输入/输出。P2.7 接$\overline{CS}$，P0.1～P0.0 经过地址锁存器 74LS373

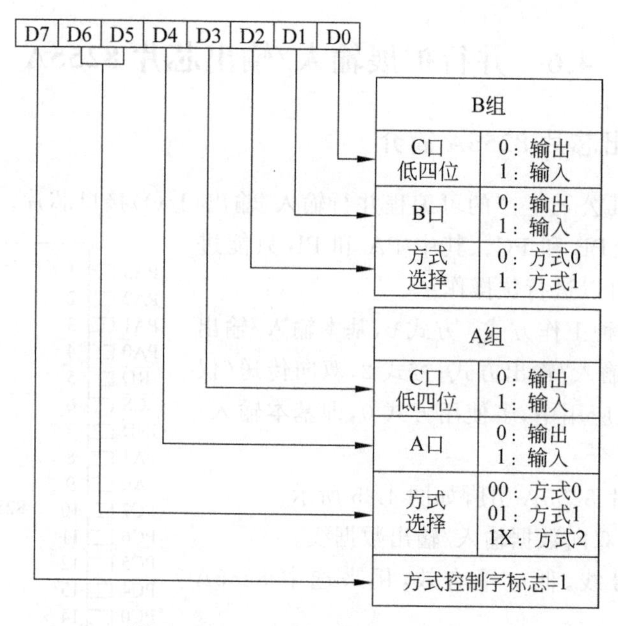

图 4.26　8255A 的工作方式控制字

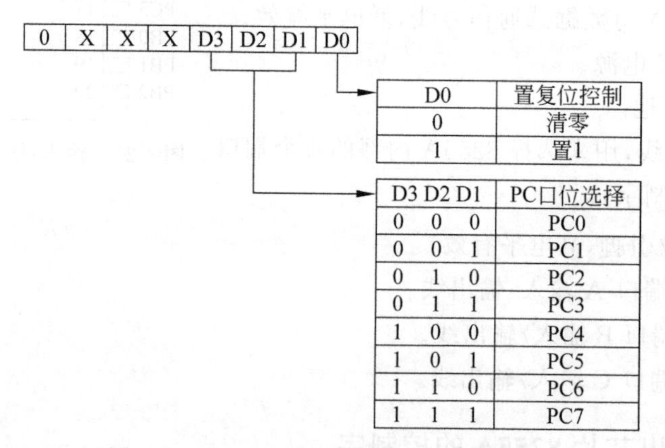

图 4.27　8255A 的 PC 口置 1/清零控制字

接 8255A 的 A1～A0，P0.7～P0.0 直接接 8255A 的 D7～D0。单片机的$\overline{WR}$接 8255A 的$\overline{WR}$，单片机的$\overline{RD}$接 8255A 的$\overline{RD}$，单片机的 RST 接 8255A 的 RESET。8255A 的 PA 口接 8 个 LED 发光二极管，PB 口接 8 个按键开关。编程实现，按下 PB 口相应的开关，PA 口的发光二极管点亮。单片机与输入/输出 8255A 的接口如图 4.28 所示，按下 PB0 开关，PA0 的发光二极管点亮。

接口电路连接好以后，单片机地址总线高 8 位中 P2.7 必须为低电平，才能保持对 8255A 的$\overline{CS}$的选通，程序中必须清零。P2.6～P2.0、P0.7～P0.2 没有连接，所以保持高电平或低电平都可以，程序中选择清零。地址总线低 8 位中 P0.1、P0.0 通过地址锁存器接 8255A 的地址线 A1、A0，取值从 00B 到 11B。因此，8255A 的 4 个端口的地址如下。

PA 地址二进制为 0000 0000 0000 0000B，十六进制为 0x0000。

PB 地址二进制为 0000 0000 0000 0001B，十六进制为 0x0001。

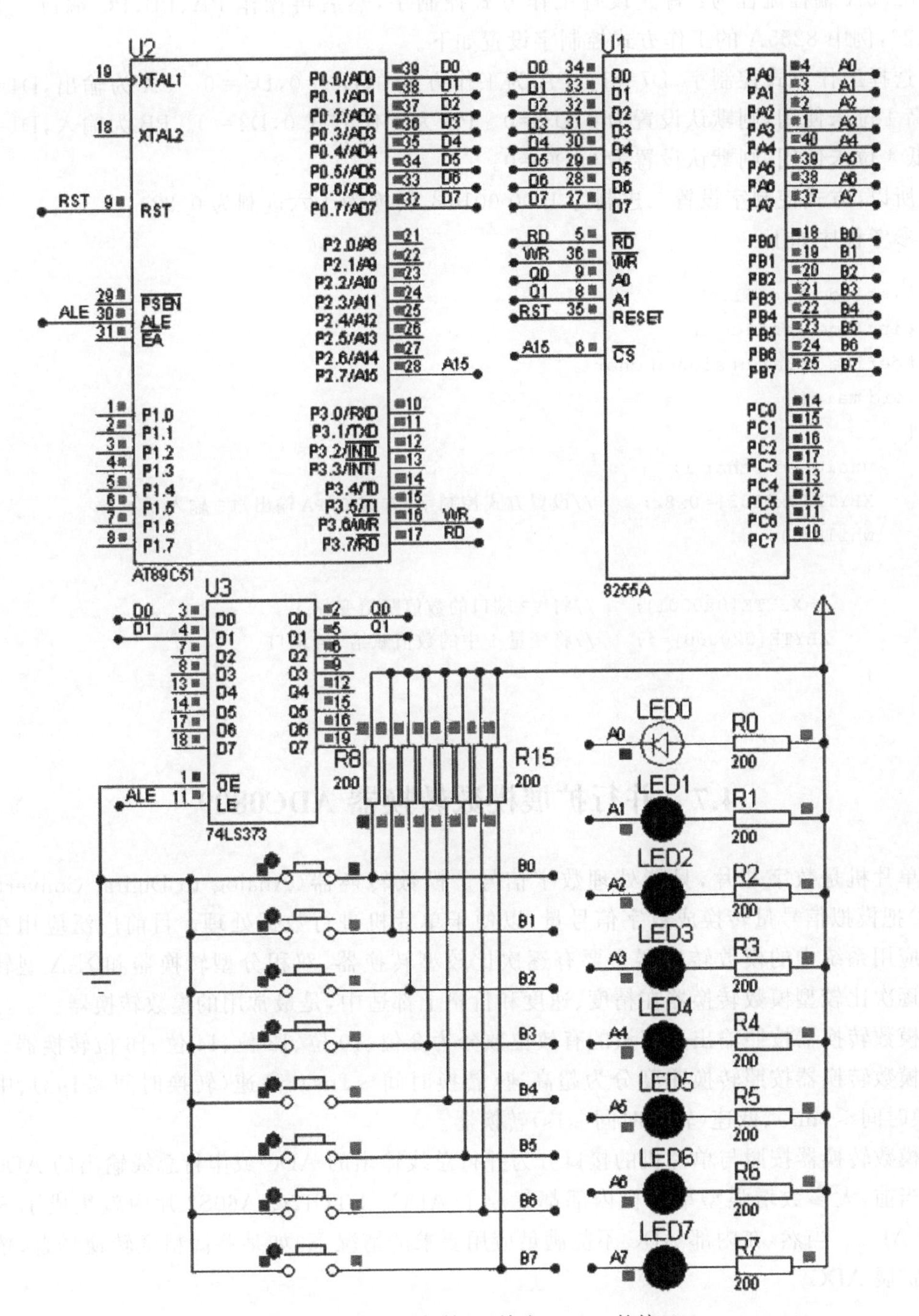

图 4.28　单片机与输入/输出 8255A 的接口

PC 地址二进制为 0000 0000 0000 0010B，十六进制为 0x0002。

控制字地址二进制为 0000 0000 0000 0011B，十六进制为 0x0003。

8255A 编程流程为：首先设置工作方式控制字，然后再操作 PA、PB、PC 端口。参照图 4.26，例中 8255A 的工作方式控制字设置如下。

选择工作方式控制字，D7＝1。PA 为工作方式 0，D6＝0，D5＝0。PA 为输出，D4＝0。PC 高 4 位未使用，则默认设置为 0，D3＝0。PB 为工作方式 0，D2＝0。PB 为输入，D1＝1。PC 低 4 位未使用，则默认设置为 0，D0＝0。

所以，方式控制字设置二进制为 1000 0010B，转换为十六进制为 0x82。

参考程序如下：

```
#include <reg51.h>
#include <absacc.h>
#define uchar unsigned char
void main()
{
    unsigned  char i;
    XBYTE[0x0003]=0x82;     //设置方式控制字，方式 0，PA 输出，PB 输入
    while(1)
    {
        i=XBYTE[0x0001];    //将 PB 端口的数值赋给变量 i
        XBYTE[0x0000]=i;    //将变量 i 中的数值赋给 PA 端口
    }
}
```

4.7 并行扩展模数转换器 ADC0809

单片机是数字芯片，只能处理数字信号。模数转换器（Analog to Digital Converter，ADC）把模拟信号量转换成数字信号量，以便于单片机进行数据处理。目前广泛应用在单片机应用系统中的模数转换器主要有逐次比较型转换器、双积分型转换器和 Σ-Δ 型转换器。逐次比较型模数转换器在精度、速度和价格上都适中，是最常用的模数转换器。

模数转换器按照输出数字量的有效位数分为 8 位、10 位、12 位、14 位、16 位转换器。

模数转换器按照转换速度分为超高速（转换时间 $\leqslant$ 1ns）、高速（转换时间 $\leqslant$ 1μs）、中速（转换时间 $\leqslant$ 1ms）、低速（转换时间 $\leqslant$ 1s）转换器。

模数转换器按照与单片机的接口分为并行总线输出的 ADC 或串行总线输出的 ADC。

当前，大多数增强型单片机内部都集成了 ADC。STC12C5A60S2 片内就集成了 8 路 10 位 ADC。当然，在内部 ADC 不能满足应用要求的情况下，如某些高精度转换场合，依然需要扩展 ADC。

4.7.1 模数转换器技术指标

1. 分辨率

分辨率是衡量模数转换器能够分辨出输入模拟量最小变化程度的技术指标，它取决于

模数转换器的位数。模拟信号到数字信号是一个抽样、量化和编码的过程。量化过程引起的误差称为量化误差。提高模数转换器的位数既可以提高分辨率，又能够减少量化误差。

2. 转换时间

转换时间是指模数转换器完成一次转换需要的时间。

3. 转换精度

转换精度定义为一个实际模数转换器与一个理想模数转换器在量化值上的差值，可用绝对误差或相对误差表示。

4. 量程

大多数模数转换器输入的模拟量是模拟电压，单片机的工作电压为＋5V，所以一般选择 0～＋5V 量程的模数转换器与它接口。

4.7.2　模数转换器 ADC0809

ADC0809 是一种逐次比较型 8 路模拟量输入、8 位数字量输出的模数转换器，其引脚如图 4.29 所示。

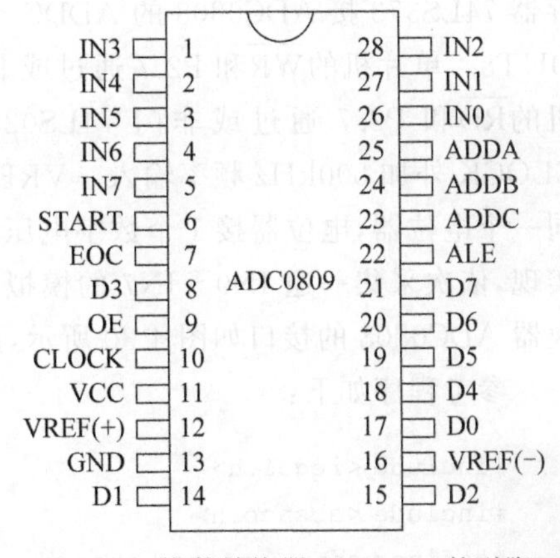

图 4.29　模数转换器 ADC0809 的引脚

IN0～IN7：8 路模拟信号输入端。

D0～D7：转换完毕的 8 位数字量输出端。

ADDC、ADDB、ADDA 与 ALE：ADDC、B、A 端控制 8 路模拟输入通道的切换，分别与单片机的 3 条地址线相连。CBA＝000～111 分别对应 IN0～IN7 通道的地址。各路模拟输入通道之间的切换由改变加到 C、B、A 上的地址编码实现。ALE 为 ADC0809 接收 C、B、A 编码时的锁存控制信号。

OE、START、CLOCK：OE 为转换结果输出允许端；START 为启动信号输入端；CLOCK 为时钟信号输入端，ADC0809 的 CLOCK 信号必须外加。

EOC：转换结束输出信号。当模数转换开始时，该引脚为低电平，当模数转换结束时，该引脚为高电平。

VREF(＋)、VREF(－)：基准电压输入端。

输入模拟量 V_{IN} 与输出数字量 N 的关系如下：

$$V_{IN}=(VREF(+)-VREF(-))\times N/256+VREF(-)$$

通常情况下，VREF(＋)接＋5V，VREF(－)接地，即模拟输入电压的范围为 0～＋5V，对应的数字量输出为 0x00～0xFF。其分辨率能辨别的最小模拟量变化为 5/256＝0.01953125V，约为 0.02V。因此，如输入模拟量 0V，则输出数字量 0x00；如输入模拟量 2.5V，则输出数字量 0x7F；如输入模拟量 3V，则输出数字量 0x96；如输入模拟量 5V，则输出数字量 0xFF。

单片机控制 ADC0809 进行模数转换的过程如下：首先通过加到 ADDC、ADDB、ADDA 上的编码选择 ADC0809 的某一路模拟输入通道，同时单片机产生高电平加到 START 引脚，ADC0809 开始对选中通道输入的模拟量进行转换。当转换结束时，ADC0809 的 EOC 引脚发出转换结束信号(高电平)。当单片机读取转换结果时，单片机需控制 OE 端为高电平，再把转换完毕的数字量读入单片机内。

单片机读取模数转换结果可采用延时方式、查询方式和中断方式。

延时方式是转换开始后延时一段固定的时间，然后单片机读入转换结果。

查询方式是检测 EOC 脚是否变为高电平，如为高电平，则说明转换结束，然后单片机读入转换结果。

中断方式是单片机启动 ADC 转换之后，执行其他程序。ADC0809 转换结束后 EOC 变为高电平，EOC 信号通过反相器向单片机发出中断请求信号，单片机响应中断，进入中断服务程序，在中断服务程序中读入转换结果。中断方式效率较高，适合于转换时间较长的 ADC。

4.7.3 单片机与 ADC0809 的接口与编程

【例 4.15】 AT89C51 单片机并行总线扩展一片模数转换器 ADC0809，Proteus 仿真库里没有 ADC0809，可选择与 ADC0809 完全兼容的 ADC0808 代替。P0.2～P0.0 经过地址锁存器 74LS373 接 ADC0808 的 ADDC～ADDA。P0.7～P0.0 直接接 ADC0808 的 OUT1～OUT8。单片机的 $\overline{WR}$ 和 P2.7 通过或非门 74LS02 接 ADC0808 的 ALE 和 START。单片机的 $\overline{RD}$ 和 P2.7 通过或非门 74LS02 接 ADC0808 的 OE。采用延时方式，EOC 不接。CLOCK 外加 500kHz 频率输入。VREF(＋)接＋5V、VREF(－)接数字地。IN0～IN7 接同一个电位器，电位器接 1 个数字电压表。单片机的 P1 口接 8 个 LED 发光二极管。编程实现，依次采集一遍 IN0～IN7 的模拟量，将转换后的数字量送 P1 显示。单片机与模数转换器 ADC0808 的接口如图 4.30 所示，此时为 2.5V 的输入模拟量，转换为数字量 0x7F。

参考程序如下：

```
#include <reg51.h>
#include <absacc.h>
#define uchar unsigned char
void delay_ms(unsigned int n)
{
    unsigned int i,j;
    for(i=n;i>0;i--)
      for(j=123;j>0;j--);
}
void main(void)
{
    unsigned int i;
    for(i=0;i<8;i++)
    {
        XBYTE[i]=0x00;
        delay_ms(100);
        P1=XBYTE[i];
    }
}
```

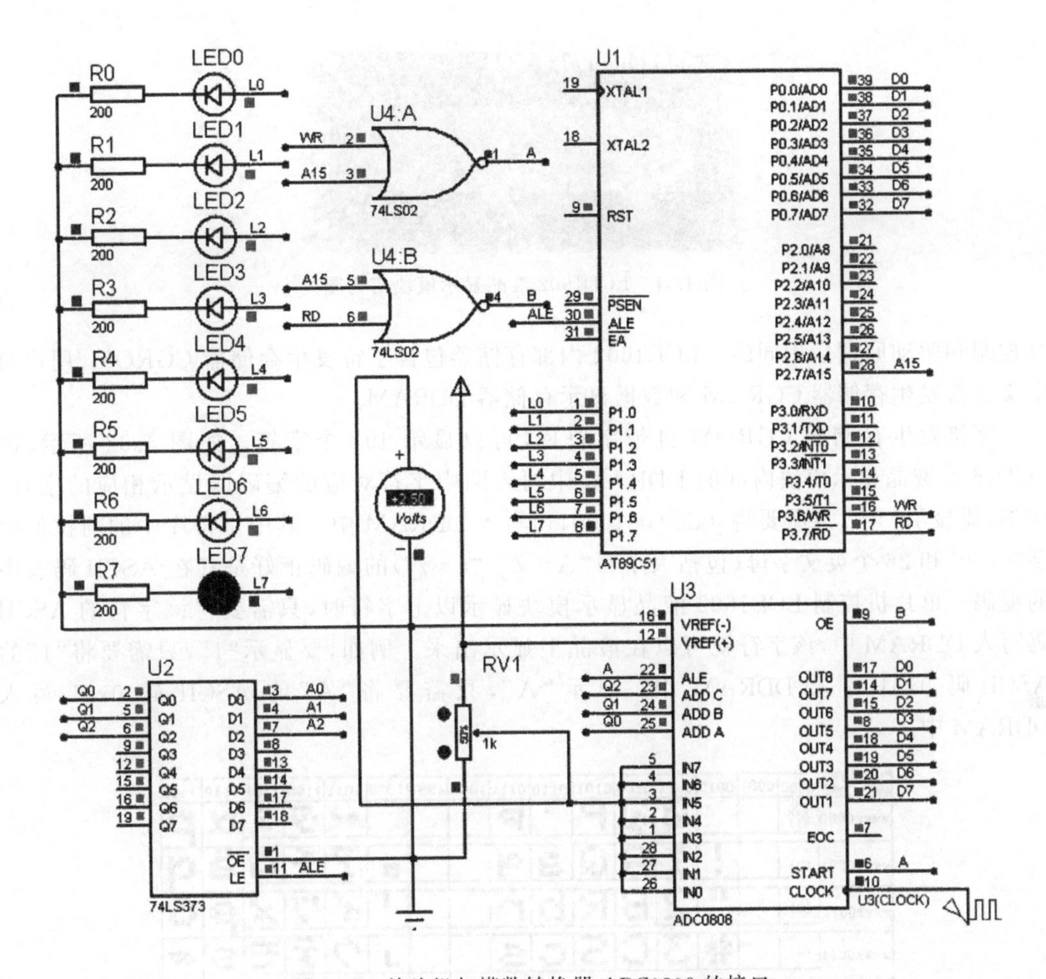

图 4.30　单片机与模数转换器 ADC0808 的接口

4.8　液晶 LCD1602

液晶显示器(Liquid Crystal Display,LCD)具有体积小、重量轻、功耗低、显示内容丰富等特点,分为字段型、字符型和图形点阵型三类。单片机应用系统中多使用字符型液晶显示器。

4.8.1　LCD1602 液晶显示模块

当前单片机应用系统中的液晶显示均采用 LCD 液晶显示模块。LCD 液晶显示模块将 LCD 控制器、LCD 驱动器、RAM、ROM 和 LCD 显示器用 PCB 连接到一起,在电路中可由单片机直接驱动。LCD1602 液晶显示模块实物图如图 4.31 所示。

LCD1602 液晶显示模块中的 16 表示每行显示 16 个字符(每个字符为 5×7 点阵),02 表示显示 2 行。

当前的 LCD1602 液晶显示模块控制器一般均采用 HD44780,驱动器采用 HD44100。

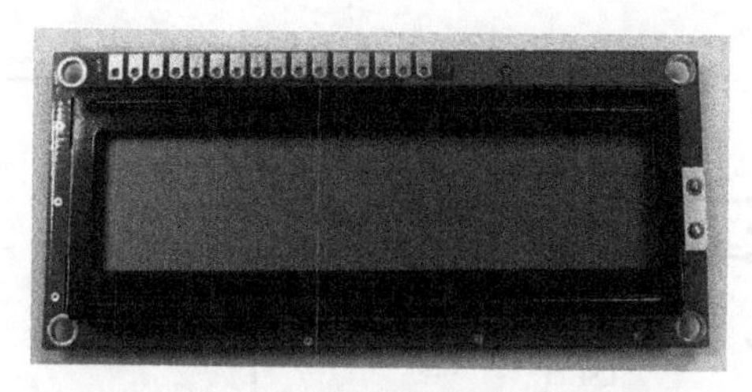

图 4.31　LCD1602 液晶显示模块实物图

其控制和驱动原理是相同的。LCD1602 内部存储器包含字符发生存储器 CGROM、用户自定义字符发生存储器 CGRAM 和数据显示存储器 DDRAM。

字符发生存储器 CGROM 自带字符库，可以显示 192 个字符。如图 4.32 所示，向 LCD1602 液晶显示模块内部的 DDRAM 中写入图中字符对应的编码即显示相应的字符。例如，要显示“♯”，只需要将 0x23(00100011)写入 DDRAM 中。其中字符库中的阿拉伯数字“0～9”和 26 个英文字母(包括大小写“A～Z”、“a～z”)的编码正好是其在 ASCII 码表中的编码。单片机控制 LCD1602 液晶显示模块显示以上字符时，只需要将该字符的 ASCII 码写入 DDRAM 中，该字符就可以在液晶上显示出来。例如，要显示“1”，只需要将“1”的 ASCII 码 0x31 写入 DDRAM 中。显示“A”，只需要将“A”的 ASCII 码 0x41 写入 DDRAM 中。

Lower 4 bit \ Upper 4 bit	0000	0001	0010	0011	0100	0101	0110	0111	1000	1001	1010	1011	1100	1101	1110	1111
xxxx0000	CG RAM (1)			0	@	P	`	p				ー	タ	ミ	α	p
xxxx0001	(2)		!	1	A	Q	a	q			。	ア	チ	ム	ä	q
xxxx0010	(3)		"	2	B	R	b	r			「	イ	ツ	メ	β	θ
xxxx0011	(4)		#	3	C	S	c	s			」	ウ	テ	モ	ε	∞
xxxx0100	(5)		$	4	D	T	d	t			、	エ	ト	ヤ	μ	Ω
xxxx0101	(6)		%	5	E	U	e	u			・	オ	ナ	ユ	σ	ü
xxxx0110	(7)		&	6	F	V	f	v			ヲ	カ	ニ	ヨ	ρ	Σ
xxxx0111	(8)		'	7	G	W	g	w			ァ	キ	ヌ	ラ	g	π
xxxx1000	(1)		(	8	H	X	h	x			ィ	ク	ネ	リ	√	x̄
xxxx1001	(2)		)	9	I	Y	i	y			ゥ	ケ	ノ	ル	⁻¹	y
xxxx1010	(3)		*	:	J	Z	j	z			ェ	コ	ハ	レ	j	千
xxxx1011	(4)		+	;	K	[	k	{			ォ	サ	ヒ	ロ	ˣ	万
xxxx1100	(5)		,	<	L	¥	l	|			ャ	シ	フ	ワ	¢	円
xxxx1101	(6)		-	=	M	]	m	}			ュ	ス	ヘ	ン	£	÷
xxxx1110	(7)		.	>	N	^	n	→			ョ	セ	ホ	゛	ñ	
xxxx1111	(8)		/	?	O	_	o	←			ッ	ソ	マ	゜	ö	█

图 4.32　LCD1602 字符库

LCD1602 液晶显示模块内部数据显示存储器 DDRAM 与字符数据显示位置的对应关系如图 4.33 所示。

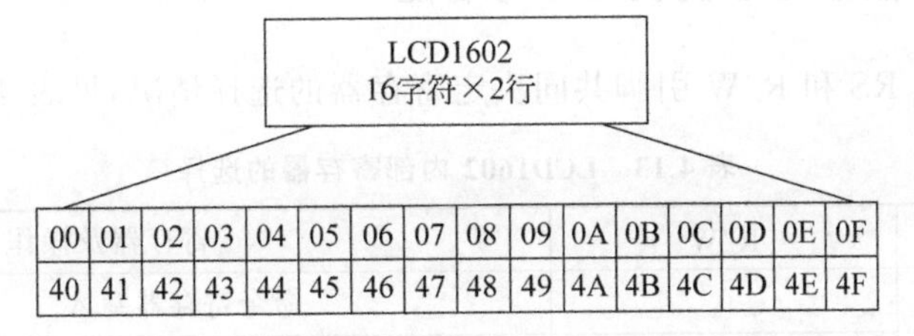

图 4.33　LCD1602 液晶 DDRAM 与字符显示位置的关系图

当向 DDRAM 的第一行 0x00～0x0F 或者第二行 0x40～0x4F 中的任何一处写入字符数据,LCD1602 会立即显示出来。但在向 DDRAM 中写入字符数据的时候,还需要设置 DDRAM 的地址,需要在字符显示位置的数值上再加上 0x80。例如,写入字符数据到 0x40 处,则最终为 0x80＋0x40＝0xC0,其中 0x80 为命令,0x40 为字符数据显示地址。所以,最终字符数据显示地址,第一行为 0x80～0x8F,第二行为 0xC0～0xCF。

4.8.2　LCD1602 液晶显示模块的引脚功能

LCD1602 液晶显示模块的引脚功能如图 4.34 所示。

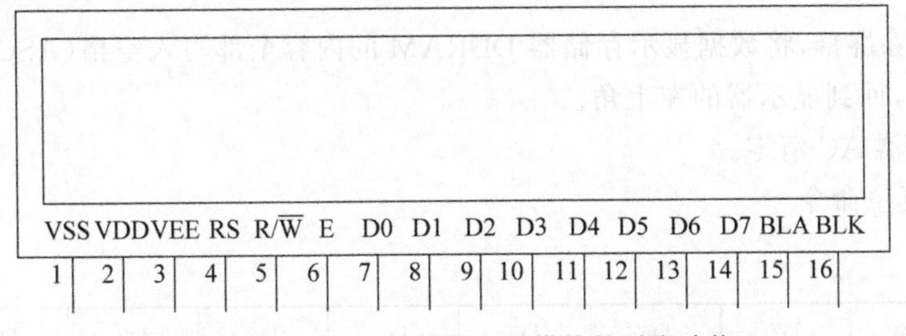

图 4.34　LCD1602 液晶显示模块的引脚功能

标准的 16 引脚接口如下:

VSS(1 脚):数字地。

VDD(2 脚):＋5V 电源。

VEE(3 脚):液晶显示对比度调节端。接＋5V 电源时对比度最弱,接地时对比度最高。使用时通常接一个 10kΩ 的电位器调整对比度。

RS(4 脚):数据/指令选择端,高电平选择数据寄存器,低电平选择指令寄存器。

$R/\overline{W}$(5 脚):读写选择端,高电平进行读操作,低电平进行写操作。RS 和 $R/\overline{W}$ 共同为低电平时,可以写入指令或者显示地址;RS 为低电平、$R/\overline{W}$ 为高电平时,可以读忙信号;RS 为高电平、$R/\overline{W}$ 为低电平时,可以写入数据。

E(6 脚):使能端,当 E 为高电平时,读取液晶模块的信息,当 E 端由高电平跳变成低电平时,液晶模块执行写操作。

D0～D7(7～14 脚):8 位双向数据线。

BLA(15 脚):背光源正极。

BLK(16 脚)：背光源负极。

4.8.3 LCD1602 液晶显示模块命令与功能

LCD1602 通过 RS 和 R/$\overline{W}$ 引脚共同决定寄存器的选择情况，见表 4.13。

表 4.13 LCD1602 内部寄存器的选择

RS	R/$\overline{W}$	寄存器及操作
0	0	命令寄存器写入
0	1	忙标志和地址计数器读出
1	0	数据寄存器写入
1	1	数据寄存器读出

LCD1602 共有 11 条命令，它们的格式和功能如下。

1）清屏命令

格式：

RS	R/$\overline{W}$	D7	D6	D5	D4	D3	D2	D1	D0
0	0	0	0	0	0	0	0	0	1

功能：清除屏幕，将数据显示存储器 DDRAM 的内容全部写入空格(ASCII 20H)。

光标复位，回到显示器的左上角。

地址计数器 AC 清零。

2）光标复位命令

格式：

RS	R/$\overline{W}$	D7	D6	D5	D4	D3	D2	D1	D0
0	0	0	0	0	0	0	0	1	0

功能：光标复位，回到显示器的左上角。

地址计数器 AC 清零。

数据显示存储器 DDRAM 的内容不变。

3）输入方式设置命令

格式：

RS	R/$\overline{W}$	D7	D6	D5	D4	D3	D2	D1	D0
0	0	0	0	0	0	0	1	I/D	S

功能：设定当写入一个字节后，光标的移动方向以及后面的内容是否移动。

I/D=1 时，光标从左向右移动；I/D=0 时，光标从右向左移动。

S=1 时，内容移动；S=0 时，内容不移动。

4）显示开关控制命令

格式：

RS	R/$\overline{W}$	D7	D6	D5	D4	D3	D2	D1	D0
0	0	0	0	0	0	1	D	C	B

功能：控制显示的开关，当 D=1 时显示，D=0 时不显示。

控制光标开关，当 C=1 时光标显示，C=0 时光标不显示。

控制字符是否闪烁，当 B=1 时字符闪烁，B=0 时字符不闪烁。

5）光标移位命令

格式：

RS	R/$\overline{W}$	D7	D6	D5	D4	D3	D2	D1	D0
0	0	0	0	0	1	S/C	R/L	*	*

功能：移动光标或整个显示字幕移位。

当 S/C=1 时整个显示字幕移位，当 S/C=0 时只光标移位。

当 R/L=1 时光标右移，当 R/L=0 时光标左移。

6）功能设置命令

格式：

RS	R/$\overline{W}$	D7	D6	D5	D4	D3	D2	D1	D0
0	0	0	0	1	D/L	N	F	*	*

功能：设置数据位数，当 DL=1 时数据位为 8 位，DL=0 时数据位为 4 位。

设置显示行数，当 N=1 时双行显示，N=0 时单行显示。

设置字形大小，当 F=1 时为 5×10 点阵，当 F=0 时为 5×7 点阵。

7）用户自定义字符发生存储器 CGRAM 地址命令

格式：

RS	R/$\overline{W}$	D7	D6	D5	D4	D3	D2	D1	D0
0	0	0	1	CGRAM 的地址					

功能：设置用户自定义 CGRAM 的地址，对用户自定义 CGRAM 访问时，要先设定 CGRAM 的地址，地址范畴为 0～63。

8）数据显示存储器 DDRAM 地址命令

格式：

RS	R/$\overline{W}$	D7	D6	D5	D4	D3	D2	D1	D0
0	0	1	DDRAM 的地址						

功能：设置当前显示缓冲区 DDRAM 的地址，对 DDRAM 访问时，要先设定 DDRAM 的地址，地址范畴为 0～127。

9）读忙标志及地址计数器 AC 命令

格式：

RS	R/$\overline{W}$	D7	D6	D5	D4	D3	D2	D1	D0
0	1	BF	AC 的值						

功能：读忙标志及地址计数器 AC 命令。

当 BF=1 时表示忙，这时不能接收命令和数据；当 BF=0 时表示不忙。

低 7 位为读出的 AC 的地址，值为 0～127。

10）写 DDRAM 或 CGRAM 命令

格式：

RS	R/$\overline{W}$	D7	D6	D5	D4	D3	D2	D1	D0
1	0	写入的数据							

功能：向 DDRAM 或 CGRAM 当前位置中写入数据，写入后地址指针自动移动到下一个位置。对 DDRAM 或 CGRAM 写入数据前，需设定 DDRAM 或 CGRAM 的地址。

11）读 DDRAM 或 CGRAM 命令

格式：

RS	R/$\overline{W}$	D7	D6	D5	D4	D3	D2	D1	D0
1	1	读出的数据							

功能：从 DDRAM 或 CGRAM 当前位置中读出数据。当 DDRAM 或 CGRAM 读出数据时，需设定 DDRAM 或 CGRAM 的地址。

4.8.4 单片机与 LCD1602 的接口与编程

【例 4.16】 AT89C51 单片机外接一块 LCD1602(LM016L)。其中 LCD1602 的数据线 D0～D7 与单片机的 P2 口相连，数据/命令选择端 RS 与单片机的 P1.7 相连，读写选择端 R/$\overline{W}$ 与单片机的 P1.6 相连，使能端 E 与单片机的 P1.5 相连。编程实现，LCD1602 显示两行字符串。第一行"Welcome to"，第二行"52　　Sanxia"。单片机与 LCD1602 的接口如图 4.35 所示。

LCD1602 使用前必须进行初始化，初始化过程如下。

(1) 清屏。清除屏幕，将数据显示存储器 DDRAM 的内容全部写入空格(ASCII 码为 20H)。光标复位，回到显示器的左上角。地址计数器 AC 清零。

(2) 功能设置。设置数据位数，根据 LCD1602 与单片机的连接设置(选择并行 8 位)。设置显示行数(LCD1602 为双行显示)。设置字形大小(LCD1602 为 5×7 点阵)。

(3) 开/关显示设置。控制光标显示、字符是否闪烁等(显示、光标和闪烁均关闭)。

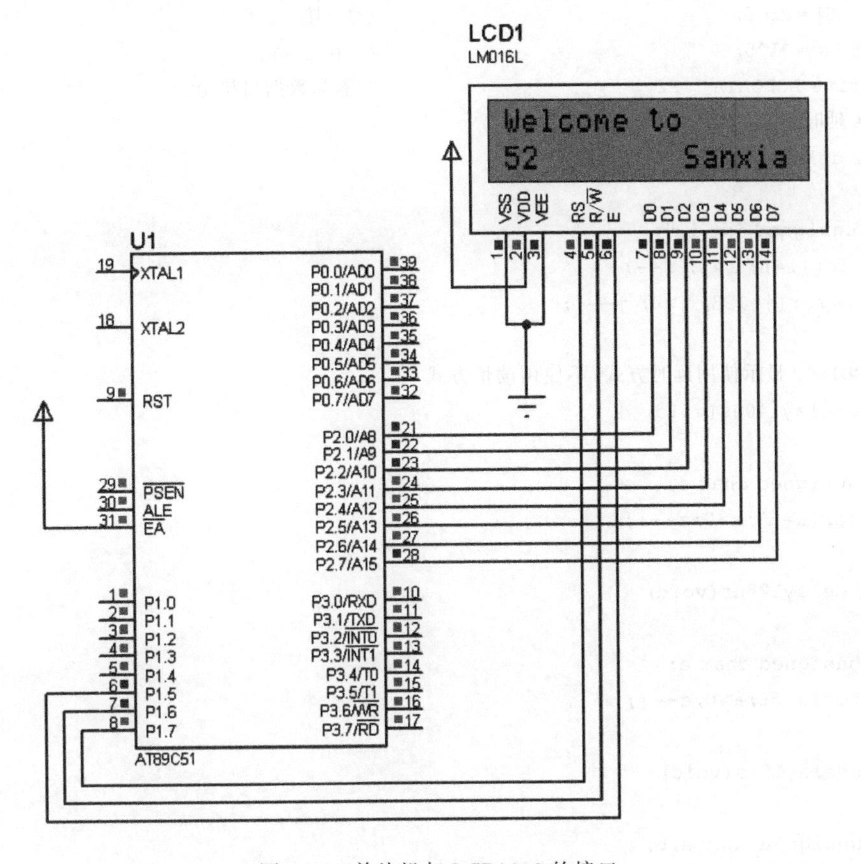

图 4.35　单片机与 LCD1602 的接口

(4) 输入方式设置。设定光标移动方向及后面的内容是否移动(整屏显示不移动)。

LCD1602 初始化以后即可进行显示。显示时,

(1) 根据显示的位置先定位,即设置当前数据显示存储器 DDRAM 的地址,第一行为 0x80～0x8F,第二行为 0xC0～0xCF。

(2) 向当前地址 DDRAM 写入要显示的内容,如果连续显示,则连续写入显示的内容。

LCD1602 液晶显示模块的处理速度比单片机的 CPU 速度慢很多,由 LCD1602 写入指令到完成功能需要一定的时间。在这个过程中,LCD1602 处于忙状态,不能向 LCD1602 写入新的内容。LCD1602 是否处于忙状态可通过读忙标志命令了解。读忙状态引脚为 P0.7。

另外,由于 LCD 执行命令的时间基本固定,而且比较短,因此也可以通过延时等待命令完成后再写入下一个命令。本例采用延时方式。

参考程序如下:

```
#include "reg51.h"
//宏定义
#define uchar    unsigned char
#define uint     unsigned int
//LCD1602 液晶接口定义
sbit RS =P1^7;                    //RS 接 P1.7
```

```
sbit RW =P1^6;                                  //RW 接 P1.6
sbit EN =P1^5;                                  //EN 接 P1.5
#define LCDDATA   P2                            //液晶数据口接 P2
//ms 延时
void delay_ms(unsigned int n)
{
    unsigned int i,j;
     for(i=n; i>0; i--)
       for(j=123; j>0; j--);
}
//LCD1602 显示使用延时方式,不使用读忙方式
void delay140us(void)
{
    unsigned char a;
    for(a=63;a>0;a--);
}
void delay125us(void)
{
    unsigned char a;
    for(a=56;a>0;a--);
}
void delay15ms(void)
{
    unsigned char a,b;
    for(b=51;b>0;b--)
      for(a=134;a>0;a--);
}
//向 LCD1602 写入一个字节命令
void LCD1602_WriteCommand(unsigned char cmd)
{
    RS=0;
    RW=0;
    EN=0;
    delay140us();
    EN=1;
    delay140us();
    LCDDATA=cmd;
    delay140us();
    EN=0;
    delay140us();
}
//向 LCD1602 写入一个字节数据
void LCD1602_WriteByte(unsigned char byt)
{
    RS=1;
```

```
    RW=0;
    EN=0;
    delay140us();
    EN=1;
    delay140us();
    LCDDATA=byt;
    delay140us();
    EN=0;
    delay140us();
    RS=0;
}
//LCD1602 初始化
void LCD1602_Init(void)
{
    LCD1602_WriteCommand(0x38);          //基本命令集
    delay125us();
    LCD1602_WriteCommand(0x01);          //清除显示
    delay15ms();
    LCD1602_WriteCommand(0x06);          //游标方向设定
    delay125us();
    LCD1602_WriteCommand(0x0c);          //整体开显示,游标关闭
    delay125us();
}
//LCD1602 清屏
void LCD1602_Clear(void)
{
    LCD1602_WriteCommand(0x38);
    LCD1602_WriteCommand(0x01);
    delay15ms();
}
//LCD1602 显示一个字符
void LCD1602_ShowChar(uchar row,uchar col,uchar cha)
{
    switch(row)
    {
      case 1:
        LCD1602_WriteCommand(0x80+col);  //第一行
        break;
      case 2:
        LCD1602_WriteCommand(0xc0+col);  //第二行
        break;
    }
    LCD1602_WriteByte(cha);              //写入字符
    delay125us();
}
```

```
//LCD1602 显示一个字符串
void LCD1602_ShowString(uchar row,uchar col,uchar * str,uchar len)
{
    unsigned char i=0;
    switch(row)
    {
      case 1:
        LCD1602_WriteCommand(0x80+col);   //第一行
        break;
      case 2:
        LCD1602_WriteCommand(0xc0+col);   //第二行
        break;
      default:
        LCD1602_WriteCommand(0x80);       //缺省为第一行
        break;
    }
    while(len-->0)
    {
      LCD1602_WriteByte(str[i]);          //写入字符串
      delay125us();
      i++;
    }
}
//LCD1602 显示字符和字符串
void main(void)
{
    LCD1602_Init();
    LCD1602_Clear();
    while(1)
    {
      LCD1602_ShowString(1,0,"Welcome to",10);
      LCD1602_ShowChar(2,0,'5');
      LCD1602_ShowChar(2,1,'2');
      LCD1602_ShowString(2,10,"Sanxia",6);
    }
}
```

4.9 温度传感器 DS18B20

4.9.1 单总线

单总线(1-Wire bus)是美国 DALLAS 公司推出的外围串行扩展总线。它只有一条数据输入/输出线 DQ,总线上的所有器件都挂在数据输入/输出线 DQ 上,电源也通过这条信号线供给,这种只使用一条信号线的串行扩展技术称为单总线技术。

单总线系统中配置的各种器件，由 DALLAS 公司提供的专用芯片实现。每个芯片都有激光烧写编码的 64 位 ROM，存储有 16 位十进制编码序列号，它是器件的地址编号，确保它挂在总线上后，可以唯一被确定。除了器件的地址编码外，芯片内还包含收发控制和电源存储电路，工作时从总线上馈送电能到大电容中就可以工作，故可以不另加电源。

4.9.2 温度传感器 DS18B20 简介

DS18B20 是美国 DALLAS 公司生产的数字温度传感器，具有体积小、低功耗、抗干扰能力强等优点。DS18B20 可直接将温度转化成数字信号传送给单片机处理，因而可省去传统的信号放大、A/D 转换等外围电路。DS18B20 引脚功能如图 4.36 所示。

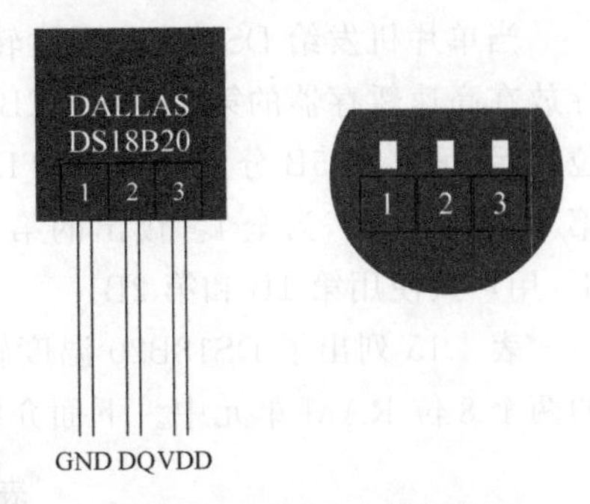

图 4.36 DS18B20 引脚功能

GND：数字地。

DQ：数据信号输入/输出端。

VDD：外接电源(寄生电源接线方式时此引脚接地)。

DS18B20 的测量温度范围为 －55～＋125℃，在 －10～＋85℃范围，测量精度可达±0.5℃，非常适合恶劣环境的现场温度测量，也可用于各种狭小空间内设备的测温，如环境控制、过程监测、测温类消费电子产品以及多点温度测控系统。

DS18B20 每个芯片都有唯一的 64 位光刻 ROM 编码，它是 DS18B20 的地址序列码，目的是使每个 DS18B20 的地址都不相同，这样就可达到在一根总线上挂接多个 DS18B20 的目的。

DS18B20 片内的非易失性温度报警触发器 TH 和 TL 可由软件写入用户报警的上下限值。高速暂存器中的第 5 个字节为配置寄存器，可对其更改 DS18B20 的测温分辨率。配置寄存器的各位定义如下：

D7	D6	D5	D4	D3	D2	D1	D0
TM	R1	R0	1	1	1	1	1

其中，TM 位出厂时已被写入 0，用户不能改变；低 5 位都为 1；R1 和 R0 用来设置分辨率。表 4.14 列出了 R1、R0 与分辨率和转换时间的关系。用户可通过修改 R1、R0 位的编码获得合适的分辨率。

表 4.14 分辨率与最大转换时间

R1	R0	分辨率/位	最大转换时间/ms
0	0	9	98.75
0	1	10	187.5
1	0	11	375
1	1	12	750

由表 4.14 可看出，DS18B20 的最大转换时间与分辨率有关。当分辨率为 9 位时，最大

转换时间为 93.75ms;分辨率为 10 位时,最大转换时间为 187.5ms;分辨率为 11 位时,最大转换时间为 375ms;分辨率为 12 位时,最大转换时间为 750ms。

非易失性温度报警触发器 TH、TL 以及配置寄存器由 9B 的 E^2PROM 高速暂存器组成。高速暂存器各字节分配如下:

温度低位	温度高位	TH	TL	配置	—	—	—	8 位 CRC
第 1B	第 2B							第 9B

当单片机发给 DS18B20 温度转换命令发布后,经转换所得的温度值以两字节补码形式存放在高速暂存器的第 1B 和第 2B。单片机通过单总线接口读该数据,读取时低位在前,高位在后,第 3、4、5B 分别是 TH、TL 以及配置寄存器的临时副本,每次上电复位时被刷新。第 6、7、8B 未用,为全 1。读出的第 9B 是前面 8B 的 CRC 码,用来确保正确通信。一般情况下,用户只使用第 1B 和第 2B。

表 4.15 列出了 DS18B20 温度转换后得到的 16 位转换结果的典型值,存储在 DS18B20 的两个 8 位 RAM 单元中。下面介绍温度转换的计算方法。

表 4.15 DS18B20 温度数据

温度/℃	16 位二进制温度值																十六进制温度值
	符号位(5 位)					数据位(11 位)											
+125	0	0	0	0	0	1	1	1	1	1	0	1	0	0	0	0	0x07d0
+25.0625	0	0	0	0	0	0	0	1	1	0	0	1	0	0	0	1	0x0191
−25.0625	1	1	1	1	1	1	1	0	0	1	1	0	1	1	1	1	0xfe6f
−55	1	1	1	1	1	1	0	0	1	0	0	1	0	0	0	0	0xfc90

当 DS18B20 采集的温度为+125℃时,输出为 0x07d0,则

实际温度=(0x07d0)℃/16=$(0\times16^3+7\times16^2+13\times16^1+0\times16^0)$℃/16=125℃

当 DS18B20 采集的温度为−55℃时,输出为 0xfc90,由于是补码,因此先将 11 位数据取反加 1 得 0x0370。注意,符号位不变,也不参加运算,

实际温度=(0x0370)℃/16=$(0\times16^3+3\times16^2+7\times16^1+0\times16^0)$℃/16=55℃

注意,负号需要对采集的温度的结果数据进行判断后,再予以显示。

4.9.3 温度传感器 DS18B20 的工作时序

DS18B20 对工作时序要求严格,延时时间须准确,否则容易出错。DS18B20 的工作时序包括初始化时序、写时序和读时序。

(1)初始化时序。单片机首先将数据线电平拉低 480~960μs 后释放,然后等待 15~60μs,接下来 DS18B20 输出一持续 60~240μs 的低电平,单片机收到此应答后即可进行读写操作。

(2)写时序。当单片机将数据线电平从高拉到低时,产生写时序,有写 0 和写 1 两种时序。写时序开始后,DS18B20 在 15~60μs 期间从数据线上采样。如果采样到低电平,则单片机向 DS18B20 写的是 0;如果采样到高电平,则单片机向 DS18B20 写的是 1。这两个独

立的时序之间至少需要拉高单总线电平 1μs 的时间。

(3)读时序。当单片机从 DS18B20 读取数据时,产生读时序。此时单片机将数据线的电平从高拉到低,使读时序被初始化。如果在此后的 15μs 内,单片机在数据线上采样到低电平,则从 DS18B20 读的是 0;如果在此后的 15μs 内,单片机在数据线上采样到高电平,则从 DS18B20 读的是 1。

4.9.4 温度传感器 DS18B20 命令

DS18B20 的所有命令均为 1B(8bit),常用的命令代码见表 4.16。表中前 5 条为 ROM 命令,后 4 条为 RAM 命令。DS18B20 单总线通信协议的流程为:单片机每次读写 DS18B20 之前,先复位 DS18B20,复位成功后,发送一条 ROM 命令,最后发送 RAM 命令完成操作。

表 4.16 DS18B20 命令

命 令 功 能	命 令 代 码
读 DS18B20 的 ROM 序列号(总线上仅有 1 个 DS18B20 时使用)	0x33
匹配 ROM(总线上有多个 DS18B20 时使用)	0x55
搜索 ROM(单片机识别所有的 DS18B20 的 64 位编码)	0xF0
跳过读序列号的操作(总线上仅有 1 个 DS18B20 时使用)	0xCC
报警搜索(仅在温度测量超过上限或下限报警时使用)	0xEC
启动温度转换	0x44
读取暂存器内容	0xBE
将数据写入暂存器的第 2、3B 中	0x4E
读电源供给方式,0 为寄生电源,1 为外部电源	0xB4

4.9.5 单片机与 DS18B20 的接口与编程

【例 4.17】 AT89C51 单片机外接一片 DS18B20 和一块 LCD1602(LM016L)。其中 DS18B20 的数据线 DQ 与单片机的 P1.0 相连,并接 4.7kΩ 的上拉电阻。LCD1602 的数据线 D0~D7 与单片机的 P2 口相连,数据/命令选择端 RS 与单片机的 P1.7 相连,读写选择端 R/$\overline{W}$ 与单片机的 P1.6 相连,使能端 E 与单片机的 P1.5 相连。编程实现,LCD1602 实时显示 DS18B20 的温度值。单片机与 DS18B20 的接口如图 4.37 所示。

参考程序如下:

```
#include <reg51.h>
#include <intrins.h>
//宏定义
#define uchar unsigned char
#define uint unsigned int
//LCD1602 液晶接口定义
sbit RS =P1^7;                          //RS 接 P1.7
sbit RW =P1^6;                          //RW 接 P1.6
sbit EN =P1^5;                          //EN 接 P1.5
```

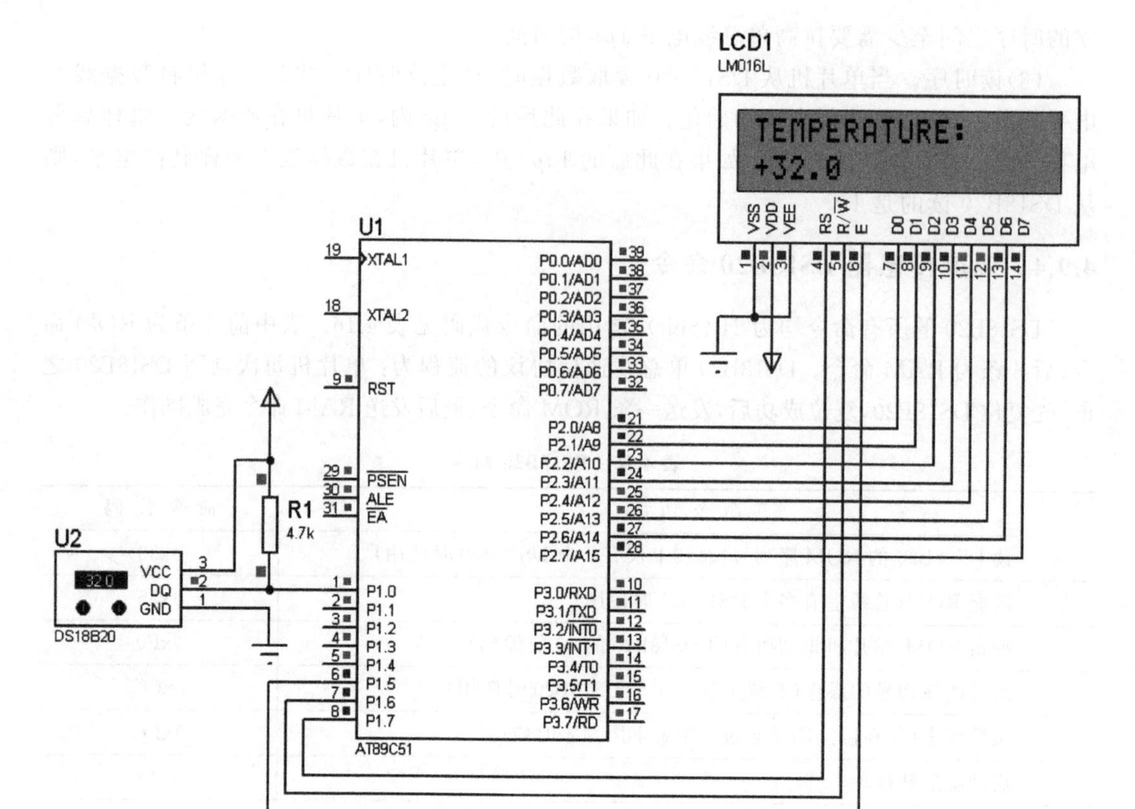

图 4.37　单片机与 DS18B20 的接口

```
#define LCDDATA   P2                          //液晶数据口接 P2
//DS18B20 数据接口定义
sbit DQ =P1^0;
//定义全局变量
unsigned int CVal1,CVal2;                     //读出的温度保存在 CVal1、CVal2 中
float CVal;
unsigned char DS18B20_Flag;                   //温度值正负标志位,0 正 1 负
unsigned char Temp[2];                        //计算暂存数组
//DS18B20 延时
void delay_DS18B20(unsigned int n)
{
    for(;n>0;n--);
}
//LCD1602 显示使用延时,不使用读忙
void delay140us(void)
{
    unsigned char a;
    for(a=63;a>0;a--);
}
void delay125us(void)
```

```
{
    unsigned char a;
    for(a=56;a>0;a--);
}
void delay15ms(void)
{
    unsigned char a,b;
    for(b=51;b>0;b--)
      for(a=134;a>0;a--);
}
//向 LCD1602 写入一个字节命令
void LCD1602_WriteCommand(unsigned char cmd)
{
    RS=0;
    RW=0;
    EN=0;
    delay140us();
    EN=1;
    delay140us();
    LCDDATA=cmd;
    delay140us();
    EN=0;
    delay140us();
}
//向 LCD1602 写入一个字节数据
void LCD1602_WriteByte(unsigned char byt)
{
    RS=1;
    RW=0;
    EN=0;
    delay140us();
    EN=1;
    delay140us();
    LCDDATA=byt;
    delay140us();
    EN=0;
    delay140us();
    RS=0;
}
//LCD1602 初始化
void LCD1602_Init(void)
{
    LCD1602_WriteCommand(0x38);              //基本命令集
    delay125us();
    LCD1602_WriteCommand(0x01);              //清除显示
```

```
    delay15ms();
    LCD1602_WriteCommand(0x06);            //游标方向设定
    delay125us();
    LCD1602_WriteCommand(0x0c);            //整体开显示,游标关闭
    delay125us();
}
//LCD1602 清屏
void LCD1602_Clear(void)
{
    LCD1602_WriteCommand(0x38);
    LCD1602_WriteCommand(0x01);
    delay15ms();
}
//LCD1602 显示一个字符串
void LCD1602_ShowString(uchar row,uchar col,uchar * str,uchar len)
{
    unsigned char i=0;
    switch(row)
    {
      case 1:
        LCD1602_WriteCommand(0x80+col);   //第一行
        break;
      case 2:
        LCD1602_WriteCommand(0xc0+col);   //第二行
        break;
      default:
        LCD1602_WriteCommand(0x80);       //缺省为第一行
        break;
    }
    while(len-->0)
    {
     LCD1602_WriteByte(str[i]);           //写入字符串
     delay125us();
     i++;
    }
}
//DS18B20 初始化
void DS18B20_Init(void)
{
    DQ=0;
    delay_DS18B20(50);
    DQ=1;
    delay_DS18B20(25);
}
//从 DS18B20 读取一个字节
```

```
unsigned char DS18B20_ReadByte(void)
{
    unsigned char i=0,value;
    for(i=8;i>0;i--)
    {
        DQ =1;
        _nop_();
        DQ =0;
        value >>=1;
        _nop_();
        DQ =1;
        delay_DS18B20(1);
        if(DQ ==1)
            value |=0x80;
        else
            value |=0x00;
        delay_DS18B20(6);
    }
    return(value);
}
//向 DS18B20 写入一个字节
void DS18B20_WriteByte(unsigned char value)
{
    unsigned char i=0;
    for(i=8;i>0;i--)
    {
        DQ =1;
        _nop_();
        DQ =0;
        DQ =value & 0x01;
        delay_DS18B20(5);
        DQ =1;
        delay_DS18B20(5);
        value >>=1;
    }
    delay_DS18B20(5);
}
//从 DS18B20 读取温度数据
void DS18B20_ReadTemperature(void)
{
    DS18B20_Init();
    DS18B20_WriteByte(0xCC);
    DS18B20_WriteByte(0xBE);
    Temp[1]=DS18B20_ReadByte();
    Temp[0]=DS18B20_ReadByte();
    DS18B20_Init();
    DS18B20_WriteByte(0xCC);
```

```
    DS18B20_WriteByte(0x44);
}
//将读取的温度数据转换为显示数值
void DS18B20_Decode(uchar * buff2)
{
    delay_DS18B20(10000);
    DS18B20_ReadTemperature();
    CVal1 =Temp[0] * 254.0 +Temp[1];
    if(Temp[0] >0xf8)
    {
        DS18B20_Flag =1;
        CVal1 =~CVal1 +1;
    }
    else
        DS18B20_Flag =0;
    CVal =CVal1 * 0.0625;
    CVal2 =CVal * 100;
    buff2[1] =CVal2/1000 +0x30;
    if(buff2[1] ==0x30)
        buff2[1] =0x20;
    buff2[2] =CVal2/100 - (CVal2/1000) * 10 +0x30;
    buff2[4] =CVal2/10 - (CVal2/100) * 10 +0x30;
    if(DS18B20_Flag ==1)
        buff2[0] ='-';
    else
        buff2[0] ='+';
    buff2[3]='.';
}
//单片机读取温度值并实时显示
void main(void)
{
    unsigned char buf[20];
    LCD1602_Init();
    LCD1602_Clear();
    LCD1602_ShowString(1,0,"TEMPERATURE:",12);
    while(1)
    {
       DS18B20_Decode(buf);
       LCD1602_ShowString(2,0,buf,5);
    }
}
```

思　考　题

1. AT89C51 单片机的 P3.2 和 P3.3 引脚接 2 个按键 K0 和 K1，P1 接 8 个发光二极管 LED0～LED7。使用中断编写程序实现，按键 K0 闭合、按键 K1 断开时，发光二极管 LED0～

LED7 奇亮偶不亮；按键 K0 断开、按键 K1 闭合时，发光二极管 LED0～LED7 偶亮奇不亮。单片机的时钟电路和复位电路采用 Proteus 仿真软件默认值。

2. AT89C51 单片机的 P1.0 引脚接虚拟数字示波器 Digital Oscilloscope，时钟频率为 12MHz，选择定时器。编程实现，P1.0 引脚输出一个周期为 4ms 的方波。其中时钟电路和复位电路采用 Proteus 仿真软件默认值。

3. 甲乙两个单片机进行双机串行通信，时钟频率 f_{osc} = 11.0592MHz，波特率为 2400b/s，波特率倍增位 SMOD=0。甲机的 RXD 和 TXD 分别与乙机的 TXD 和 RXD 相连。甲机 P3.2～P3.5 分别接按键 K0～K3。乙机的 P1 口接 8 个发光二极管。编程实现，按键 K0 闭合、其余按键断开时，发光二极管 LED0～LED7 奇亮偶不亮。按键 K1 闭合、其余按键断开时，发光二极管 LED0～LED7 偶亮奇不亮。按键 K2 闭合、其余按键断开时，发光二极管 LED0～LED7 从上到下流水灯滚动。按键 K3 闭合、其余按键断开时，发光二极管 LED0～LED7 从下到上流水灯滚动。其中时钟电路和复位电路采用 Proteus 仿真软件默认值。

4. AT89C51 单片机外接 4 片 DS18B20 和一块 LCD1602（LM016L）。其中 4 片 DS18B20 的数据线 DQ 分别与单片机的 P1.0～P1.3 相连，均接 4.7kΩ 的上拉电阻。LCD1602 的数据线 D0～D7 与单片机的 P2 口相连，数据/命令选择端 RS 与单片机的 P1.7 相连，读写选择端 R/$\overline{W}$ 与单片机的 P1.6 相连，使能端 E 与单片机的 P1.5 相连。编程实现，在 LCD1602 实时显示 4 片 DS18B20 的温度值。其中时钟电路和复位电路采用 Proteus 仿真软件默认值。

第5章　机器人结构与车体资源

5.1　机器人系统组成

一个功能比较齐全的低成本机器人平台是机器人学习和研究的首选。相比技术门槛高，资金投入大，机械结构复杂的仿生型，人型机器人、轮式移动机器人技术门槛低，资金投入少，市场上各种产品和零配件的支持也比较多，虽然结构简单，但可以用来实现的功能并不少。因此选择轮式移动机器人作为本书机器人智能工程应用主要的机械电子平台。

轮式移动机器人车体选择国内慧净电子生产的电动小车车体。该车体具备成本低，循迹、避障功能齐全，技术资料丰富，电机平面运行相对稳定的特点。不足之处是虽然该车体安装的传感器尽力涵盖了机器人循迹、避障等基础智能，但传感器数量有限，只能检测判断简单的环境信号，车体可二次分配的资源太少，很多需要复用，这样会因为资源冲突失去一部分功能。当然，这也是低成本决定的。有鉴于此，轮式移动机器人车体资源主要使用电动小车的单片机控制、红外传感与电机执行部分，以专注于机器人的智能移动与行走。另外，设计开发嵌入式机器人通信板并整合到轮式移动机器人车体中，将机器人兼容各种无线通信技术标准及接入网络的功能集成到机器人通信板中完成。二者结合完成对车体的改造，以实现尽可能多的智能控制功能。机器人系统组成如图5.1所示。

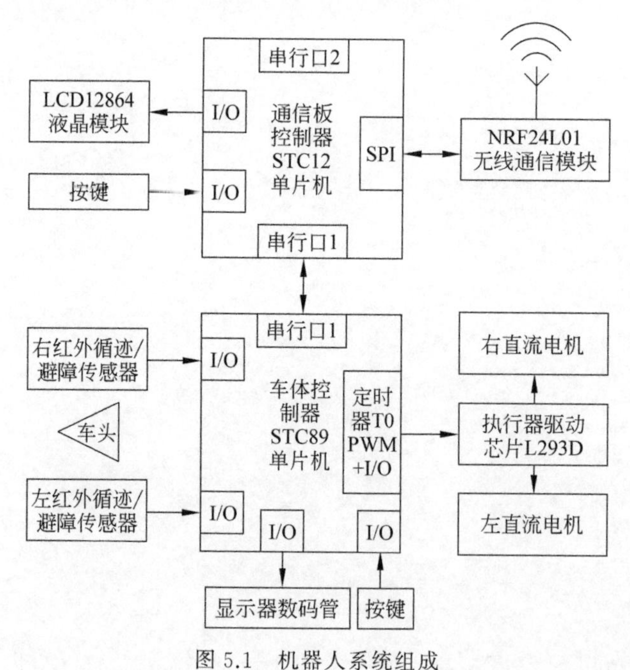

图5.1　机器人系统组成

机器人系统由轮式移动机器人车体与嵌入式机器人通信板两大部分组成。

机器人车体使用的资源主要分为 4 个模块：

(1) 机器人车体控制器。STC89C52RC 单片机。

(2) 机器人车体传感器。由四对红外线发送管和接收管组成的左、右红外循迹传感器与左、右红外避障传感器。

(3) 机器人车体执行器。L293D 电机驱动芯片与左、右两个直流电机。

(4) 机器人车体显示器。74LS573 数据锁存芯片与 6 位共阴极 LED 数码管。

机器人通信板使用的资源主要分为 3 个模块：

(1) 机器人通信板控制器。STC12C5A60S2 单片机。

(2) 机器人通信板显示器。LCD12864 液晶模块。

(3) 机器人通信板通信器。NRF24L01 短距离无线通信模块。

机器人系统整体实物图如图 5.2 所示。机器人车体单片机引脚连接如图 5.3 所示，其中 STC89 单片机与 4 个红外传感器引脚以及电机驱动芯片 L293D 引脚之间需要用导线连接。STC89 单片机与 STC12 单片机串口需要用导线连接。车体与通信板的电源和地需要用导线连接。

图 5.2　机器人系统整体实物图

机器人具备双控制器结构。

机器人车体控制器 STC89C52RC 单片机实现对红外传感器信号的采集与直流电机执行器的控制，其主要功能在于实时检测环境信号，完成机器人的智能移动与行走。

机器人通信板的控制器 STC12C5A60S2 单片机与车体控制器 STC89C52RC 单片机通过串行口 1 进行数据交换。通信板的主要功能在于完成机器人与机器人之间、机器人与用户之间的无线通信与组网。同时，通信板上的剩余资源较丰富，预留有多个接口，可外接其他传感器单元、执行器单元和通信器单元。

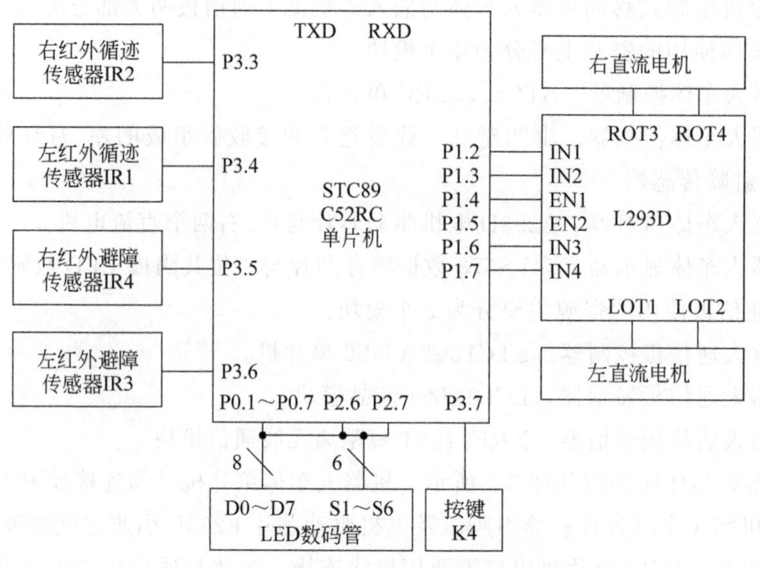

图 5.3 机器人车体单片机引脚连接

5.2 机器人车体控制器

机器人车体控制器 STC89C52RC 单片机系统电路如图 5.4 所示。

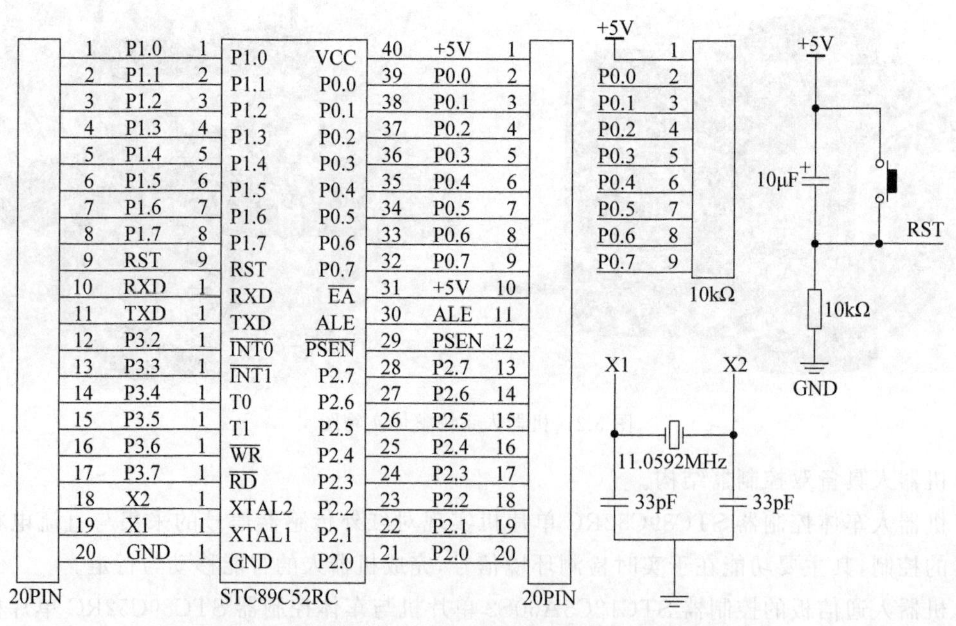

图 5.4 机器人车体控制器 STC89C52RC 单片机系统电路

晶体振荡时钟频率为 11.0592MHz，采用此时钟频率可以得到精确的串行口数据收发波特率，但启动定时器定时计数会存在一定误差。

采用电阻电容式按键复位。

P0 口接上拉电阻,可作通用 I/O 口使用。

单片机的 40 个引脚由两条 20 脚插针(20PIN)引出,方便导线连接。

机器人车体控制器 STC89 采集车体底盘前端左、右两个红外循迹传感器发来的引导黑线和白色平面的信号,采集车头前端左、右两个红外避障传感器发来的障碍信号,通过控制执行器驱动芯片 L293D 驱动两个直流电机实现前进、后退、左转、右转、停止动作。

5.3 机器人车体传感器

5.3.1 红外传感器的工作原理

红外线又称红外光,是一种不可见光,其光谱位于可见光中的红色光以外,所以称红外线。红外线具有可见光的所有特性,如反射、折射、散射、干涉等。同时,红外线还具有一种非常显著的热效应,即所有高于绝对零度(−273℃)的物质都可以产生红外线。红外传感器即将红外线作为介质利用其物理特性进行信号检测的传感器。

红外线属于环境因素不相干性良好的探测介质,对于环境中的声响、雷电、振动、各类人工光源及电磁干扰源,具有良好的不相干性;同时,红外线目标因素相干性良好,只有阻断红外线发射束的目标,才会触发相应操作。因此,红外传感器有如下优点:

(1) 环境适应性优于可见光,尤其是在夜间和恶劣天气下的工作能力。

(2) 隐蔽性好,一般都是被动接收目标的信号,比雷达和激光探测安全且保密性强,不易被干扰。

(3) 由于是利用目标和背景之间的温差和发射率差形成的红外辐射特性进行探测,因而识别目标伪装的能力优于可见光。

(4) 与雷达系统相比,红外系统的体积小,重量轻,功耗低。

红外传感器按照收发方式分为被动式和主动式。被动式红外传感器主要依靠检测人体发出的红外线工作。主动式红外传感器的红外发射机发出一束或多束经调制的红外线经反射后被红外接收机接收,从而形成一条至数条红外光束组成的探测区,如图 5.5 所示。

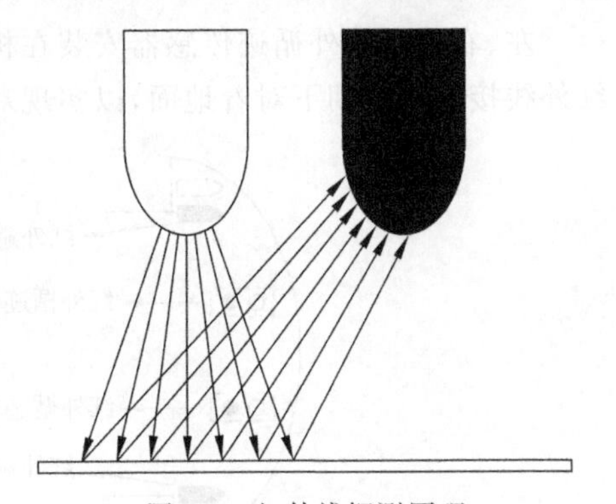

图 5.5 红外线探测原理

机器人车体安装了 2 个红外循迹传感器信号和 2 个红外避障传感器,均为主动式红外传感器。其中每一个传感器都由一对红外对管组成,包括红外线发射管和红外线接收管。红外传感器内部原理图如图 5.6 所示。

红外循迹传感器主要检测黑色线和白色平面区域。检测的工作原理如下:

(1) 白色平面对红外线的反射率大。当红外循迹传感器检测白色平面时,红外线发射管发射的红外线大部分被白色平面反射回来被接收管接收,接收管导通,输出模拟电压经比较器转化为低电平,即红外循迹传感器检测到白色输出 0。

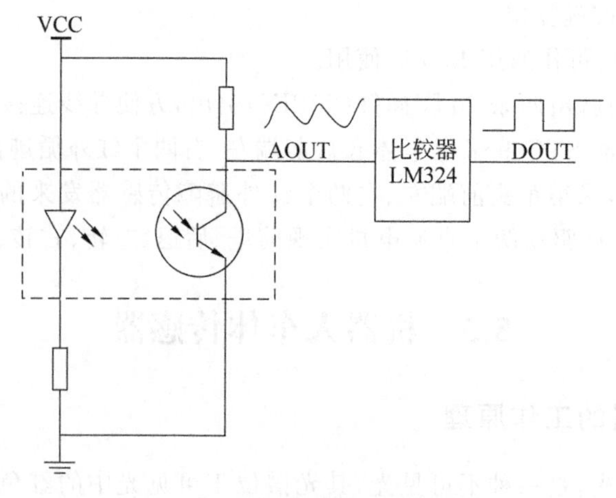

图 5.6　红外传感器内部原理图

(2) 黑色线对红外线的反射率小。当红外循迹传感器检测黑色线时,红外线发射管发射的红外线大部分被黑色线吸收,接收管接收不到反射的红外线因此不导通,输出模拟电压经比较器转化为高电平,即红外循迹传感器检测到黑色输出 1。

红外避障传感器主要检测有障碍和无障碍。检测的工作原理如下:

(1) 障碍对红外线的反射率大。当红外避障传感器检测障碍时,红外发射管发射的红外线大部分被障碍反射回来被接收管接收,接收管导通,输出模拟电压经比较器转化为低电平,即红外避障传感器检测到障碍输出 0。

(2) 无障碍对红外线的反射率小。当红外避障传感器检测无障碍时,红外发射管发射的红外线大部分直接发射耗散而无法反射,接收管接收不到反射的红外线因此不导通,输出模拟电压经比较器转化为高电平,即红外避障传感器检测不到障碍输出 1。

5.3.2　机器人车体传感器接口电路

左、右两个红外循迹传感器安装在机器人车体底盘前端,红外传感器的红外线发送管和红外线接收管均朝下对着地面,以实现对黑色线和白色平面区域的检测,如图 5.7 所示。

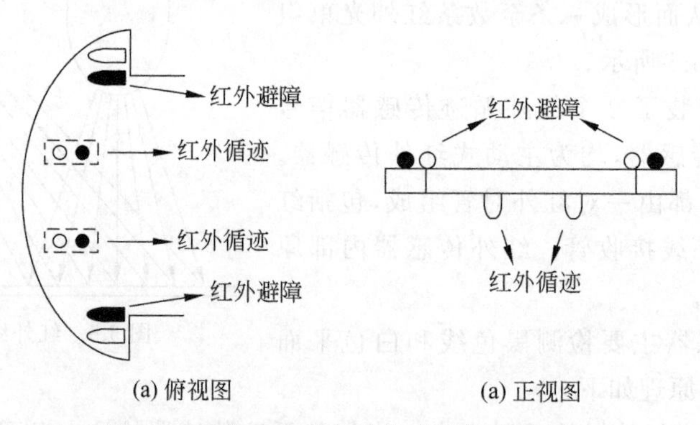

图 5.7　机器人车体红外传感器安装示意图

机器人车体红外传感器信号检测接口电路如图 5.8 所示。

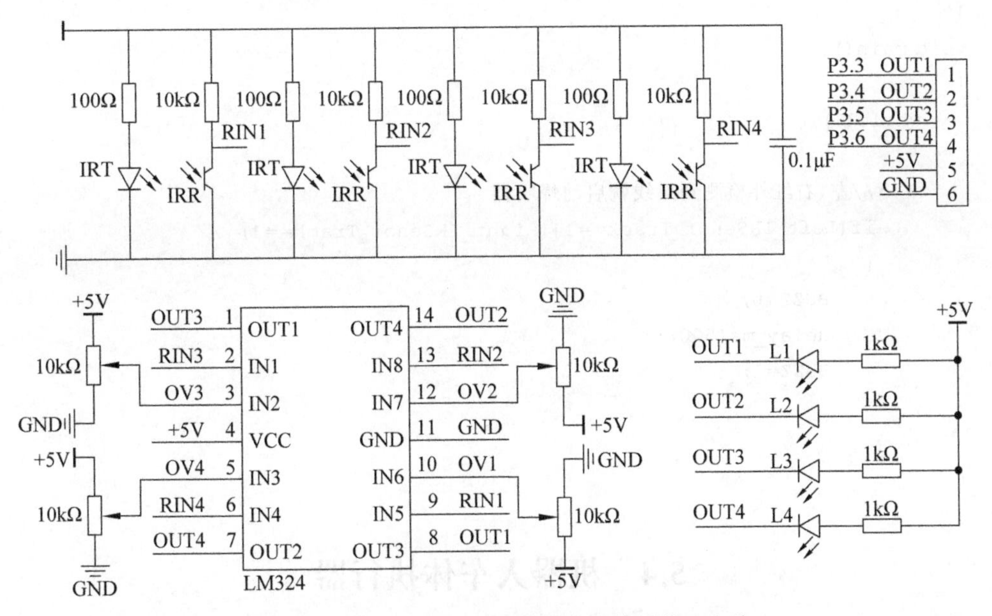

图 5.8　机器人车体红外传感器信号检测接口电路

机器人左红外循迹传感器通过导线连接到单片机的 P3.4 引脚，机器人右红外循迹传感器通过导线连接到单片机的 P3.3 引脚。

当红外循迹传感器检测到黑色线，输出高电平给其连接的单片机引脚，反之，输出低电平给其连接的单片机引脚。

左、右两个红外避障传感器安装在机器人车头左、右两端，红外传感器的红外线发送管和红外线接收管均朝前对着障碍，以实现对障碍物有无的检测。

机器人左红外避障传感器通过导线连接到单片机的 P3.6 引脚，机器人右红外避障传感器通过导线连接到单片机的 P3.5 引脚。

当红外避障传感器检测到障碍，输出低电平给其连接的单片机引脚，反之，输出高电平给其连接的单片机引脚。

5.3.3　机器人车体传感器编程

【例 5.1】　机器人车体左红外或右红外循迹传感器检测到黑线时，蜂鸣器报警。

参考程序如下：

```
#include <reg51.h>
sbit Left_IRSenor_Track=P3^4;            //左红外循迹传感器
sbit Right_IRSenor_Track=P3^3;           //右红外循迹传感器
sbit BUZZ=P2^3;                          //蜂鸣器
void delay_ms(unsigned int n)
{
    unsigned int i,j;
     for(i=n; i>0; i--)
       for(j=123; j>0; j--);
```

```
}
void main()
{
    while(1)
    {
        //左、右红外检测到黑线就启动蜂鸣器
        if(Left_IRSenor_Track==1||Right_IRSenor_Track==1)
        {
            BUZZ=0;
            delay_ms(500);
            BUZZ=1;
        }
    }
}
```

5.4 机器人车体执行器

5.4.1 PWM 控制直流电机的工作原理

脉宽调制(Pulse Width Modulation,PWM)是利用单片机的数字输出对模拟电路进行控制的一种非常有效的技术,广泛应用在测量、通信、功率控制与变换等许多领域中。PWM是一种对模拟信号电平进行数字编码的方法,通过高分辨率计数器的使用,将方波的占空比调制用来对一个具体模拟信号的电平进行编码。PWM 信号仍然是数字的,因为在给定的任何时刻,满幅值的直流供电要么完全有(ON),要么完全无(OFF)。通的时候即直流供电被加到负载上,断的时候即供电被断开。

PWM 的原理简单说就是通过一系列脉冲的宽度进行调制,可以等效地获得所需要的波形。这个“等效”的原理是基于采样定理的一个结论:冲量(窄脉冲面积)相等而形状不同的窄脉冲加在具有惯性的环节上时,其效果基本相同(仅高频部分略有差异)。基于这个等效原理,可以用不同宽度的矩形波代替正弦波,通过控制矩形波模拟不同频率的正弦波。

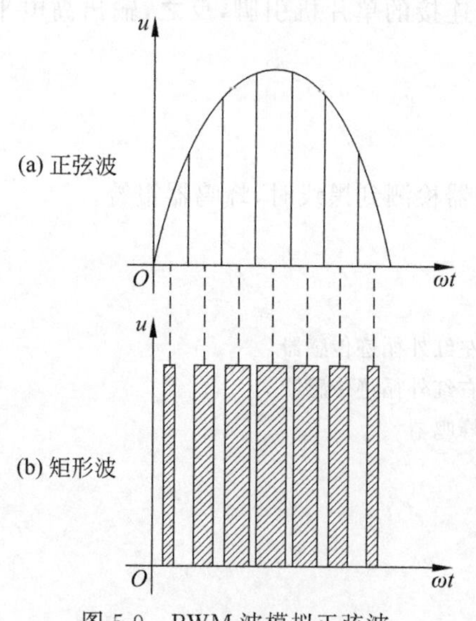

图 5.9 PWM 波模拟正弦波

如图 5.9 所示,把正弦波 n 等分,看成 n 个相连的脉冲序列,宽度相等,但幅值不等;用矩形波代替则是幅度相等,宽度不等(按正弦规律变化),中点重合,冲量面积相等。当然,PWM 也可以等效成其他非正弦波形,基本原理都是等效面积。

电机分为交流电机和直流电机两大类。直流电机以其良好的线性特性、优异的控制性能、较强的过载能力成为大多数变速运动控制和闭环位置伺服控制系统的最佳选择,一直处在调速领域主导地位。传统的直流电机调速方法很多,如调压调速、弱磁调速等，它们存在着调速响应慢、精度差、调速装置复杂等缺点。随着全控式电力电子器件技术的发展，以大功率晶体管作为开关器件的直流 PWM 调速系统已成为直流电机调速系统的主要发展方向。

在 PWM 调速系统中，一般可以采用定宽调频、调宽调频、定频调宽 3 种方法改变控制脉冲的占空比，但是前两种方法在调速时改变了控制脉宽的周期，从而引起控制脉冲频率的改变，当该频率与系统的固有频率接近时，将会引起振荡。为了避免这个问题，常用定频调宽改变占空比的方法调节直流电动机电枢两端的电压。

定频调宽法的基本原理是按一个固定频率接通和断开电源，并根据需要改变一个周期内接通和断开的时间比(占空比)改变直流电机电枢上电压的占空比，从而改变平均电压，控制电机的转速。在 PWM 调速系统中，当电机通电时其速度增加，电机断电时其速度降低。只要按照一定的规律改变通、断电的时间，即可控制电机转速。而且采用 PWM 技术构成的无级调速系统，启停时对直流系统无冲击，并且具有启动功耗小、运行稳定的优点。

如图 5.10 所示，设电机始终接通电源时，电机转速最大为 V_{max}，电机的平均速度为 V_a，设占空比 $D=t_1/T$。式中，t_1 表示一个周期内开关管导通的时间，T 表示一个周期的时间，则电机的平均速度为 $V_a=V_{max}\times D$。

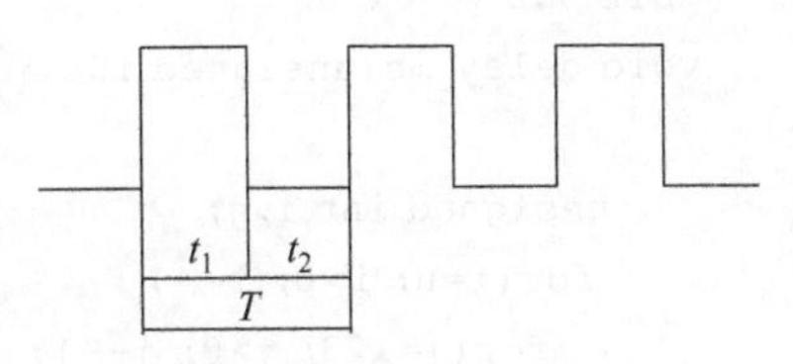

图 5.10　PWM 波形

可见，当改变占空比 $D=t_1/T$ 时，可以得到不同的电机平均速度 V_a，从而达到调速的目的。严格来说，平均速度 V_a 与占空比 D 并非严格的线性关系，但是在一般的应用中，可以将其近似看成线性关系。

5.4.2　机器人车体执行器接口电路

机器人车体的执行器包括驱动芯片和 2 个直流电机。

机器人车体执行器驱动直流电机的接口电路如图 5.11 所示。

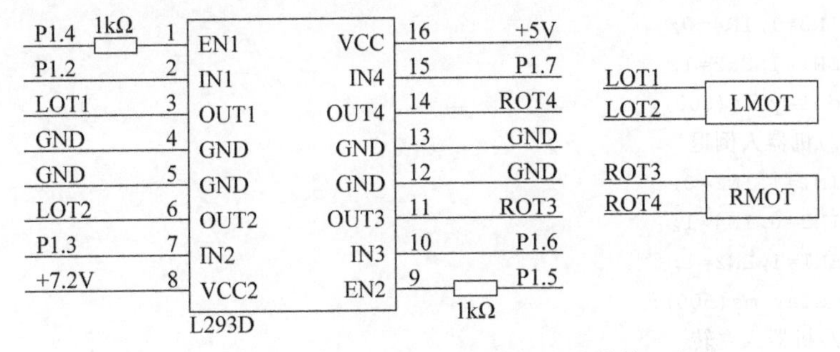

图 5.11　机器人车体执行器驱动直流电机的接口电路

直流电机的驱动芯片为 L293D。可通过 LOT1、LOT2 引脚和 ROT3、ROT4 引脚驱动左、右两个直流电机带动车轮执行前进、后退、左转、右转、停止等操作。

控制左直流电机转动方向的 IN1、IN2 引脚通过导线连接到单片机的 P1.2、P1.3 引脚。控制左直流电机转动速度的 EN1 引脚通过导线连接到单片机的 P1.4 引脚。

控制左直流电机转动方向的 IN3、IN4 引脚通过导线连接到单片机的 P1.6、P1.7 引脚。

控制左直流电机转动速度的 EN2 引脚通过导线连接到单片机的 P1.5 引脚。

单片机通过定时器 T0 方式 1 输出 PWM 方波到 P1.4 与 P1.5 引脚调节车轮的转速。

5.4.3 机器人车体执行器编程

【例 5.2】 机器人车体按照前进、后退、左转、右转、停车 5 种状态循环运行。

参考程序如下：

```
#include<reg51.h>
//定义智能小车驱动模块输入 IO
sbit IN1 =  P1^2;                       //高电平后退,电机顺时针转
sbit IN2 =  P1^3;                       //高电平前进,电机逆时针转
sbit IN3 =  P1^6;                       //高电平前进,电机逆时针转
sbit IN4 =  P1^7;                       //高电平后退,电机顺时针转
sbit EN1 =  P1^4;                       //使能,高电平全速运行
sbit EN2 =  P1^5;                       //使能,高电平全速运行
void delay_ms(unsigned int n)
{
    unsigned int i,j;
     for(i=n; i>0; i--)
       for(j=123; j>0; j--);
}
void main()
{
    while(1)
    {
        //小车前、后、左、右停循环行驶
        //机器人前行
        IN1=0,IN2=1;
        IN3=1,IN4=0;
        EN1=1,EN2=1;
        delay_ms(600);
        //机器人倒退
        IN1=1,IN2=0;
        IN3=0,IN4=1;
        EN1=1,EN2=1;
        delay_ms(600);
        //机器人左转
        IN1=0,IN2=0;
        IN3=1,IN4=0;
        EN1=1,EN2=1;
        delay_ms(600);
        //机器人右转
        IN1=0,IN2=1;
        IN3=0,IN4=0;
        EN1=1,EN2=1;
```

```
        delay_ms(600);
        //机器人停车
        IN1=0,IN2=0;
        IN3=0,IN4=0;
        EN1=0,EN2=0;
        delay_ms(600);
    }
}
```

5.5 机器人车体显示器

5.5.1 机器人车体显示器接口电路

机器人运行状态的实时显示选择 LED 数码管。使用两片锁存器芯片 74LS573 对数码管实时显示的段码线数据和位选线数据进行锁存。P0.0～P0.7 实现段码线和位选线的复用，P2.6 和 P2.7 分别实现段码和位选的锁存信号选择。机器人车体显示器 LED 数码管的接口电路如图 5.12 所示。

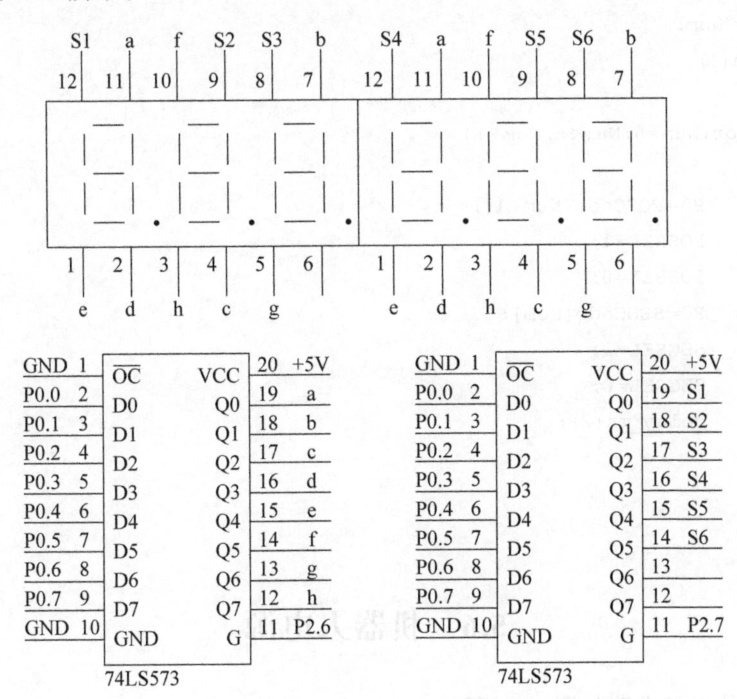

图 5.12 机器人车体显示器 LED 数码管的接口电路

5.5.2 机器人车体显示器编程

【例 5.3】 机器人车体显示器 6 个共阴极 LED 数码管显示“985211”。

参考程序如下：

```
#include <reg51.h>
//宏定义
#define uchar unsigned char
//数码管接口定义
sbit POSSEL =P2^7;                                      //位选锁存信号,共阴极
sbit SEGSEL =P2^6;                                      //段选锁存信号,共阴极
//数码管位选码表、段码表
uchar POSCode[]={0xff,0xfe,0xfd,0xfb,0xf7,0xef,0xdf,0xbf,0x7f};
uchar code SEGCode[]={0x6f,0x7f,0x6d,0x5b,0x06,0x06};//'985211'
void delay_ms(unsigned int n)
{
    unsigned int i,j;
     for(i=n; i>0; i--)
       for(j=123; j>0; j--);
}
void main()
{
    //数码管显示'985211'
    uchar Num;
    while(1)
    {
        for(Num=0;Num<6;Num++)
        {
            P0=POSCode[Num+1];
            POSSEL=1;
            POSSEL=0;
            P0=SEGCode[Num];
            SEGSEL=1;
            SEGSEL=0;
            delay_ms(2);
        }
    }
}
```

5.6 机器人电源

机器人车体电源电路如图5.13所示。

机器人采用+7.2V可充电锂电池供电。

锂电池经过稳压芯片7805将电压稳到+5V,为车体控制器STC89C52RC单片机、红外循迹传感器、显示器LED数码管提供+5V的工作电压。

执行器L293D电机驱动芯片的工作电压来自锂电池+7.2V直接供电和7805稳压后+5V输入。

车体底板+5V电压通过导线连接输出给通信板,为通信板控制器STC12C5A60S2单

片机、显示器 LCD12864 液晶模块提供工作电压。由于所有无线通信模块的工作电压只有+3.3V，通信板通过稳压芯片 AMS1117-3.3V，将输入+5V 电压稳到+3.3V，给 NRF24L01 无线通信模块供电。由于 51 单片机 I/O 口的弱电流模式，其 I/O 引脚可以和无线通信模块 I/O 引脚直接连接。

机器人车体与通信板的地通过导线连接实现共地。

电源与地之间加滤波电容。针对单片机系统，滤波电容通常由一个容量比较大的电解电容，加上一个容量比较小的非电解电容(一般选 0.1μF)组成。

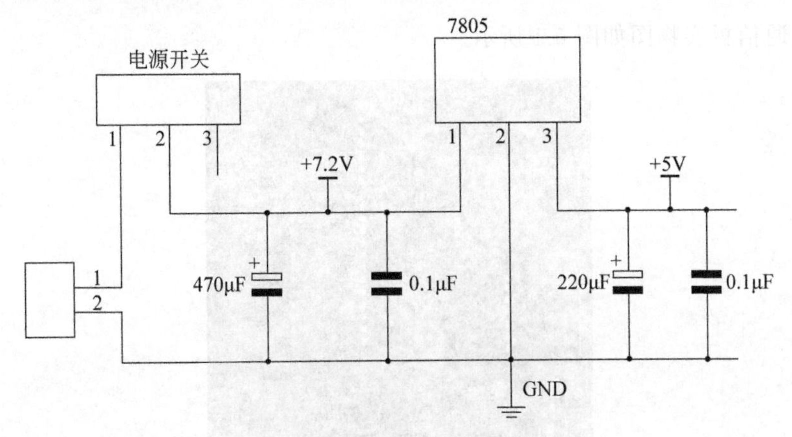

图 5.13 机器人车体电源电路

思 考 题

1. 实现机器人车体沿着黑色环线循迹的基本功能。
2. 实现机器人车体避开障碍物的基本功能。

第 6 章　机器人通信板资源

6.1　通信板硬件组成

机器人通信板实物图如图 6.1 所示。

图 6.1　机器人通信板实物图

通信板硬件资源如下：

(1) STC12C5A60S2 单片机。

(2) 2 个 LED 发光二极管。

(3) 1 个蜂鸣器。

(4) 6 个独立按键。

(5) 液晶 LCD12864 接口。

(6) OLED 接口。

(7) 温度传感器 DS18B20 接口。

(8) 蓝牙模块 HC-05 接口，工作频率 2.4GHz，单片机通过串行口 2 控制。

(9) WiFi 模块 ESP8266 接口，工作频率 2.4GHz，单片机通过串行口 1 控制。

(10) ZigBee 模块 CC2530 接口，工作频率 2.4GHz，单片机通过串行口 2 控制。

(11) 无线通信模块 NRF24L01 接口，工作频率 2.4GHz，单片机通过 SPI 接口控制。

(12) 无线通信模块 NRF905 接口，工作频率 433MHz，单片机通过 SPI 接口控制。

(13) RFID 模块 RC522 接口，工作频率 13.56MHz，单片机通过 SPI 接口控制。

(14) RS-232 串行口 1 接口，可直接连接计算机串口，程序下载也通过此串口完成。

(15) 供电系统：锂电池供电或者 USB 线＋5V 供电；AMS1117－3.3 将＋5V 稳压到＋3.3V，为部分 3.3V 芯片供电。

6.1.1 控制器

机器人通信板控制器 STC12C5A60S2 单片机系统电路如图 6.2 所示。

晶体振荡时钟频率为 11.0592MHz，采用此时钟频率可以得到精确的串行口数据收发波特率，但启动定时器定时计数会存在一定误差。

采用集成复位芯片 MAX708 按键复位。

STC12C5A60S2 单片机为 1T 增强型单片机，P0 内部含上拉电阻，不用外接就能作通用 I/O 口使用。但为了电路的通用性以兼容传统 51 单片机，P0 口仍外接 10kΩ 上拉电阻。

单片机的 40 个引脚依然由两条 20 脚插针(20PIN)引出，方便导线连接。

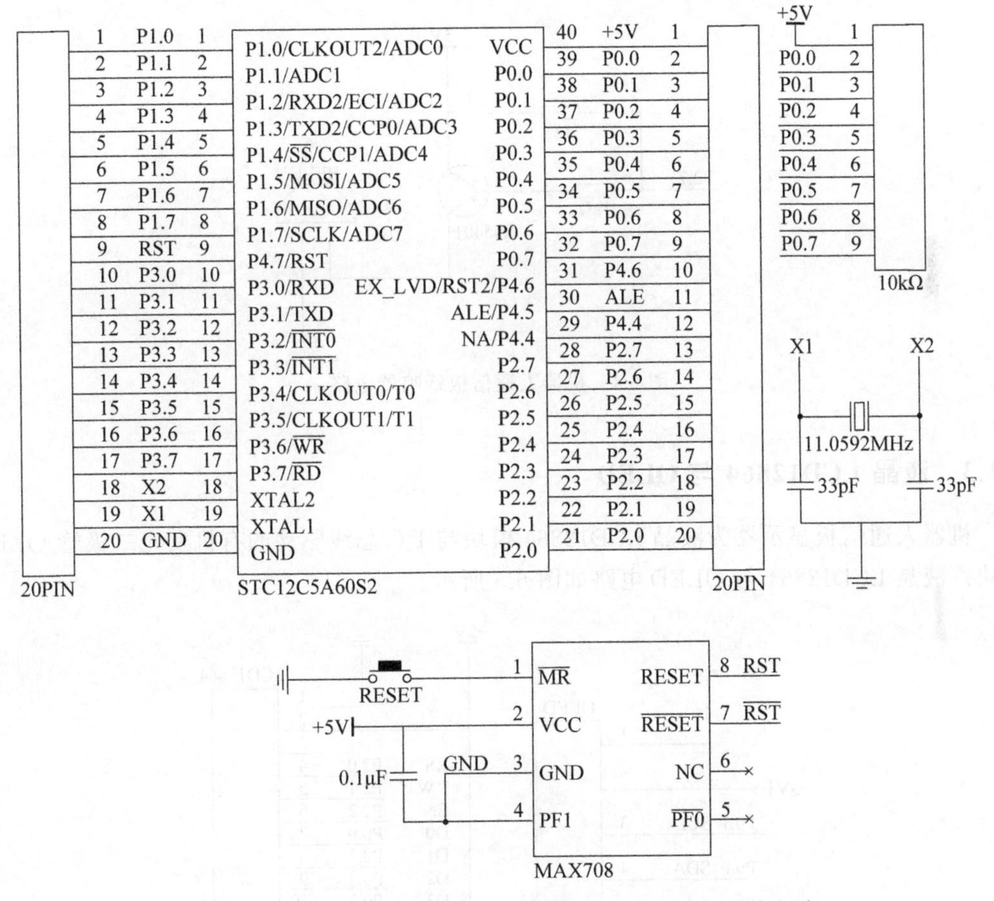

图 6.2　机器人通信板控制器 STC12C5A60S2 单片机系统电路

6.1.2 发光二极管、按键与蜂鸣器

机器人通信板 2 个 LED 发光二极管与 6 个独立按键电路如图 6.3 所示。KEY1、KEY2 分别接 P2.6、P2.5。LED1、LED2 分别接 P2.4、P2.3。KEY3～KEY6 分别接 P3.3～P3.6。

机器人通信板蜂鸣器电路如图 6.4 所示，有源蜂鸣器接 P2.7。

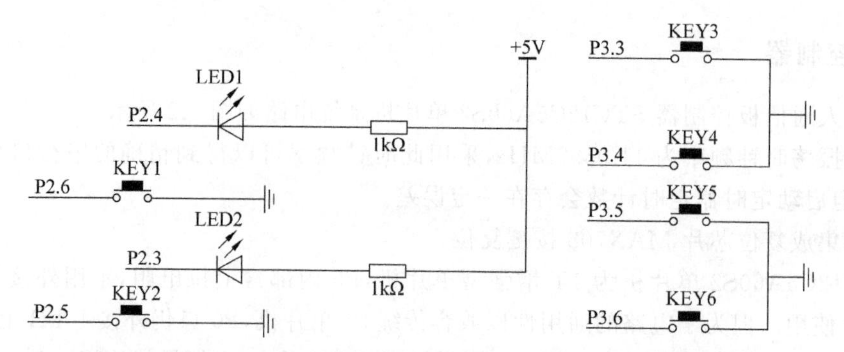

图 6.3 机器人通信板 2 个 LED 发光二极管与 6 个独立按键电路

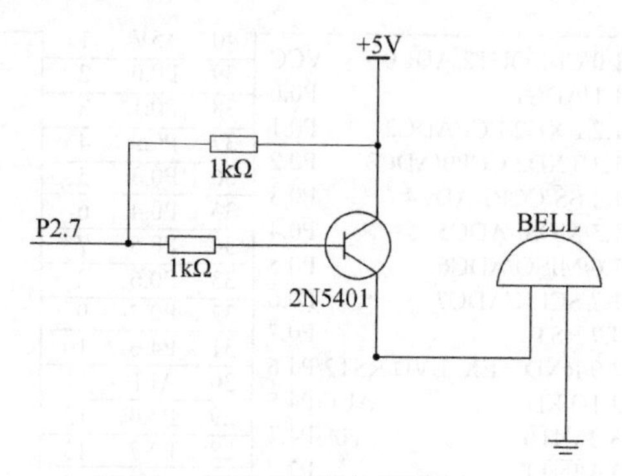

图 6.4 机器人通信板蜂鸣器电路

6.1.3 液晶 LCD12864 与 OLED

机器人通信板显示器为液晶 LCD12864 模块与 I^2C 总线驱动的有机发光二极管 OLED 模块。液晶 LCD12864 与 OLED 电路如图 6.5 所示。

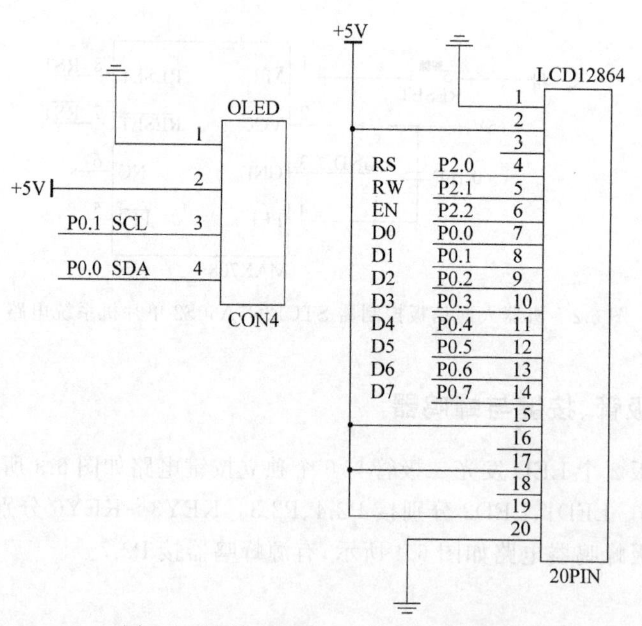

图 6.5 液晶 LCD12864 与 OLED 电路

6.1.4 温度传感器 DS18B20

机器人通信板传感器为单总线数字温度传感器 DS18B20。DS18B20 数据端接 P3.7。接口电路如图 6.6 所示。

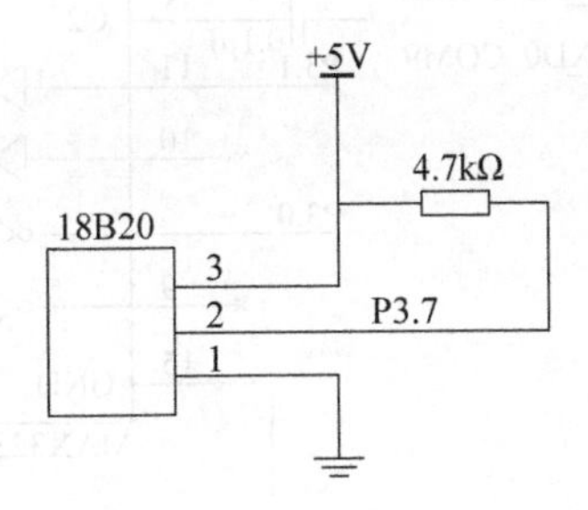

图 6.6 温度传感器 DS18B20 电路

6.1.5 无线通信

机器人通信板无线通信包括蓝牙 HC-05、WiFi-ESP8266、ZigBee-CC2530、NRF24L01、NRF905、RFID-RC522。接口电路如图 6.7 所示。

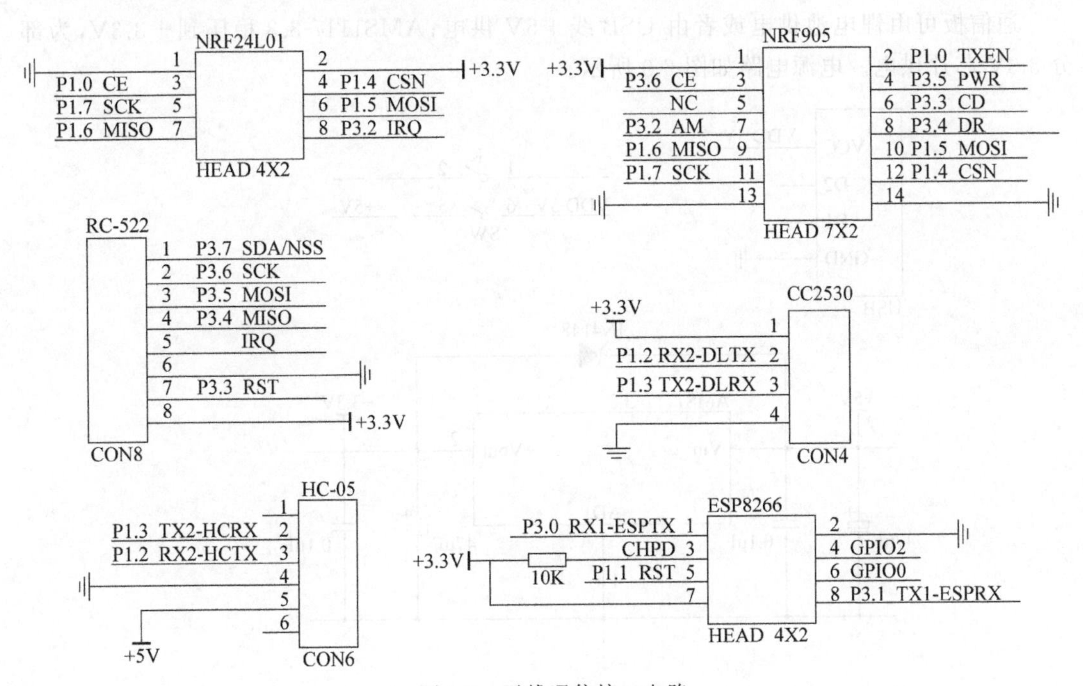

图 6.7 无线通信接口电路

6.1.6 RS-232 串行口通信

通信板 RS-232 串行口通信使用的是串行口 1，转换芯片为 MAX3232，电路如图 6.8 所示。通过此串行口通信板可以与计算机通信，单片机的程序下载也通过此串行口完成。

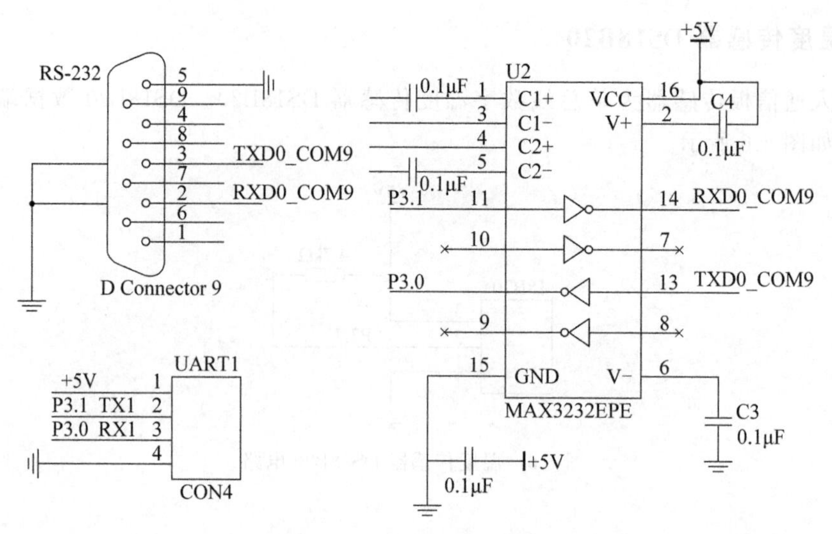

图 6.8　RS-232 串行口电路

6.1.7　通信板电源

通信板可由锂电池供电或者由 USB 线＋5V 供电；AMS1117-3.3 稳压到＋3.3V，为部分 3.3V 芯片供电。电源电路如图 6.9 所示。

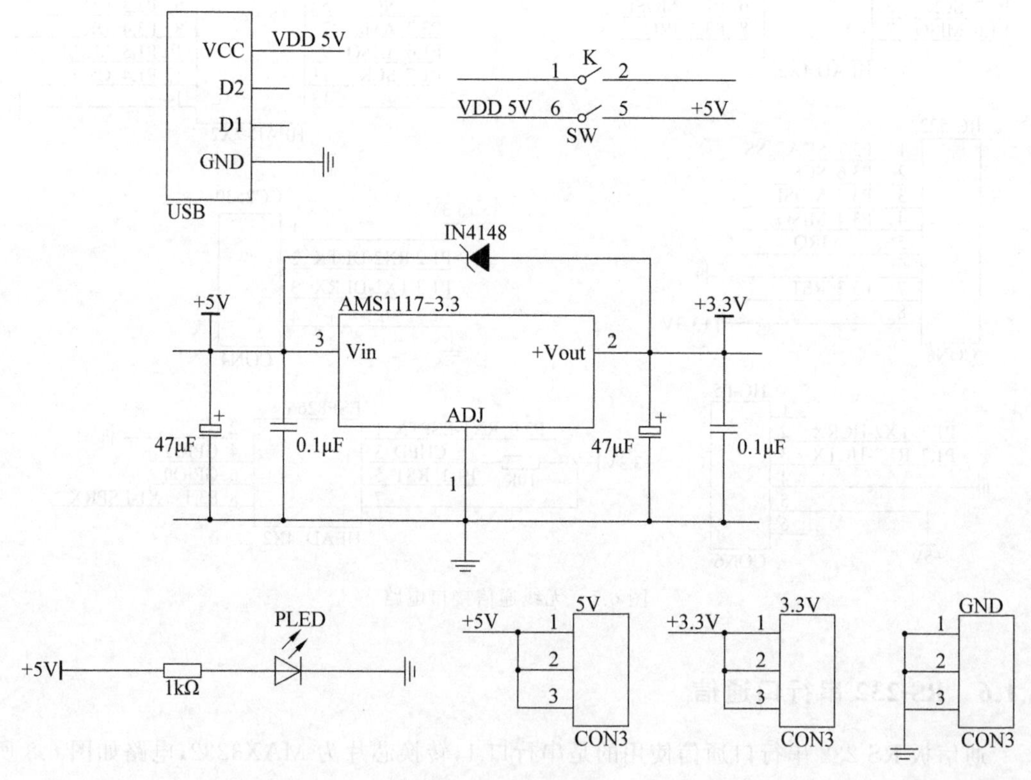

图 6.9　电源电路

6.2 串行口 2

通信板控制器 STC12C5A60S2 单片机具备 2 个串行口，其中串行口 1 与传统 8051 单片机完全兼容，功能相同。

STC12C5A60S2 单片机的串行口 2 功能由数据接收引脚 RXD2(P1.2)和数据发送引脚 TXD2(P1.3)实现。其通信依然是将一字节的 8 位数据，低位在前高位在后，一位一位地串行接收或发送。

S2BUF 是串行口 2 接收和发送共用的数据缓冲器(字节地址为 9BH)，物理上独立，收发使用不同的读写指令区分。

STC12C5A60S2 单片机的串行口 2 与串行口 1 的功能相同，工作方式和波特率也完全一致。STC12C5A60S2 单片机包含一个独立波特率发生器(Baud Rate Timer，BRT)。串行口 1 异步通信的波特率既可以通过定时器 T1 工作方式 2 产生，也可以通过独立波特率发生器产生。串行口 2 的波特率只能通过独立波特率发生器产生。

6.2.1 控制串行口 2 的特殊功能寄存器

串行口 2 控制寄存器 S2CON，字节地址为 9AH，不可位寻址，其功能与串行口 1 控制寄存器 SCON 的功能相同，见表 6.1 和表 6.2。

表 6.1 串行口 2 控制寄存器 S2CON(9AH)

位	名称	功 能	用 法
7	S2M0	方式选择	见表 6.2
6	S2M1		
5	S2M2	方式 2,3 时的多机通信协议允许	软件置 1 允许，清零禁止
4	S2REN	接收允许	软件置 1 允许，清零禁止
3	S2TB8	方式 2,3 时发送的第 9 位数据	软件置 1 或清零
2	S2RB8	方式 2,3 时收到的第 9 位数据	软件置 1 或清零
1	S2TI	发送中断标志	串行发送或接收完 1B 数据后产生中断，硬件自动置 1，再次收发需要软件清零
0	S2RI	接收中断标志	

表 6.2 串行口 2 的工作方式选择

方式	S2M0	S2M1	功 能
0	0	0	同步移位寄存器方式(用于扩展 I/O 口)，波特率为 $f_{osc}/12$
1	0	1	8 位异步收发，波特率可变(由独立波特率发生器控制)
2	1	0	8 位异步收发，波特率为 $f_{osc}/64$ 或 $f_{osc}/32$
3	1	1	9 位异步收发，波特率可变(由独立波特率发生器控制)

串行口 2 独立波特率发生器寄存器 BRT，字节地址为 9CH，不可位寻址。BRT 用于保

存重装时间常数。STC12C5A60S2 单片机是 1T 的 8051 单片机，复位后兼容 12T 传统 8051 单片机。串行口 2 只能使用独立波特率发生器，不能选择定时器 T1 作为波特率发生器；串行口 1 可以选择定时器 1 作波特率发生器，也可以选择独立波特率发生器。

辅助寄存器 AUXR，字节地址为 8EH，不可位寻址，见表 6.3。中断允许寄存器二 IE2，字节地址为 AFH，不可位寻址，见表 6.4。中断优先级寄存器 IP2H 和 IP2，字节地址分别为 B6H 和 B5H，不可位寻址，见表 6.5 和表 6.6。

表 6.3 辅助寄存器 AUXR(8EH)

位	名称	功　能	用　法
7	T0x12		
6	T1x12		
5	UART_M0x6		
4	BRTR	波特率发生器允许	软件置 1：允许；软件清零：禁止
3	S2SMOD	串口 2 波特率倍增	软件置 1：波特率倍增；软件清零：波特率不倍增
2	BRTx12	波特率发生器计数	软件置 1：每 1 个时钟周期计数 1 次(1T) 软件清零：每 12 个时钟周期计数 1 次(12T)
1	EXTRAM		
0	S1BRS		

表 6.4 中断允许寄存器二 IE2(AFH)

位	名称	功　能	用　法
2～7			
1	ESPI	SPI 中断允许	软件置 1：允许中断；软件清零：禁止中断
0	ES2	串行口 2 中断允许	软件置 1：允许中断；软件清零：禁止中断

表 6.5 中断优先级寄存器 IP2H(B6H)

位	名称	功　能	用　法
2～7			
1	PSPIH	SPI 中断优先级高位	软件置 1 或软件清零
0	PS2H	串行口 2 中断优先级高位	软件置 1 或软件清零

表 6.6 中断优先级寄存器 IP2(B5H)

位	名称	功　能	用　法
2～7			
1	PSPI	SPI 中断优先级低位	软件置 1 或软件清零
0	PS2	串行口 2 中断优先级低位	软件置 1 或软件清零

STC12C5A60S2 单片机具有 4 个优先级。PS2H，PS2 作为串行口 2 中断优先级控制

位，其功能如下：

当 PS2H＝0 且 PS2＝0 时，串行口 2 中断为最低优先级中断（优先级 0）。

当 PS2H＝0 且 PS2＝1 时，串行口 2 中断为较低优先级中断（优先级 1）。

当 PS2H＝1 且 PS2＝0 时，串行口 2 中断为较高优先级中断（优先级 2）。

当 PS2H＝1 且 PS2＝1 时，串行口 2 中断为最高优先级中断（优先级 3）。

6.2.2 串行口 2 通信应用

使用串行口 2 时，基本使用方法与串行口 1 相似，不同之处在于串行口 2 使用独立的波特率发生器，以及串行口 2 相关的中断及中断优先级设置。具体流程如下：

(1) 设置串行口 2 的工作模式。S2CON 寄存器中的 S2SM0 和 S2SM1 决定了串行口 2 的 4 种工作模式。

(2) 设置串行口 2 波特率相应的寄存器和位，包括独立波特率发生器寄存器 BRT、BRTx12 位、S2SMOD 位。

(3) 启动独立波特率发生器。置 BRTR 位为 1，独立波特率发生器寄存器 BRT 立即开始计数。

(4) 设置串行口 2 的中断，包括中断允许与中断优先级相应的控制位，EA 位、ES2 位、PS2H 位、PS2 位。

(5) 如要允许串行口 2 接收，则将 S2REN 置 1。

(6) 如要串行口 2 发送，将数据送入 S2BUF 即可。

(7) 接收完成标志位 S2RI，发送完成标志位 S2TI，硬件自动置 1，需由软件清零。

【例 6.1】 两块通信板使用串行口 2 进行双机串行通信，时钟频率 f_{osc}＝11.0592MHz，波特率为 9600b/s，波特率倍增位 S2MOD＝0。甲机的 RXD2 和 TXD2 分别与乙机的 TXD2 和 RXD2 相连。甲机 P2.6 接一个按键 KEY1。乙机的 P2.4 接 1 个发光二极管 LED1。编程实现，按下 KEY1，甲机发送 0x55 给乙机，乙机接收到甲机发送的 0x55 以后，点亮 P2.4 接的发光二极管 LED1。

(1) 设置 S2CON 寄存器规定工作方式

串行通信选择工作方式 1，S2M1 S2M0＝01。不使用多机通信，S2M2＝0。串行数据可以直接发送，但数据接收却需要允许，S2REN＝1。因为选择的是方式 1，串行收发数据一共只有 8 位，没有第 9 位——奇偶校验位，S2TB8＝0，S2RB8＝0。发送和接收中断标志位由硬件自动置 1，初始设置 S2TI＝0，S2RI＝0。

所以，寄存器初始化为 S2CON＝0x50，即 01010000B。

(2) 设置 AUXR 辅助寄存器

启动独立波特率发生器 BRT，BRTR＝1。

选择波特率不倍增，波特率倍增位 S2MOD＝0。

选择传统单片机的 12T 计数，即 12 个时钟周期计数 1 次，BRTx12＝0。

所以寄存器 AUXR＝0x10，即 00010000B。

(3) 为独立波特率发生器寄存器 BRT 设置初值

波特率为 9600b/s，时钟频率 f_{osc}＝11.0592MHz，S2MOD＝0，代入公式

$$\text{BRT 的初值 } X = 256 - f_{osc} \times 2^{S2MOD} / (12 \times \text{波特率} \times 32)$$

解得初值 $X=0xFD$,所以 BRT＝0xFD,即 11111101B。

参考程序如下：

```
//发送程序
#include "STC12C5A60S2.h"
sbit LED1=P2^4;
sbit KEY1=P2^6;
/***********************************************************
 * 函数: delay_ms
 * 功能: ms 延时
 * 参数: n 延时 n * 1ms
 **********************************************************/
void delay_ms(unsigned int n)
{
    unsigned int i,j;
    for(i=n; i>0; i--)
      for(j=920; j>0; j--);          //STC12,11.0592MHz
}
/***********************************************************
 * 函数: UART2_Init
 * 功能: 串口 2 的初始化
 **********************************************************/
void UART2_Init(void)
{
    S2CON=0x50;                      //方式 1,8 位可变波特率,无奇偶校验位,允许接收
    AUXR=0x10;                       //BRTR=1 启动独立波特率发生器
                                     //S2SMOD=0 串口 2 波特率不加倍
                                     //BRTx12=0 串口 2 的 BRT 采用 12T
    BRT=0xFD;                        //11059200/12/(256-BRT)/32=9600b/s
}
/***********************************************************
 * 函数: UART2_SendByte
 * 功能: 串口 2 发送一个字节数据
 * 参数: txd 发送的字节
 **********************************************************/
void UART2_SendByte(unsigned char txd)
{
    unsigned char temp=0;
    S2CON=S2CON&0xFD;                //11111101,清零串口 2 发送完成中断请求标志
    S2BUF=txd;                       //串口 2 发送 1 个字节
    do
    {
        temp=S2CON;
        temp=temp&0x02;              //取 S2TI 位是否为 0,即是否发送完数据
    }
```

```
    while(temp==0);
    S2CON=S2CON&0xFD;                   //11111101,清零串口 2 发送完成中断请求标志
}
/***********************************************************
* 函数: UART2_SendString
* 功能: 串口 2 发送一个字符串
* 参数: * puts 发送的字符串
***********************************************************/
void UART2_SendString(unsigned char * puts)
{
    for(; * puts !=0; puts++)
    {
        //以指针的形式将字符串分解为单个字符发送
        UART2_SendByte( * puts);
    }
}
/***********************************************************
* 函数: UART2_ReceiveByte
* 功能: 串口 2 采用查询方式接收一个字节数据
* 返回: rxd 接收的字节
***********************************************************/
unsigned char UART2_ReceiveByte(void)
{
    unsigned char rxd;
    while(!(S2CON&0x01));               //等待数据接收
    S2CON=S2CON&0xFE;                   //清除数据接收标志
    rxd=S2BUF;
    return rxd;
}
/***********************************************************
* 函数: main
* 功能: 按下 KEY1(P2.6)通过串口 2 发送'0x55'到另一个通信板
***********************************************************/
void main()
{
    UART2_Init();
    delay_ms(200);                      //延时 200ms
    //通过串口 2 发送'0x55'
    while(1)
    {
        if(KEY1==0)
        {
            delay_ms(50);               //两次判断消除抖动
            if(KEY1==0)
            {
```

```
            while(KEY1!=0);         //上升沿触发
            UART2_SendByte(0x55);
        }
      }
    }
}
//接收程序
#include "STC12C5A60S2.h"
sbit LED1=P2^4;
sbit KEY1=P2^6;
unsigned char UART2_tmp;
/**************************************************************
 * 函数: delay_ms
 * 功能: ms 延时
 * 参数: n 延时 n*1ms
**************************************************************/
void delay_ms(unsigned int n)
{
    unsigned int i,j;
    for(i=n; i>0; i--)
      for(j=920; j>0; j--);              //STC12,11.0592MHz
}
/**************************************************************
 * 函数: UART2_Init
 * 功能: 串口 2 的初始化
**************************************************************/
void UART2_Init(void)
{
    S2CON=0x50;                         //方式 1,8 位可变波特率,无奇偶校验位,允许接收
    AUXR=0x10;                          //BRTR=1 启动独立波特率发生器
                                        //S2SMOD=0 串口 2 波特率不加倍
                                        //BRTx12=0 串口 2 的 BRT 采用 12T
    BRT=0xFD;                           //11059200/12/(256-BRT)/32=9600bps
}
/**************************************************************
 * 函数: UART2_SendByte
 * 功能: 串口 2 发送一个字节数据
 * 参数: txd 发送的字节
**************************************************************/
void UART2_SendByte(unsigned char txd)
{
    unsigned char temp=0;
    S2CON=S2CON&0xFD;                   //11111101,清零串口 2 发送完成中断请求标志
    S2BUF=txd;                          //串口 2 发送 1 个字节
    do
```

```
    {
        temp=S2CON;
        temp=temp&0x02;                //取 S2TI 位是否为 0,即是否发送完数据
    }
    while(temp==0);
    S2CON=S2CON&0xFD;                  //11111101,清零串口 2 发送完成中断请求标志
}
/*************************************************************
* 函数: UART2_SendString
* 功能: 串口 2 发送一个字符串
* 参数: *puts 发送的字符串
*************************************************************/
void UART2_SendString(unsigned char *puts)
{
    for(; *puts !=0; puts++)
    {
        //以指针的形式将字符串分解为单个字符发送
        UART2_SendByte(*puts);
    }
}
/*************************************************************
* 函数: UART2_ReceiveByte
* 功能: 串口 2 采用查询方式接收一个字节数据
* 返回: rxd 接收的字节
*************************************************************/
unsigned char UART2_ReceiveByte(void)
{
    unsigned char rxd;
    while(!(S2CON&0x01));              //等待数据接收
    S2CON=S2CON&0xFE;                  //清除数据接收标志
    rxd=S2BUF;
    return rxd;
}
/*************************************************************
* 函数: main
* 功能: 接收'0x55'后,点亮 LED1
*************************************************************/
void main()
{
    UART2_Init();
    delay_ms(200);                     //延时 200ms
    //通过串口 2 接收'0x55',并点亮 LED1
    while(1)
    {
        UART2_tmp=UART2_ReceiveByte();
```

```
        if(UART2_tmp==0x55)
        {
            LED1=0;
            delay_ms(300);
            LED1=1;
            UART2_tmp=0;
        }
    }
}
```

6.3 液晶 LCD12864

6.3.1 LCD12864 液晶显示模块

128×64 图形点阵型液晶显示器 LCD12864 就是由显示点组成的一个 128 列 64 行的阵列。每个显示点对应一位二进制数,1 表示亮,0 表示灭。存储这些点阵信息的 DDRAM 称为数据显示存储器。要显示某个图形或汉字,就将相应的点阵信息写入相应的存储单元中。

LCD12864 液晶显示器有带字库和不带字库两种。带字库的 LCD12864 液晶显示器可以直接调用字符发生存储器 CGROM 自带的字库,单片机发送一个字的编码,它就会在屏幕上显示与编码对应的字,使用方便。而不带字库的 LCD12864 液晶显示模块需要使用取模软件取模,单片机需要发送对应文字的点阵数据才能进行显示。

LCD12864 液晶显示模块将 LCD 控制器、LCD 驱动器、RAM、ROM 和 LCD 显示器用 PCB 连接到一起,在电路中与单片机直接接口。当前的 LCD12864 模块控制驱动器均采用 ST7290,其控制和驱动原理是相同的。

带字库 LCD12864 汉字图形点阵液晶显示模块实物图(以下简称 LCD12864 模块)如图 6.10 所示。该模块是具有 8 位/4 位并行或 3 位串行等多种接口方式、内部含有国标一级、二级简体中文字库的 128×64 点阵图形液晶显示模块,可显示汉字及图形,内置 8192 个 16×16 点汉字和 128 个 16×8 点 ASCII 字符集。模块内置升压电路,无须负压,电压范围为 3.3～5V,具有 LED 背光。

图 6.10 带字库 LCD12864 汉字图形点阵液晶显示模块实物图

LCD12864 模块内部存储器包含字型发生存储器 CGROM、数据显示存储器 DDRAM

和用户自定义字型发生存储器 CGRAM。其主要功能如下：

(1) 字符发生存储器 CGROM。

CGROM 提供 8192 个 16×16 点的中文字形图像以及 126 个 16×8 点的数字符号图像，它使用两个字节提供字形编码选择，配合 DDRAM 将要显示的字形码写入 DDRAM 上，硬件将自动根据编码把 CGROM 中将要显示的字形显示在液晶屏上。

(2) 数据显示存储器 DDRAM。

DDRAM 提供 64×2 个位元组的空间，最多可控制 4 行 16 字(64 个字)的中文字型显示，当写入 DDRAM 时，可分别显示 CGROM 与 CGRAM 的字型。

(3) 用户自定义字型发生存储器 CGRAM。

CGRAM 提供图像定义(造字)功能，可以提供四组 16×16 点的自定义图像空间，使用者将内部字型没有提供的图像字型自行定义到 CGRAM 中，便可和 CGROM 中的定义一样地通过 DDRAM 显示在屏幕中。

LCD12864 模块显示字符可显示 4 行，每行 16 个字符。显示汉字可显示 4 行，每行 8 个汉字。LCD 汉字显示与显示内存的地址关系见表 6.7。

表 6.7 LCD 汉字显示与显示内存的地址关系

行	*X* 坐标							
1	80H	81H	82H	83H	84H	85H	86H	87H
2	90H	91H	92H	93H	94H	95H	96H	97H
3	88H	89H	8AH	8BH	8CH	8DH	8EH	8FH
4	98H	99H	9AH	9BH	9CH	9DH	9EH	9FH

6.3.2 LCD12864 液晶显示模块的引脚功能

LCD12864 液晶显示模块的引脚功能如图 6.11 所示。

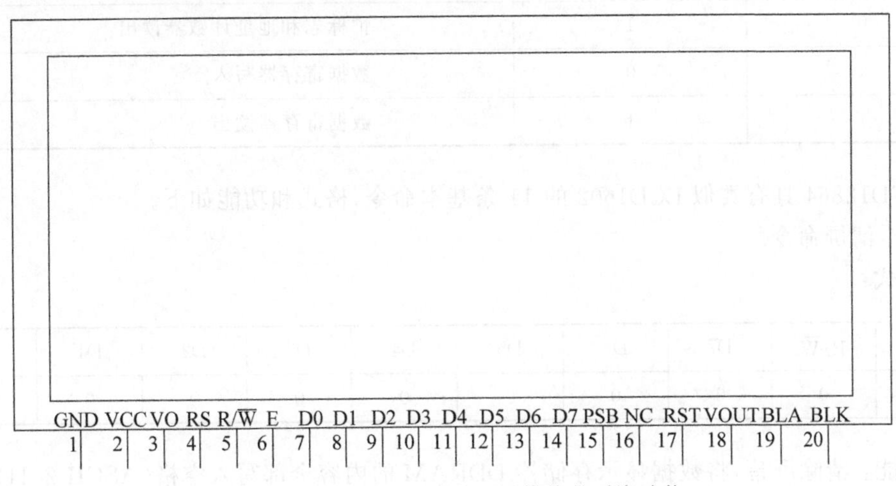

图 6.11 LCD12864 液晶显示模块的引脚功能

标准的20引脚接口如下。

GND(1脚)：数字地。

VCC(2脚)：+5V电源。

VO(3脚)：LCD驱动电压输入端,可悬空。

RS(4脚)：并行显示数据/指令选择端,高电平选择数据寄存器,低电平选择指令寄存器。串行显示片选信号端。

R/$\overline{W}$(5脚)：并行显示读写选择端,高电平进行读操作,低电平进行写操作。RS和R/$\overline{W}$共同为低电平时,可以写入指令或者显示地址;RS为低电平、R/$\overline{W}$为高电平时,可以读忙信号;RS为高电平、R/$\overline{W}$为低电平时,可以写入数据。串行显示数据端口。

E(6脚)：并行显示使能端,当E为高电平时,读取液晶模块的信息,当E端由高电平跳变成低电平时,液晶模块执行写操作。串行显示时钟端。

D0～D7(7～14脚)：并行显示8位双向数据线。

PSB(15脚)：并行显示/串行显示选择,高电平并行显示,低电平串行显示。

NC(16脚)：空引脚。

RST(17脚)：复位,低电平有效。

VOUT(18脚)：倍压输出脚,可悬空。

BLA(19脚)：背光源正极。

BLK(20脚)：背光源负极。

6.3.3 LCD12864液晶显示模块命令与功能

LCD12864通过RS和R/$\overline{W}$引脚共同决定寄存器的选择情况,见表6.8。

表6.8 LCD12864内部寄存器的选择

RS	R/$\overline{W}$	寄存器及操作
0	0	命令寄存器写入
0	1	忙标志和地址计数器读出
1	0	数据寄存器写入
1	1	数据寄存器读出

LCD12864具有类似LCD1602的11条基本命令,格式和功能如下。

(1) 清屏命令.

格式：

RS	R/$\overline{W}$	D7	D6	D5	D4	D3	D2	D1	D0
0	0	0	0	0	0	0	0	0	1

功能：清除屏幕,将数据显示存储器DDRAM的内容全部写入空格(ASCII 20H)。

光标复位,回到显示器的左上角。

地址计数器AC清零。

(2) 光标复位命令。

格式：

RS	R/$\overline{W}$	D7	D6	D5	D4	D3	D2	D1	D0
0	0	0	0	0	0	0	0	1	0

功能：光标复位，回到显示器的左上角。

地址计数器 AC 清零。

数据显示存储器 DDRAM 的内容不变。

(3) 输入方式设置命令。

格式：

RS	R/$\overline{W}$	D7	D6	D5	D4	D3	D2	D1	D0
0	0	0	0	0	0	0	1	I/D	S

功能：设定当写入一个字节后，光标的移动方向以及后面的内容是否移动。

当 I/D=1 时，光标从左向右移动；当 I/D=0 时，光标从右向左移动。

当 S=1 时，内容移动；当 S=0 时，内容不移动。

(4) 显示开关控制命令。

格式：

RS	R/$\overline{W}$	D7	D6	D5	D4	D3	D2	D1	D0
0	0	0	0	0	0	1	D	C	B

功能：控制显示的开关，当 D=1 时显示，当 D=0 时不显示。

控制光标开关，当 C=1 时光标显示，当 C=0 时光标不显示。

控制字符是否闪烁，当 B=1 时字符闪烁，当 B=0 时字符不闪烁。

(5) 光标移位命令。

格式：

RS	R/$\overline{W}$	D7	D6	D5	D4	D3	D2	D1	D0
0	0	0	0	0	1	S/C	R/L	*	*

功能：移动光标或整个显示字幕移位。

当 S/C=1 时，整个显示字幕移位；当 S/C=0 时，只光标移位。

当 R/L=1 时，光标右移；当 R/L=0 时，光标左移。

(6) 功能设置命令。

格式：

RS	R/$\overline{W}$	D7	D6	D5	D4	D3	D2	D1	D0
0	0	0	0	1	D/L	*	RE	*	*

功能：DL=1，必须为1。

设置命令集，当RE=1时，为扩展命令集动作；当RE=0时，为基本命令集动作。

(7) 用户自定义字符发生存储器CGRAM地址命令。

格式：

RS	R/$\overline{W}$	D7	D6	D5	D4	D3	D2	D1	D0
0	0	0	1	CGRAM的地址					

功能：设置用户自定义CGRAM的地址，对用户自定义CGRAM访问时，要先设定CGRAM的地址，地址范畴为0～63。

(8) 数据显示存储器DDRAM地址设置命令。

格式：

RS	R/$\overline{W}$	D7	D6	D5	D4	D3	D2	D1	D0
0	0	1	DDRAM的地址						

功能：设置当前显示缓冲区DDRAM的地址，对DDRAM访问时，要先设定DDRAM的地址，地址范畴为0～127。

(9) 读忙标志BF及地址计数器AC命令。

格式：

RS	R/$\overline{W}$	D7	D6	D5	D4	D3	D2	D1	D0
0	1	BF	AC的值						

功能：读忙标志及地址计数器AC命令。

当BF=1时表示忙，这是不能接收命令和数据；当BF=0时表示不忙。

低7位为读出的AC的地址，值为0～127。

(10) 写DDRAM或CGRAM命令。

格式：

RS	R/$\overline{W}$	D7	D6	D5	D4	D3	D2	D1	D0
1	0	写入的数据							

功能：向DDRAM或CGRAM当前位置中写入数据，写入后地址指针自动移动到下一位置。对DDRAM或CGRAM写入数据前，须设定DDRAM或CGRAM的地址。

(11) 读DDRAM或CGRAM命令。

格式：

RS	R/$\overline{W}$	D7	D6	D5	D4	D3	D2	D1	D0
1	1	读出的数据							

功能：从 DDRAM 或 CGRAM 当前位置中读出数据。当 DDRAM 或 CGRAM 读出数据时，须设定 DDRAM 或 CGRAM 的地址。

6.3.4 单片机与 LCD12864 的接口与编程

【例 6.2】 通信板单片机 STC12C5A60S2 控制 LCD12864 液晶模块显示。采用并行显示方式。RS 接 P2.0，R/$\overline{W}$ 接 P2.1，E 接 P2.2，D0～D7 接 P0.0～P0.7。LCD12864 液晶显示模块接口电路图如图 6.12 所示。编程实现，LCD12864 液晶模块显示，第一行“清华大学”，第二行“欢迎 Our”，第三行“HERO”，第四行“666”。

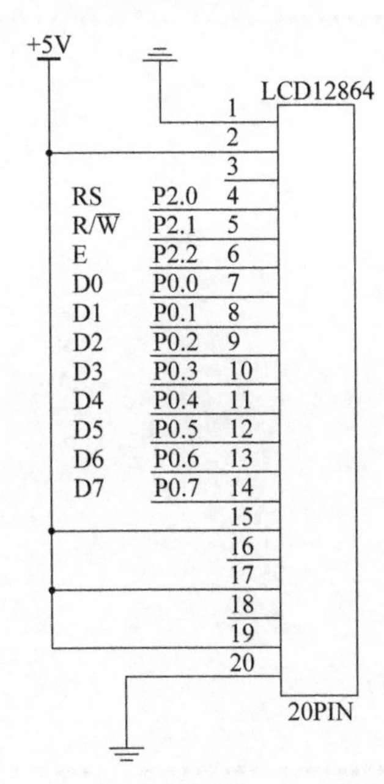

图 6.12 LCD12864 液晶显示模块接口电路图

参考程序如下：

```
#include "STC12C5A60S2.h"
//宏定义
#define uchar    unsigned char
#define uint     unsigned int
//LCD12864 液晶接口定义
sbit RS =P2^0;                              //RS 接 P2.0
sbit RW =P2^1;                              //RW 接 P2.1
sbit EN =P2^2;                              //EN 接 P2.2
#define LCDDATA   P0                        //数据口
/*************************************************************
 * 函数: delay_ms
 * 功能: ms 延时
 * 参数: n 延时 n * 1ms
*************************************************************/
void delay_ms(unsigned int n)
```

```
{
    unsigned int i,j;
    for(i=n; i>0; i--)
      for(j=920; j>0; j--);                    //STC12,11.0592MHz
}
/**************************************************************
 * 函数: delay140us,delay125us,delay15ms
 * 功能: STC12 的液晶读写过程延时程序,不采用读忙检测的方法,
 *       采用延时进行读写,STC12 的平均速度大概是 STC89 的 6 倍左右
/**************************************************************/
void delay140us(void)
{
    unsigned char a;
    for(a=63;a>0;a--);
}
void delay125us(void)
{
    unsigned char a;
    for(a=56;a>0;a--);
}
void delay15ms(void)
{
    unsigned char a,b;
    for(b=51;b>0;b--)
        for(a=134;a>0;a--);
}
/**************************************************************
 * 函数: LCD12864_WriteCommand
 * 功能: 向 LCD12864 命令寄存器写入命令 cmd
 * 参数: cmd 写入的命令
/**************************************************************/
void LCD12864_WriteCommand(unsigned char cmd)
{
    RS=0;
    RW=0;
    EN=0;
    delay140us();
    EN=1;
    delay140us();
    LCDDATA=cmd;
    delay140us();
    EN=0;                                         //EN 下降沿写入数据
    delay140us();
}
/**************************************************************
```

```
* 函数：LCD12864_WriteByte
* 功能：向 LCD12864 的字符发生器或显存写一个字节数据 byt
* 参数：byt 写入的字节
*********************************************************************/
void LCD12864_WriteByte(unsigned char byt)
{
    RS=1;
    RW=0;
    EN=0;
    delay140us();
    EN=1;
    delay140us();
    LCDDATA=byt;
    delay140us();
    EN=0;
    delay140us();
    RS=0;
}
/*********************************************************************
* 函数：LCD12864_Init
* 功能：初始化 LCD12864
*********************************************************************/
void LCD12864_Init(void)
{
    LCD12864_WriteCommand(0x30);                //基本命令集
    delay125us();
    LCD12864_WriteCommand(0x01);                //清除显示
    delay15ms();
    LCD12864_WriteCommand(0x06);                //游标方向设定
    delay125us();
    LCD12864_WriteCommand(0x0c);                //整体开显示,游标关闭
    delay125us();
}
/*********************************************************************
* 函数：LCD12864_Clear
* 功能：清屏 LCD12864
*********************************************************************/
void LCD12864_Clear(void)
{
    LCD12864_WriteCommand(0x30);
    LCD12864_WriteCommand(0x01);
    delay15ms();
}
/*********************************************************************
* 函数：LCD12864_ShowChar
```

```
* 功能: 在 LCD12864 指定行、列的某个位置显示一个字符
* 参数: row 字符显示的行坐标 1--4
*       col 字符显示的列坐标 0--15
*       cha 显示的字符
/*************************************************************/
void LCD12864_ShowChar(uchar row,uchar col,uchar cha)
{
    switch(row)
    {
      case 1:
        LCD12864_WriteCommand(0x80+col);    //第一行
        break;
      case 2:
        LCD12864_WriteCommand(0x90+col);    //第二行
        break;
      case 3:
        LCD12864_WriteCommand(0x88+col);    //第三行
        break;
      case 4:
        LCD12864_WriteCommand(0x98+col);    //第四行
        break;
      default:
        LCD12864_WriteCommand(0x80);        //缺省为第一行
        break;
    }
    LCD12864_WriteByte(cha);                //写入字符
    delay125us();
}
/*************************************************************
* 函数: LCD12864_ShowNumber
* 功能: 在 LCD12864 指定行、列的某个位置显示一个或多个数字
* 参数: row 行 1--4
*       col 列 0--7
*       num 显示的数字
/*************************************************************/
void LCD12864_ShowNumber(uchar row,uchar col,uint num)
{
    unsigned char i =0 ;
    unsigned char tmp[10] ;
    tmp[3] =tmp[2]=tmp[1] =tmp[0] =0 ;
    tmp[7] =tmp[6]=tmp[5] =tmp[4] =0 ;
    tmp[8] =tmp[9]=  0 ;
    do
      {
        tmp[i] =0x30 +num %10 ;
```

```
            i++;
            num /=10 ;
        }
    while( num );
    i--;
    while( i !=0xff )
        {
            LCD12864_ShowChar(row,col,tmp[i]);
              col++;
            i--;
        }
}
/****************************************************************
* 函数: LCD12864_ShowString
* 功能: 指定行、列,连续显示字符串;注意:字符串长度必须小于 16
* 参数: row 行 1--4
*       col 列 0--7
*       str 写入的字符串
*       len 字符串长度,必须小于 16
****************************************************************/
void LCD12864_ShowString(uchar row,uchar col,uchar * str,uchar len)
{
    uchar i=0;
    switch(row)
    {
      case 1:
        LCD12864_WriteCommand(0x80+col);    //第一行
        break;
      case 2:
        LCD12864_WriteCommand(0x90+col);    //第二行
        break;
      case 3:
        LCD12864_WriteCommand(0x88+col);    //第三行
        break;
      case 4:
        LCD12864_WriteCommand(0x98+col);    //第四行
        break;
      default:
        LCD12864_WriteCommand(0x80);        //缺省为第一行
        break;
    }
    while(len-->0)
    {
     LCD12864_WriteByte(str[i]);            //写入字符串
     delay125us();
```

```c
        i++;
    }
}
/****************************************************************
*函数:main
*功能:指定行、列,显示字符,显示数字,显示字符串
****************************************************************/
void main()
{
    LCD12864_Init();
    LCD12864_Clear();                              //清屏
    while(1)
    {
        LCD12864_ShowString(1,0,"清华大学",8);
        LCD12864_ShowString(2,0,"欢迎 Our",7);
        LCD12864_ShowChar(3,0,'H');
        LCD12864_ShowChar(3,1,'E');
        LCD12864_ShowChar(3,2,'R');
        LCD12864_ShowChar(3,3,'O');
        LCD12864_ShowNumber(4,0,6);
        LCD12864_ShowNumber(4,1,6);
        LCD12864_ShowNumber(4,2,6);
        delay_ms(1000);
    }
}
```

思 考 题

用导线连接甲乙两块通信板的串行口 2。通信板各自连接一块 LCD12864。按下甲通信板的按键,乙通信板的 LCD12864 显示一个键值。按下乙通信板的按键,甲通信板的 LCD12864 显示一个键值。

第7章　机器人无线通信

7.1　无线数字通信

通信按照传输的信号类型分为模拟通信与数字通信。

通信按照传输的媒介分为有线通信与无线通信。

机器人通常采用无线数字通信。数字通信系统的框图如图7.1所示。

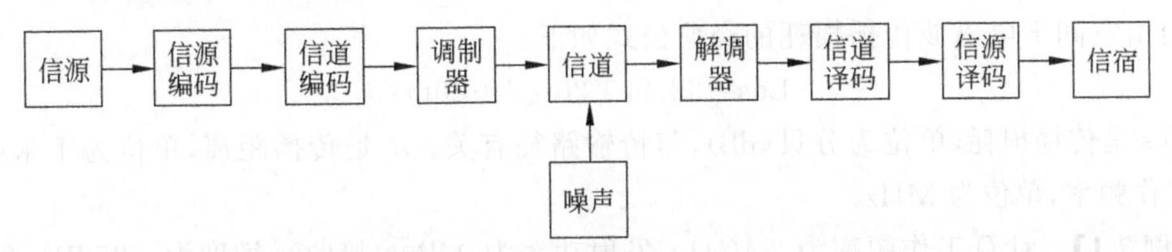

图7.1　数字通信系统的框图

衡量通信系统的性能指标为有效性和可靠性。有效性指快速高效的传输消息,强调的是通信的速度。可靠性指稳定可靠的传输消息,强调的是通信的质量。二者是一组矛盾,需要按照实际情况综合设计。

衡量数字通信系统的有效性为传信率,衡量数字通信系统的可靠性为误信率。

无线通信的传输媒介为电磁波。电磁波传播特性直接关系到无线通信性能指标的确定,关系到频率的选择和通信距离的计算,关系到如何实现稳定可靠的无线通信。

因此,无线数字通信系统的性能指标,有效性的衡量选择传信率。可靠性的衡量转化为选择传播损耗、工作频率以及通信距离。

7.1.1　电磁波传播与损耗

通常把电磁波传播的均匀无损耗的无限大空间称为自由空间。自由空间是一种理想的电磁波无线传播情况,其具有各向同性,电导率为零,相对介电系数和相对磁导率均恒为1的特点。电磁波在自由空间传播时,其能量既不会被障碍物吸收,也不会产生反射或散射。但是,实际上无限大空间电磁波传播路径是不可能获得这种理想条件的,现实的电磁波传播媒介是有损耗且不均匀的,而电磁波传播的过程除了有衰减外,还会出现折射、反射、散射和绕射现象。但引入自由空间电磁波传播的概念依然具有实际意义,它提供了一个可以比较各种电磁波传播情况的标准以及一种简化计算的方法。自由空间电磁波传播模型如图7.2所示。

设一全向性点源天线置于自由空间中,若天线辐射功率为P(W),天线增益为G,功率能量均匀分布在以点源天线为中心的球面上,则离开天线距离r(m)处的球面面积为$4\pi r^2$,球面上的功率通量密度为F(W/m^2),则有

$$F=PG/4\pi r^2$$

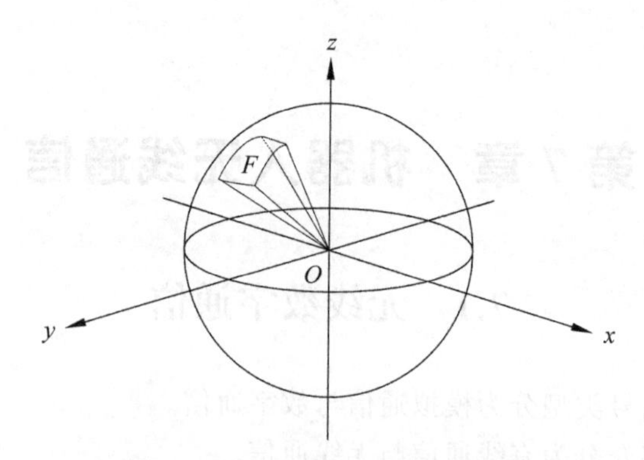

图 7.2　自由空间电磁波传播模型

自由空间下电磁波传播损耗的经典公式如下：

$$\mathrm{Los}=32.44+20\lg d+20\lg f$$

Los 是传播损耗，单位为分贝(dB)，与传输路径有关。d 是传播距离，单位为千米(km)。f 是工作频率，单位为 MHz。

【例 7.1】 计算工作频率为 2.4GHz，发射功率为 0dBm，接收灵敏度为 −85dBm 的无线通信系统在自由空间的传播距离。

由于工作频率为 2.4GHz，即 2400MHz，发射功率为 0dBm，接收灵敏度为 −85dBm，因此有

$$\mathrm{Los}=85\mathrm{dB}=32.44+20\lg d+20\lg 2400$$

得出

$$d=0.178\mathrm{km}=178\mathrm{m}$$

为理想状态下自由空间的传播距离。

【例 7.2】 计算工作频率为 2.4GHz，发射功率为 0dBm，接收灵敏度为 −85dBm 的无线通信系统在实际空间的传播距离。其中大气、障碍物以及多径等造成的损耗为 25dB。

由于工作频率为 2.4GHz，即 2400MHz，发射功率为 0dBm，接收灵敏度为 −85dBm，大气、障碍物及多径损耗 25dB，因此有

$$\mathrm{Los}=85\mathrm{dB}-25\mathrm{dB}=32.44+20\lg d+20\lg 2400$$

得出

$$d=0.01\mathrm{km}=10\mathrm{m}$$

可见，实际空间的传播距离相比理想自由空间大幅减少。

电磁波在实际传播中，要受到大气阻碍、障碍物阻挡以及多径传播过程中地面吸收、反射等影响。以电磁波室内传播为例，障碍物通常就有墙壁、隔断、地板等。障碍物对电波的阻挡效果与障碍物的结构和材质有关，例如，木质结构的损耗为 5dB，钢筋混凝土结构的损耗为 25dB。因此，电磁波实际空间的传播距离远远小于自由空间。

7.1.2　分贝与分贝毫瓦

分贝(dB)是一个以 10 为底的对数，是一个相对计量单位。其基本单位其实是贝尔，但由于该单位较大，故常以它的 1/10 作常用单位，这就是分贝。

由于功率放大器的输入功率 P_i 为 1W，输出功率 P_o 为 2W，放大增益为 G，因此有

$$G=10\lg(P_o/P_i)=10\lg(2/1)=3\text{dB}$$

采用分贝的好处是计算、比较各点电平时，可以用加减法运算。但分贝(dB)是一个相对的计量单位，不能表示绝对电平值。例如，不能说一个放大器的输出是 3dB，但可以说放大器增益为 3dB。为了给出绝对电平的概念，引入了分贝毫瓦(dBm)和分贝瓦(dBW)的单位。

分贝毫瓦(dBm)为相对 1mW 的功率电平，即以 1mW 的功率为参考的分贝，$10\lg P$ 中 P 的标的固定等于 1mW，故 dBm 的公式可写为

$$功率(\text{dBm})=10\lg(P(\text{mW})/1(\text{mW}))$$

若 P 为 1mW，则以 dBm 表示即为 0dBm。

若 P 为 10mW，则以 dBm 表示即为＋10dBm。

若 P 为 100mW，则以 dBm 表示即为＋20dBm。

以 NORDIC 公司生产的无线通信芯片 NRF905 与 NRF24L01 为例。

NRF905(工作频率为 433MHz)的最大发射功率为＋10dBm，即为 10mW。

NRF24L01(工作频率为 2.4GHz)的最大发射功率为 0dBm，即为 1mW。

7.1.3 工作频率与通信距离

1. 在相同的传输功率损耗下，工作频率更高的通信距离更短

同等距离的自由空间功率损耗，工作频率为 2.4GHz 的无线通信芯片要比工作频率为 433MHz 的无线通信芯片损耗大 9dB；相同无线通信芯片每增加 6dB 的损耗，都将使通信距离缩短一半。

2. 较高的工作频率会产生更多的功率损耗

工作频率为 433MHz 的无线通信芯片具有一定的穿透和绕射障碍物的能力；工作频率为 2.4GHz 的无线通信芯片，不具备穿透和绕射障碍物的能力。无遮挡情况下，其工作距离为视线内直线距离。

7.1.4 无线通信芯片的技术指标

综上所述，无线通信芯片选型的主要技术指标如下：

(1) 传信率。即每秒发送多少个二进制位，单位为 b/s。相同情况下，传信率高比较好，特别是针对图片、视频类数据传输。无线通信芯片制造公司会确定芯片的传信率。

(2) 发射功率。在不考虑外接功率放大电路和增益天线的情况下，芯片的最大发射功率是一个重要的指标。相同情况下，发射功率大的芯片其通信距离远。

(3) 工作频率。并非所有的频段都可以免费使用。当前国际免费通用的工业、科学、医学(Industrial Scientific Medical，ISM)频段为 13.56MHz、433MHz、2.4GHz。因此，大多数民用无线通信芯片的工作频率均采用以上 ISM 免费频段。

(4) 通信距离。通信距离是无线通信可靠性的一个重要指标。在保证无线通信速率的情况下，系统的通信距离越远，可靠性越高。

7.2 阻抗匹配与天线

7.2.1 阻抗与阻抗匹配

阻抗就是电阻、电容抗及电感抗在向量上的和。在直流电的领域中，物体对电流阻碍的作用叫作电阻，世界上所有的物质都有电阻，只是电阻值的大小不同。电阻小的物质称为良导体，电阻很大的物质称为非导体。在交流电的领域中，除电阻会阻碍电流以外，电容及电感也会阻碍电流的流动，这种作用就称为电抗，即抵抗电流的作用。电容及电感的电抗分别称为电容抗及电感抗，简称容抗及感抗。它们的计量单位与电阻一样是欧姆，而其值的大小则和交流电信号的频率有关，频率越高，容抗越小，感抗越大，而频率越低，容抗越大，感抗越小。此外，电容抗和电感抗还有相位角度的问题，具有向量上的关系式，因此称阻抗是电阻与电抗在向量上的和。

阻抗匹配(Impedance Matching)是高频微波电路设计中的一个常用概念，主要依靠合理设计传输线，达到使所有高频的微波信号都能传至负载点的目的，不会有信号反射回源点，从而提高能量传输效益。能量传输时，阻抗匹配具体表现为传输线的特征阻抗要与负载阻抗相等，此时传输线上传输的高频微波信号不会产生反射，表明所有能量都被负载吸收了。反之则在传输中有能量损失。如果阻抗不匹配，则会形成反射，能量传递不过去，降低能源效率；会在传输线上形成驻波(简单地说，就是有些地方信号强，有些地方信号弱)，导致传输线的有效功率容量降低；功率发射不出去，甚至会损坏发射设备。在射频设计中，通常要求传输线路特征阻抗为 50Ω。

7.2.2 天线

天线可以定义为任何金属导线，它传送的是脉冲和交流电流。这个电流在天线周围将产生一个电磁场，这个电磁场将产生随着脉冲变化的电流。另外，一个天线会通过这个天线的电磁场感应出一个电流，这个电流和原始电流一样，只是弱一些。

无线通信系统中一个性能优良的天线设计需要综合考虑工作频段、谐振频率、辐射方向、阻抗和增益等问题。当前工程应用的无线通信芯片天线设计主要分为外置天线和板载天线。

外置天线通常为鞭状天线、短鞭状天线和螺旋天线，如图 7.3 所示。

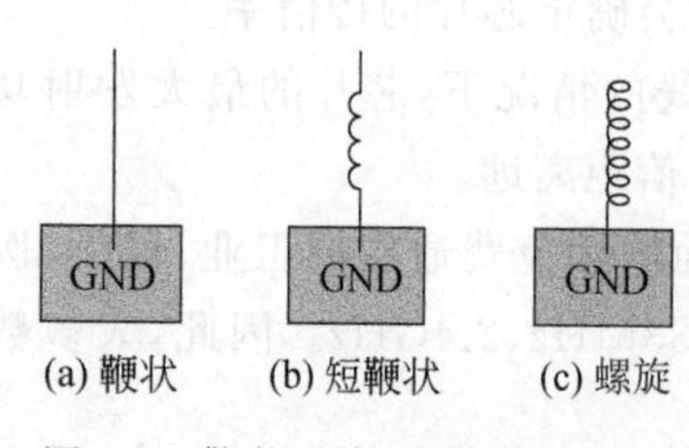

图 7.3 鞭状天线、短鞭状天线和螺旋天线示意图

(1) 鞭状天线。鞭状天线由一个放在地线层上长度为需要传输的高频信号波长 1/4 的导线构成。当频率很低时，鞭状天线往往很长，不利于系统集成。

(2) 短鞭状天线。短鞭状天线是鞭状天线的优化，它将鞭状天线长度缩短，在鞭状天线底部增加一个电感，补偿高容抗。

(3) 螺旋天线。螺旋天线将一个长度为鞭状天线两到三倍的导线卷成线圈，线圈的圈数依赖于线的尺寸、线圈的直径和位置。根据不同的工作频率，可压缩或拉伸线圈长度。如果线圈卷得足够紧，则可以短于 1/10 波长。

板载天线在原理上与外置天线类似，由印制电路板(Printed Circuit Board，PCB)上的铜线构成，可以做成不同形状，通过调谐获得良好的性能。

综上所述，无线通信芯片及其电路设计准则如下：无线通信芯片的 PCB 布局，外部匹配电路，元器件规格以及天线设计需要严格按照无线通信芯片公司提供的参考设计进行，这样可以迅速保证设计的效果。

7.3 调制方式

7.3.1 幅移键控

幅移键控(Amplitude Shift Keying，ASK)属于连续波数字调制。ASK 调制的信号是二进制数字信号，载波是模拟连续波——正弦波。ASK 调制就是把信号的频率、相位作为常量，而把幅度作为变量，通过载波幅度的变化实现对二进制数字信号的识别。以二进制幅移键控(2ASK)为例，当 2ASK 调制的数字信号为 1 时，传输载波；当 2ASK 调制的数字信号为 0 时，不传输载波。2ASK 调制时域波形如图 7.4 所示。ASK 调制多应用于(如遥控门锁等)功能比较简单的数据无线通信。

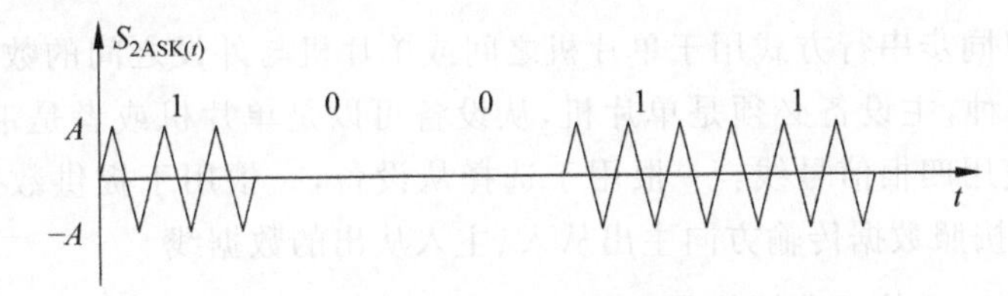

图 7.4　2ASK 调制时域波形

7.3.2 频移键控

频移键控(Frequency Shift Keying，FSK)属于连续波数字调制。FSK 调制的信号是二进制数字信号，载波是模拟连续波——正弦波。FSK 调制就是把信号的幅度、相位作为常量，而把频率作为变量，通过载波频率的变化实现对二进制数字信号的识别。以二进制频移键控(2FSK)为例，当 2FSK 调制的数字信号为 1 时，用一种特定频率的波表示；当 2FSK 调制的数字信号为 0 时，用另一种不同频率的波表示。2FSK 调制时域波形如图 7.5 所示。FSK 调制方式实现容易，抗噪声和抗衰减性能好，稳定可靠，多用于中低速率的数据无线通信。

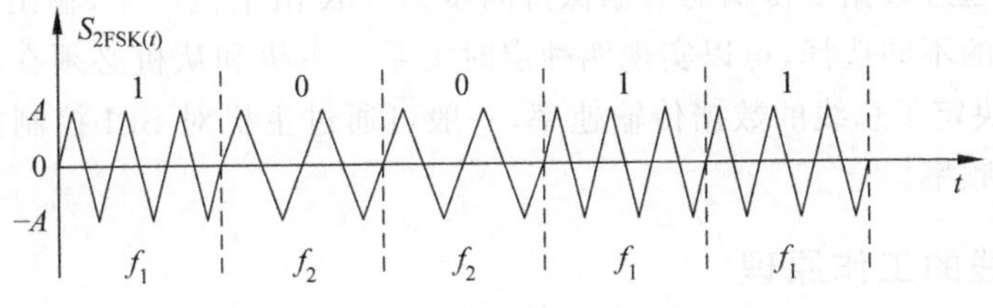

图 7.5　2FSK 调制时域波形

7.3.3 高斯频移键控

高斯频移键控(Gaussian Frequency Shift Keying,GFSK)是 FSK 调制的一种。GFSK 调制通过在 FSK 调制之前增加一个高斯低通滤波器限制信号的频谱宽度,具有较好的频谱利用率和较强的抗干扰能力,多用于高速率的数据无线通信,如蓝牙以及 NRF 协议标准的无线通信芯片均采用 GFSK 调制方式。

7.4 SPI 总线

串行外围设备接口(Serial Peripheral Interface,SPI)总线技术是 Motorola 公司推出的一种同步串行接口。Motorola 公司生产的绝大多数单片机都配有 SPI 硬件接口,如 68 系列单片机。SPI 总线是一种四线同步总线,因其硬件功能很强,所以与 SPI 有关的软件就相当简单,使得 CPU 有更多的时间处理其他事务。它对速度要求不高且功耗低,因此在需要保存少量参数的智能化测控系统中得到了广泛应用,使用 SPI 总线接口不仅能简化电路设计,还能提高系统的可靠性。

7.4.1 SPI 总线接口功能

SPI 总线是以同步串行方式用于单片机之间或单片机与外设之间的数据交换。系统中的设备分主、从两种,主设备必须是单片机,从设备可以是单片机或者是带有 SPI 的芯片。SPI 总线接口要使用四根信号线:一根用于选择从设备,一根用于提供数据传输时钟的时钟线,另外两根是按照数据传输方向主出从入、主入从出的数据线。

1. $\overline{\text{SS}}$(Slave Select)从机选择信号

该信号用于选择一个从机,低电平有效。在数据发送之前应该由主机将其拉为低电平,并在整个数据传输期间保持稳定的低电平不变。主机的该控制线接上拉电阻。

2. MOSI(Master Out Slave In)主机输出、从机输入信号

该信号线在主机中用于输出,在从机中用于输入,由主机向从机发送数据。发送时,最高位 MSB 先发送,最低位 LSB 后发送。

3. MISO(Master In Slave Out)主机输入、从机输出信号

该信号线在主机中用于输入,在从机中用于输出,由从机向主机发送数据。发送时,也是最高位 MSB 先发送,最低位 LSB 后发送。若从机没有被选中,则主机的 MISO 线处于高阻态。

4. SCK(Serial Clock)串行时钟信号

时钟信号使通过数据线传输的数据保持同步。SCK 由主机产生,输出给从机。通过对时钟极性和相位的不同选择,可以实现四种定时关系。主机和从机必须在相同的时序下工作,SCK 的频率决定了总线的数据传输速率,一般可通过主机对 SPI 控制寄存器进行编程选择不同的时钟频率。

7.4.2 SPI 总线的工作原理

图 7.6 为 SPI 总线内部结构示意图。SPI 的内部结构相当于两个 8 位移位寄存器首尾

相接，构成16位的环形移位寄存器。$\overline{SS}$信号用于选择设备工作于主方式或者从方式，主机产生SPI移位时钟，并发送给从机接收。在时钟作用下，两个移位寄存器同步移位，数据在从主机移向从机的同时，也由从机移向主机。这样，在一个移位周期（8个时钟）内，主、从就实现了数据交换。

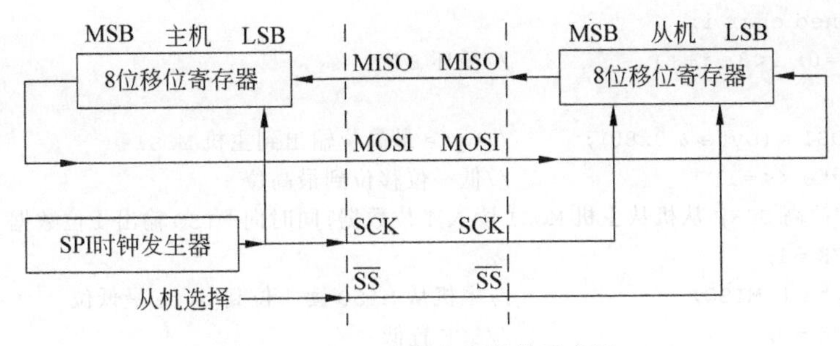

图7.6 SPI总线内部结构示意图

7.4.3 单片机SPI总线应用编程

单片机控制短距离无线通信模块NRF24L01的引脚连接图如图7.7所示。传统8051内核的单片机如AT89C51或STC89C52RC片上并未集成硬件SPI总线接口，可以使用软件模拟SPI操作。增强型51单片机STC12C5A60S2内部集成了硬件SPI总线接口，可以设置片内控制SPI资源的特殊功能寄存器进行SPI操作。考虑到程序的可移植性和兼容性，本书统一选择软件模拟SPI操作。

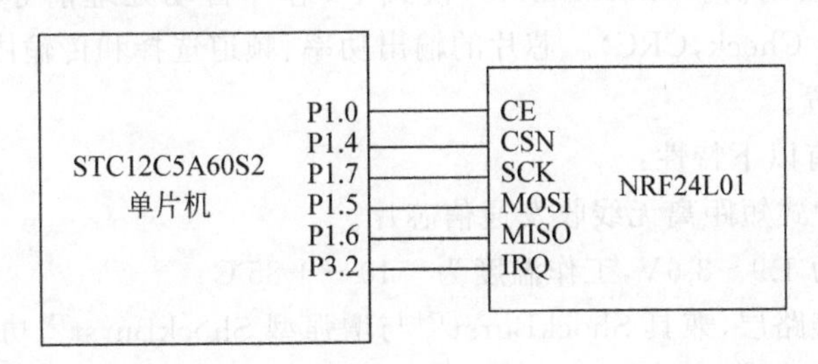

图7.7 单片机控制短距离无线通信模块NRF24L01的引脚连接图

软件模拟SPI总线读写一字节的参考程序如下：

```
//NRF24L01 的 SPI 定义
sbit CE  =P1^0;                 //CE 接 P1.0
sbit CSN =P1^4;                 //CSN 接 P1.4
sbit SCK =P1^7;                 //SCK 接 P1.7
sbit MOSI=P1^5;                 //MOSI 接 P1.5
sbit MISO=P1^6;                 //MISO 接 P1.6
sbit IRQ =P3^2;                 //IRQ 接 P3.2
/********************************************************************
* 函数: SPI_RW
* 功能: 软件模拟 SPI 操作,
*        单片机主机写一字节数据到从机 NRF24L01,同时从 NRF24L01 读出一字节
```

```
 *参数:byte 写入的字节
 *返回:byte 读出的字节
/*********************************************************/
unsigned char SPI_RW(unsigned char byte)
{
    unsigned char i;
    for(i=0; i<8; i++)              //循环 8 次
    {
        MOSI =(byte & 0x80);        //byte 最高位输出到主机 MOSI
        byte <<=1;                  //低一位移位到最高位
        //拉高 SCK, 从机从主机 MOSI 读入 1 位数据,同时向 MISO 输出 1 位数据
        SCK =1;
        byte |=MISO;                //主机从 MISO 读 1 位到 byte 最低位
        SCK =0;                     //SCK 置低
    }
    return(byte);                   //返回读出的一字节
}
```

7.5 短距离无线通信芯片 NRF24L01

NRF24L01 是一款工作在 2.4～2.525GHz 国际通用 ISM 频段的短距离单片无线收发通信芯片。芯片内部集成了晶体振荡器、频率合成器、功率放大器、调制器和解调器、增强型 ShockBurst™模式控制器。ShockBurst™模式下,芯片自动处理前导码和循环冗余校验(Cyclic Redundancy Check,CRC)。芯片的输出功率、频道选择和传输协议均可以依靠单片机通过 SPI 进行配置。

NRF24L01 具有以下特性:

(1) GFSK 单片式短距离无线收发通信芯片。

(2) 工作电压为 1.9～3.6V,工作温度为−40～+85℃。

(3) 内置硬件链路层,兼具 ShockBurst™与增强型 ShockBurst™功能。

(4) 自动应答及自动重发功能,地址及 CRC 检验功能。

(5) 晶振为 16MHz。工作频段为 2.4～2.525GHz。

(6) 最大输出功率为 0dBm。发射模式下,发射功率为−6dBm 时,电流消耗为 9mA,接收模式时为 12.3mA。待机模式下为 32μA,掉电模式下为 900nA。

(7) 通信速率:1Mb/s 或 2Mb/s;NRF24L01 提供了 3 种通信速率:250kb/s,1Mb/s,2Mb/s。

(8) 芯片 SPI 读写速率:0～8Mb/s。

(9) 具有 125 个可选工作频道,很短的频道切换时间,可用于跳频应用。

(10) 芯片 I/O 最大输出电平为工作电压值,可接收 5V 电平的输入。

(11) 20 脚 QFN 4mm×4mm 封装,使用低成本晶振、电容电感和双面 PCB。

7.5.1 内部结构

NRF24L01 内部结构框图如图 7.8 所示。

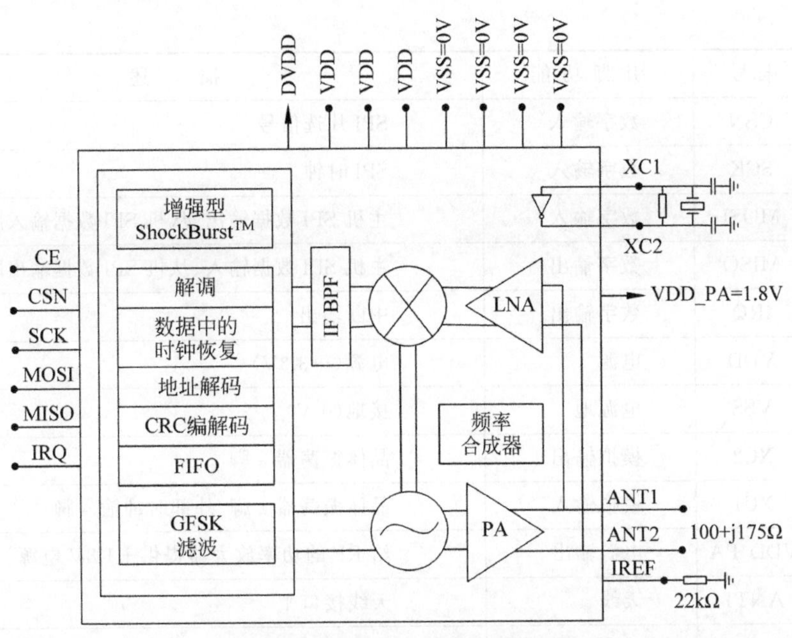

图 7.8　NRF24L01 内部结构框图

7.5.2　引脚功能

NRF24L01 采用 20 引脚的 QFN 4mm×4mm 小封装，体积小，节省印制电路板面积。NRF24L01 引脚封装如图 7.9 所示。

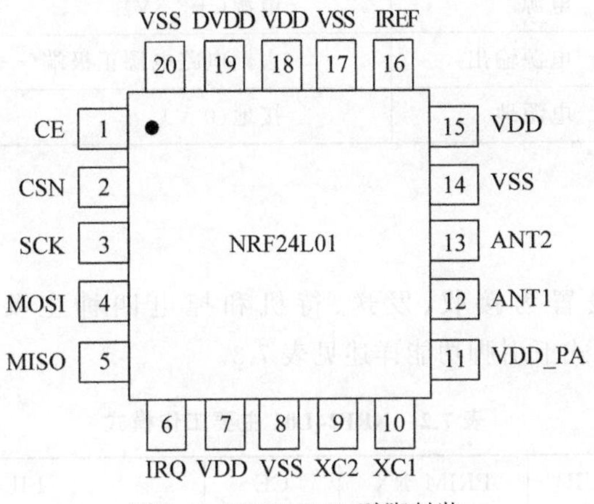

图 7.9　NRF24L01 引脚封装

NRF24L01 引脚功能见表 7.1。

表 7.1　NRF24L01 引脚功能

引脚	标号	引 脚 功 能	描　　述
1	CE	数字输入	RX 或 TX 模式选择

续表

引脚	标号	引 脚 功 能	描　　述
2	CSN	数字输入	SPI 片选信号
3	SCK	数字输入	SPI 时钟
4	MOSI	数字输入	主机 SPI 数据输出、从机 SPI 数据输入脚
5	MISO	数字输出	主机 SPI 数据输入、从机 SPI 数据输出脚
6	IRQ	数字输出	中断输出
7	VDD	电源	电源(+3.3V)
8	VSS	电源地	接地(0 V)
9	XC2	模拟输出	晶体振荡器 2 脚
10	XC1	模拟输入	晶体振荡器 1 脚/外部时钟输入脚
11	VDD_PA	电源输出	给 RF 的功率放大器提供+1.8V 电源
12	ANT1	天线	天线接口 1
13	ANT2	天线	天线接口 2
14	VSS	电源地	接地(0 V)
15	VDD	电源	电源(+3.3V)
16	IREF	模拟输入	参考电流
17	VSS	电源地	接地(0 V)
18	VDD	电源	电源(+3.3V)
19	DVDD	电源输出	去耦电路电源正极端(+3.3V)
20	VSS	电源地	接地(0 V)

7.5.3　工作模式

NRF24L01 可以设置为接收、发送、待机和掉电四种主要工作模式，见表 7.2。NRF24L01 不同工作模式下引脚功能详述见表 7.3。

表 7.2　NRF24L01 主要工作模式

模　　式	PWR_UP	PRIM_RX	CE	FIFO 寄存器状态
接收模式	1	1	1	—
发送模式	1	0	1	数据在 TX FIFO 寄存器中
发送模式	1	0	1→0	停留在发送模式，直至数据发送完
待机模式Ⅱ	1	0	1	TX FIFO 为空
待机模式Ⅰ	1	—	0	无数据传输
掉电模式	0	—	—	—

表 7.3　NRF24L01 不同工作模式下引脚功能详述

引脚名称	方向	发送模式	接收模式	待机模式	掉电模式
CE	输入	高电平>10μs	高电平	低电平	—
CSN	输入	SPI 片选使能，单片机主机置低电平使能从机			
SCK	输入	SPI 时钟，由单片机主机提供			
MOSI	输入	单片机主机通过 SPI 输入数据到从机 NRF24L01			
MISO	三态输出	从机 NRF24L01 通过 SPI 输出数据到单片机主机			
IRQ	输出	NRF24L01 无线收发数据完毕产生中断，置低电平			

在接收和发送模式上，NRF24L01 分为 ShockBurst™ 模式和增强型 ShockBurst™ 模式。

1. ShockBurst™模式

ShockBurst™模式下，高处理速度的 NRF24L01 可以由低处理速度的单片机通过 SPI 直接控制。高速无线射频信号的处理由 NRF24L01 内部集成的射频协议完成，而 NRF24L01 与单片机的数据交换速率取决于单片机本身 SPI 的速度。ShockBurst™模式通过允许 NRF24L01 与单片机低速通信而无线部分高速通信，减小了通信过程中的平均消耗电流。

在 ShockBurst™接收模式下，当 NRF24L01 接收到有效的地址和数据时，通过 IRQ 通知单片机，随后单片机可将接收到的数据从 RX FIFO 寄存器中读出。

在 ShockBurst™发送模式下，NRF24L01 自动生成前导码及 CRC 校验，然后将 TX FIFO 寄存器中的数据无线发送。数据发送完毕后，IRQ 通知单片机。缩短了单片机的查询时间，也就意味着减少了单片机的工作量，同时缩短了软件的开发时间。NRF24L01 内部有 3 个不同的 RX FIFO 寄存器(6 个通道共享此寄存器)和 3 个不同的 TX FIFO 寄存器。在掉电模式下、待机模式下和数据传输的过程中，单片机可以随时访问 FIFO 寄存器，这就允许 SPI 可以低速进行数据交换，并且在单片机没有硬件 SPI 的情况下用 I/O 端口模拟 SPI。

2. 增强型 ShockBurst™模式

增强型 ShockBurst™模式可以使得双向通信协议实现起来更容易、高效。

典型的双向通信协议思想是：发送方要求接收方在接收到数据后提供应答信号，以便发送方检测有无数据丢失。一旦数据丢失，发送方通过重新发送恢复丢失的数据。

增强型 ShockBurst™模式的思想是：由 NRF24L01 自行处理数据接收后的应答以及数据丢失后的重发，而无须单片机介入此过程，从而减少单片机以及软件开发的工作量。

在增强型 ShockBurst™接收模式下，NRF24L01 可以接收 6 路不同通道的数据，组成一个 1 对 6 的星状网络，如图 7.10 所示。每个数据通道(Data Pipe)使用不同的地址，但是共用相同的无线频段(Frequency Channel)。也就是说，6 个不同的 NRF24L01 设置为发送模式(TX1～TX6)后，可以与同一个设置为接收模式(RX)的 NRF24L01 进行通信，而设置为接收模式 NRF24L01 可以对这 6 个发送端进行识别。数据通道 0 是唯一的一个可以配置为 40 位自身地址的数据通道。数据通道 1～5 均配置为 8 位自身的低位地址和 32 位公用的高位地址。所有的数据通道都可以设置为增强型 ShockBurst™模式。

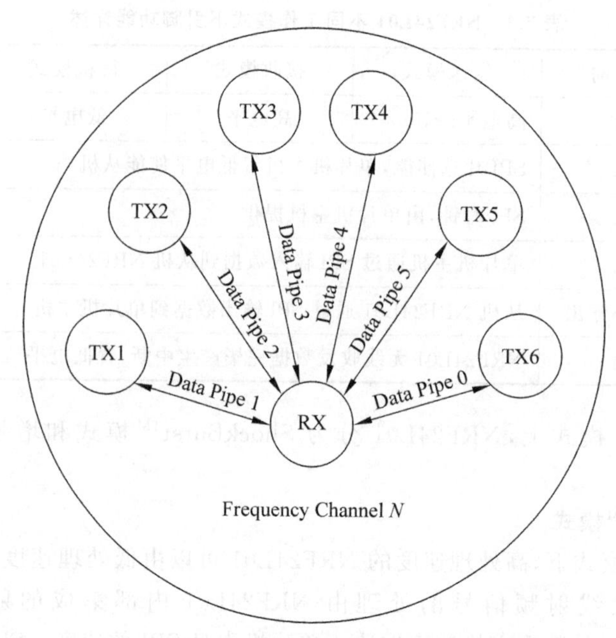

图 7.10　在星状网络中 NRF24L01 的配置

NRF24L01 接收端(RX)在确认收到有效的地址和数据后记录该地址,并以此地址为目标地址向发送端(TX1～TX6)发回应答信号。在发送端,数据通道 0 被用作接收应答信号,因此,数据通道 0 的接收地址要与发送端地址相同,以确保接收到正确的应答信号。应答的寻址过程如图 7.11 所示。

在增强型 ShockBurst™发送模式下,只要单片机有数据要发送,NRF24L01 就会启动 ShockBurst™模式发送数据。单片机通过 SPI 将接收端地址(TX_ADDR)和有效数据(TX_PLD)写入 NRF24L01。发送数据长度以字节计数,从单片机写入 TX FIFO。CSN 置低,数据不断写入。发送端发送完数据后,将数据通道 0 设置为接收模式接收应答信号,其接收地址(RX_ADDR_P0)与接收端地址(TX_ADDR)相同。

图 7.11 中,数据通道 5 的发送端(TX5)和接收端(RX)的地址设置如下:

TX5:TX_ADDR=0x6B6B6B6B05

TX5:RX_ADDR_P0=0x6B6B6B6B05

RX:RX_ADDR_P5=0x6B6B6B6B05

发送完数据后,NRF24L01 转到接收模式并等待对方终端的应答信号。如果没有收到应答信号,则 NRF24L01 将重发相同的数据包,直到收到应答信号或重发次数超过 SETUP_RETR_ARC 寄存器中设置的重发值为止;如果重发次数超过了设定值,则产生 MAX_RT 中断。只要收到确认信号,NRF24L01 就认为最后一包数据已经发送成功(接收方已经收到数据),把 TX FIFO 中的数据清除掉并产生 TX_DS 中断(IRQ 引脚置高电平)。

3. 待机模式

待机模式Ⅰ在保证快速启动的同时,减少系统平均消耗电流。在待机模式Ⅰ下,晶体正常 工作。在待机模式Ⅱ下,部分时钟缓冲器处在工作模式。当发送端 TX FIFO 寄存器为空并且 CE 为高电平时,进入待机模式Ⅱ。在待机模式期间,寄存器配置字内容保持不变。

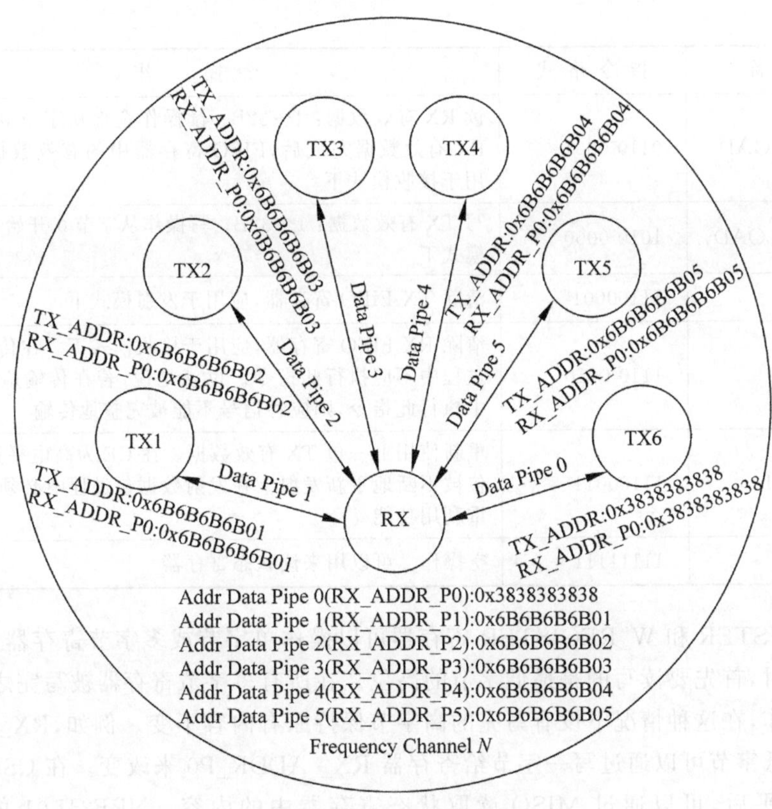

图 7.11　应答的寻址过程

4. 掉电模式

在掉电模式下，NRF24L01 各功能关闭，保持电流消耗最小。进入掉电模式后，NRF24L01 停止工作，但寄存器内容保持不变。掉电模式由寄存器中的 PWR_UP 位控制。

7.5.4　配置 NRF24L01 的 SPI 指令

NRF24L01 集成标准的 SPI，最大的数据传输率为 8Mb/s。NRF24L01 的无线收发功能均通过 SPI 配置内部寄存器实现。其内部大多数的寄存器是可读的。

NRF24L01 的 SPI 指令设置见表 7.4。CSN 为低电平后 SPI 等待执行指令。每条指令的执行都必须通过一次 CSN 由高电平到低电平的变化。

SPI 指令格式如下：

<命令字：由高位到低位（每字节）>

<数据字节：低字节到高字节，每一字节高位在前>

表 7.4　NRF24L01 的 SPI 指令设置

指令名称	指令格式	操　作
R_REGISTER	000X XXXX	读配置寄存器。XXXXX 指出读操作的寄存器地址
W_REGISTER	001X XXXX	写配置寄存器。XXXXX 指出写操作的寄存器地址，只在掉电模式和待机模式下可操作

续表

指令名称	指令格式	操　作
R_RX_PAYLOAD	0110 0001	读 RX 有效数据：1～32B。读操作全部从字节 0 开始。当读 RX 有效数据完成后，FIFO 寄存器中的有效数据被清除，应用于接收模式下
W_RX_PAYLOAD	1010 0000	写 TX 有效数据：1～32B。写操作从字节 0 开始，应用于发射模式下
FLUSH_TX	11100001	清除 TX FIFO 寄存器，应用于发射模式下
FLUSH_RX	1110 0010	清除 RX FIFO 寄存器，应用于接收模式下。在传输应答信号过程中不应执行此指令。也就是说，若在传输应答信号过程中执行此指令，则应答信号不能被完整地传输
REUSETX_PL	11100011	重新使用上一包 TX 有效数据。在 CE 为高电平过程中，数据包被不断地重新发射。在发射数据包过程中必须禁止数据包重利用功能
NOP	11111111	空操作。可以用来读状态寄存器

R_REGISTER 和 W_REGISTER 寄存器可以操作单字节或多字节寄存器。当访问多字节寄存器时，首先要读写的是最低字节的高位。在所有多字节寄存器被写完之前，可以结束写 SPI 操作，在这种情况下没有写完的高字节保持原有内容不变。例如，RX_ ADDR_P0 寄存器的最低字节可以通过写一字节给寄存器 RX_ ADDR_P0 来改变。在 CSN 状态由高电平变低电平后，可以通过 MISO 读取状态寄存器中的内容。NRF24L01 的中断引脚(IRQ)为低电平触发，当状态寄存器中的 TX_DS、RX_DR 或 MAX_RT 为 1 时，触发中断。

7.5.5 NRF24L01 的内部寄存器与功能

单片机通过 SPI 配置 NRF24L01 内部的各个寄存器，即能完成无线接收和发送模式下相应参数的设置。NRF24L01 按照设置的参数完成相应的无线收发。

接收模式包括：

(1) 设置接收设备的接收通道 0 与发送设备的发送通道使用相同的地址。

(2) 使能接收通道 0 自动应答并开启接收通道 0。

(3) 选择 NRF24L01 将 2.4～2.525GHz 分为 125 个频道中的一个。接收、发送同频道。

(4) 接收设备接收通道 0 选择和发送设备的发送通道相同的有效数据宽度。

(5) 设置数据传输率、发射功率、低噪声放大器增益。

(6) 使能 CRC 校验，上电，设置为接收模式。

发送模式包括：

(1) 设置写入发送地址。

(2) 设置发送设备的发送通道与接收设备的接收通道 0 使用相同的地址。

(3) 使能接收通道 0 自动应答并开启接收通道 0。

(4) 设置自动重发延时等待时间与自动重发次数。

(5) 选择 NRF24L01 将 2. 4～2. 525GHz 分为 125 个频道中的一个。发送、接收同频道。

(6) 接收设备接收通道 0 选择和发送设备的发送通道相同的有效数据宽度。

(7) 设置数据传输率、发射功率、低噪声放大器增益。

(8) 使能 CRC 校验,上电,设置为发送模式。

NRF24L01 内部寄存器地址与功能描述见表 7.5。内部寄存器中所有未定义位均可以被读出,读出时,其值为 0。

表 7.5 NRF24L01 内部寄存器地址与功能描述

地址	参数	位	复位值	类型	描　述
00	Config				配置寄存器
	Reserved	7	0	R/W	默认为 0
	MASK_RX_DR	6	0	R/W	可屏蔽中断 RX_RD 1:IRQ 引脚不显示 RX_RD 中断 0:RX_RD 中断产生时 IRQ 引脚电平为低
	MASK_TX_DS	5	0	R/W	可屏蔽中断 TX_DS 1:IRQ 引脚不显示 TX_DS 中断 0:TX_DS 中断产生时 IRQ 引脚电平为低
	MASK_MAX_RT	4	0	R/W	可屏蔽中断 MAX_RT 1:IRQ 引脚不显示 MAX_RT 中断 0:MAX_RT 中断产生时 IRQ 引脚电平为低
	EN_CRC	3	1	R/W	CRC 使能,如果 EN_AA 中任意一位为高,则 EN_CRC 强迫为高
	CRCO	2	0	R/W	CRC 模式 1:16 位 CRC 校验;0:8 位 CRC 校验
	PWR_UP	1	0	R/W	1:上电　　0:掉电
	PRIM_RX	0	0	R/W	1:接收模式　0:发射模式
01	EN_AA Enhanced ShockBurst™				使能"自动应答"功能 此功能禁止后可与 NRF2401 通信
	Reserved	7:6	00	R/W	默认为 00
	ENAA_P5	5	1	R/W	数据通道 5 自动应答允许
	ENAA_P4	4	1	R/W	数据通道 4 自动应答允许
	ENAA_P3	3	1	R/W	数据通道 3 自动应答允许
	ENAA_P2	2	1	R/W	数据通道 2 自动应答允许
	ENAA_P1	1	1	R/W	数据通道 1 自动应答允许
	ENAA_P0	0	1	R/W	数据通道 0 自动应答允许
02	EN_RXADDR				接收地址允许
	Reserved	7:6	00	R/W	默认为 00
	ERX_P5	5	0	R/W	接收数据通道 5 允许

续表

地址	参数	位	复位值	类型	描　　述
02	ERX_P4	4	0	R/W	接收数据通道 4 允许
	ERX_P3	3	0	R/W	接收数据通道 3 允许
	ERX_P2	2	0	R/W	接收数据通道 2 允许
	ERX_P1	1	1	R/W	接收数据通道 1 允许
	ERX_P0	0	1	R/W	接收数据通道 0 允许
03	SETUP_AW				设置地址宽度(所有数据通道)
	Reserved	7:2	00000	R/W	默认为 00000
	AW	1:0	11	R/W	接收/发射地址宽度 00：无效 01：3B 宽度 10：4B 宽度 11：5B 宽度
04	SETUP_RETR				建立自动重发
	ARD	7:4	0000	R/W	自动重发延时 0000：等待(250＋86)μs 0001：等待(500＋86)μs 0010：等待(750＋86)μs … 1111：等待(4000＋86)μs 延时时间是指一包数据发送完成到下一包数据开始发送之间的时间间隔
	ARC	3:0	0011	R/W	自动重发计数 0000：禁止自动重发 0001：自动重发一次 … 1111：自动重发 15 次
05	RF_CH				射频通道
	Reserved	7	0	R/W	默认为 0
	RF_CH	6:0	0000010	R/W	设置 NRF24L01 工作通道频率
06	RF_SETUP			R/W	射频寄存器
	Reserved	7:5	000	R/W	默认为 000
	PLL_LOCK	4	0	R/W	PLL_LOCK 允许，仅应用于测试模式
	RF_DR	3	1	R/W	数据传输率　0:1Mb/s　1:2Mb/s
	RF_PWR	2:1	11	R/W	发射功率： 00：18dBm 01：12dBm 10：6dBm 11：0dBm
	LNA_HCURR	0	1	R/W	低噪声放大器增益

续表

地址	参数	位	复位值	类型	描　述
07	STATUS				状态寄存器
	Reserved	7	0	R/W	默认为 0
	RX_DR	6	0	R/W	接收数据完成中断。当接收到有效数据后置 1。写 1 清除中断
	TX_DS	5	0	R/W	数据发送完成中断。当数据发送完成后产生中断，如果工作在自动应答模式下，只有接收到应答信号后此位置 1。写 1 清除中断
	MAX_RT	4	0	R/W	达到最多次重发中断。写 1 清除中断。如果 MAX_RT 中断产生，则必须清除后，系统才能进行通信
	RX_P_NO	3:1	111	R	接收数据通道号 000～101：数据通道号 110：未使用 111：RX FIFO 寄存器为空
	TX_FULL	0	0	R	TX FIFO 寄存器满标志。 1：TX FIFO 寄存器满 0：TX FIFO 寄存器未满，有可用空间
08	OBSERVE_TX				发送检测寄存器
	PLOS_CNT	7:4	0	R	数据包丢失计数器。 当写 RF_CH 寄存器时，此寄存器复位；当丢失 15 个数据包后，此寄存器重启
	ARC_CNT	3:0	0	R	重发计数器。发送新数据包时此寄存器复位
09	CD				载波检测
	Reserved	7:1	000000	R	
	CD	0	0		载波检测
0A	RX_ADDR_P0	39:0	0x3838383838	R/W	数据通道 0 接收地址。最大长度为 5B(先写低字节，所写字节数量由 SETUP_AW 设定)
0B	RX_ADDR_P1	39:0	0x6B6B6B6B01	R/W	数据通道 1 接收地址。最大长度为 5B(先写低字节，所写字节数量由 SETUP_AW 设定)
0C	RX_ADDR_P2	7:0	0x02	R/W	数据通道 2 接收地址，最低字节可设置。高字节部分必须与 RX_ADDR_P1[39：8] 相等
0D	RX_ADDR_P3	7:0	0x03	R/W	数据通道 3 接收地址，最低字节可设置。高字节部分必须与 RX_ADDR_P1[39：8] 相等

续表

地址	参数	位	复位值	类型	描　述
0E	RX_ADDR_P4	7:0	0x04	R/W	数据通道 4 接收地址，最低字节可设置。高字节部分必须与 RX_ADDR_P1[39:8] 相等
0F	RX_ADDR_P5	7:0	0x05	R/W	数据通道 5 接收地址，最低字节可设置。高字节部分必须与 RX_ADDR_P1[39:8] 相等
10	TX_ADDR	39:0	0x3838383838	R/W	发送地址。（先写低字节）在增强型 ShockBurst™模式下，RX_ADDR_P0 与此地址相等
11	RX_PW_P0				
	Reserved	7:6	00	R/W	默认为 00
	RX_PW_P0	5:0		R/W	接收数据通道 0 有效数据宽度(1～32B) 0：设置不合法 1：1B 有效数据宽度 … 32：32B 有效数据宽度
12	RX_PW_P1				
	Reserved		0	R/W	默认为 00
	RX_PW_P1	5:0	00	R/W	接收数据通道 1 有效数据宽度(1～32B) 0：设置不合法 1：1B 有效数据宽度 … 32：32B 有效数据宽度
13	RX_PW_P2				
	Reserved	7:6	00	R/W	默认为 00
	RX_PW_P2	5:0	0	R/W	接收数据通道 2 有效数据宽度(1～32B) 0：设置不合法 1：1B 有效数据宽度 … 32：32B 有效数据宽度
14	RX_PW_P3				
	Reserved	7:6	00	R/W	默认为 00
	RX_PW_P3	5:0	0	R/W	接收数据通道 3 有效数据宽度(1～32B) 0：设置不合法 1：1B 有效数据宽度 … 32：32B 有效数据宽度

续表

地址	参数	位	复位值	类型	描　述
15	RX_PW_P4				
	Reserved	7:6	00	R/W	默认为 00
	RX_PW_P4	5:0	0	R/W	接收数据通道 4 有效数据宽度(1～32B) 0:设置不合法 1:1B 有效数据宽度 … 32:32B 有效数据宽度
16	RX_PW_P5				
	Reserved	7:6	00	R/W	默认为 00
	RX_PW_P5	5:0	0	R/W	接收数据通道 5 有效数据宽度(1～32B) 0:设置不合法 1:1B 有效数据宽度 … 32:32B 有效数据宽度
17	FIFO_STATUS				FIFO 状态寄存器
	Reserved	7	0	R/W	默认为 0
	TX_REUSE	6	0	R	若 TX_REUSE=1,则当 CE 位处于高电平状态时,不断发送上一数据包。TX_REUSE 通过 SPI 指令 REUSE_TX_PL 设置,通过 W_TX_PALOAD 或 FLUSH_TX 复位
	TX_FULL	5	0	R	TX FIFO 寄存器满标志。 1:TX FIFO 寄存器满 0:TX FIFO 寄存器未满,有可用空间
	TX_EMPTY	4	1	R	TX FIFO 寄存器空标志。 1:TX FIFO 寄存器空 0:TX FIFO 寄存器非空
	Reserved	3:2	00	R/W	默认为 00
	RX_FULL	1	0	R	RX FIFO 寄存器满标志。 1:RX FIFO 寄存器满 0:RX FIFO 寄存器未满,有可用空间
	RX_EMPTY	0	1	R	RX FIFO 寄存器空标志。 1:RX FIFO 寄存器空 0:RX FIFO 寄存器非空
N/A	TX_PLD	255:0		W	
N/A	RX_PLD	255:0		R	

7.5.6 NRF24L01 的数据包格式

增强型 ShockBurst 模式下的数据包格式如下所示。

前导码	地址(3～5B)	9 位(标志位)	数据(1～32B)	CRC 校验(0/1/2B)

ShockBurst™模式下的数据包格式如下所示。

前导码	地址(3～5B)	数据(1～32B)	CRC 校验(0/1/2B)

数据包描述见表 7.6。

表 7.6 数据包描述

项目	功　　能
前导码	前导码用来检测 0 和 1。芯片在接收模式下去除前导码,在发送模式下加入前导码
地址	地址内容为接收机地址; 地址宽度可以是 3,4 或 5B 宽度; 地址可以对接收通道及发送通道分别进行配置; 从接收的数据包中自动去除地址
标志位	PID:数据包识别,其中两位用来每当接收到新的数据包后加 1; 七位保留,用作将来与其他产品相兼容; 当 NRF24L01 与 NRF2401/NRF24E1 通信时不起作用
数据	1～32B 宽度
CRC	CRC 校验是可选的; 0～2B 宽度的 CRC 校验; 8 位 CRC 校验的多项式是:X^8+X^2+X+1; 16 位 CRC 校验的多项式是:$X^{16}+X^{12}+X^5+1$

7.5.7 NRF24L01 短距离无线通信模块

NRF24L01 短距离无线通信模块实物图如图 7.12 所示。

模块的基本特性如下:

(1) 2.4GHz 全球开放 ISM 频段,最大 0dBm 发射功率,免许可证使用。

(2) 低工作电压:1.9～3.6V 低电压工作。

(3) 高速率:2Mb/s,由于空中传输时间很短,极大地减少了无线传输中的碰撞现象。

(4) 多频道:125 个频道,满足多点通信和跳频通信需要。

图 7.12 NRF24L01 短距离无线通信模块实物图

(5) 超小型:内置板载 2.4GHz 天线,体积小巧,15mm×29mm(包括天线)。

(6) 低功耗:快速的空中传输及启动时间,极大地降低了电流消耗。

(7) 易开发：物理层与链路层完全集成在模块上，便于开发。

NRF24L01 短距离无线通信模块引脚功能见表 7.7。

表 7.7　NRF24L01 短距离无线通信模块引脚功能

引　脚	标　号	功　能	方　向
1	GND	电源地	
2	VCC	电源+2.7～3.6V 输入	
3	CE	工作模式选择，RX 或 TX 模式选择	单片机输入
4	CSN	SPI 片选使能，低电平使能	单片机输入
5	SCK	SPI 时钟	单片机输入
6	MOSI	SPI 输入	单片机输入
7	MISO	SPI 输出	输出到单片机
8	IRQ	中断输出	输出到单片机

NRF24L01 短距离无线通信模块电路图如图 7.13 所示。

STC12 单片机与 NRF24L01 无线通信模块接口如图 7.7 所示。

7.5.8　机器人点对点无线通信编程

机器人点对点无线通信参考程序如下：

```
//机器人通信板之间点对点无线通信，发送与接收一体
//按下本方板 KEY1 无线点亮对方板 LED1，按下本方板 KEY2 无线点亮对方板 LED2
//按下对方板 KEY1 无线点亮本方板 LED1，按下对方板 KEY2 无线点亮本方板 LED2
#include "STC12C5A60S2.h"
//LED 灯控制接口
sbit LED1=P2^4;                              //LED1 接 P2.4
sbit LED2=P2^3;                              //LED2 接 P2.3
//按键控制接口
sbit KEY1=P2^6;                              //KEY1 接 P2.6
sbit KEY2=P2^5;                              //KEY2 接 P2.5
//蜂鸣器定义
sbit BUZZ=P2^7;                              //蜂鸣器接 P2.7
//NRF24L01 的 SPI 定义
sbit NRF24L01_CE  =P1^0;                     //CE 接 P1.0
sbit NRF24L01_CSN =P1^4;                     //CSN 接 P1.4
sbit NRF24L01_SCK =P1^7;                     //SCK 接 P1.7
sbit NRF24L01_MOSI=P1^5;                     //MOSI 接 P1.5
sbit NRF24L01_MISO=P1^6;                     //MISO 接 P1.6
sbit NRF24L01_IRQ =P3^2;                     //IRQ 接 P3.2
//宏定义
#define uchar      unsigned char
#define uint       unsigned int
```

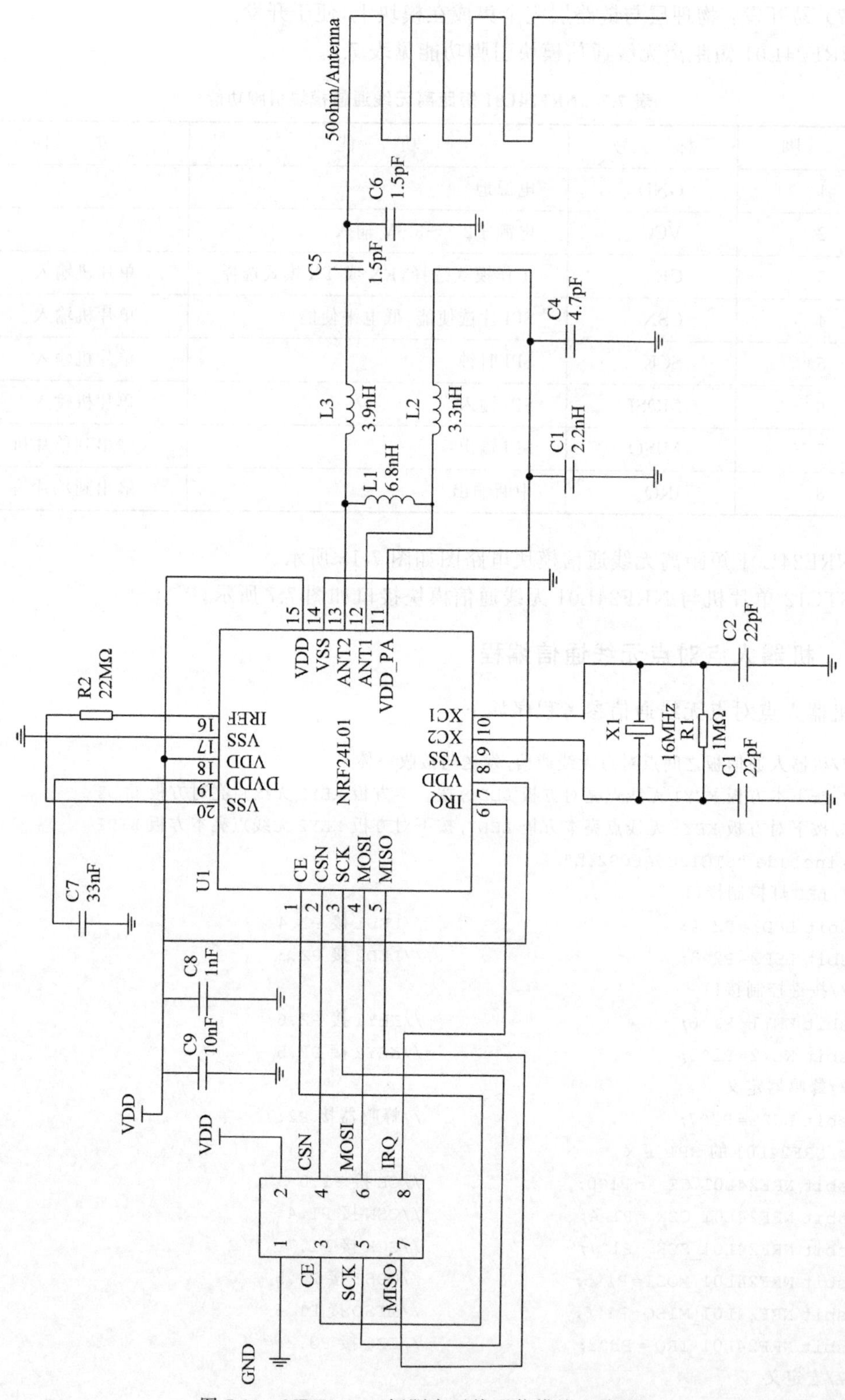

图 7.13　NRF24L01 短距离无线通信模块电路图

```
//地址宽度和数据宽度
#define TX_ADR_WIDTH     5                   //5B 宽度的发送地址
#define RX_ADR_WIDTH     5                   //5B 宽度的接收地址
#define TX_PLOAD_WIDTH   20                  //20B 数据通道有效数据宽度,可改变范围为 0~32
#define RX_PLOAD_WIDTH   20                  //20B 数据通道有效数据宽度,可改变范围为 0~32
//SPI(NRF24L01)命令
#define READ_REG         0x00                //读配置寄存器,低 5 位为寄存器地址
#define WRITE_REG        0x20                //写配置寄存器,低 5 位为寄存器地址
#define RD_RX_PLOAD      0x61                //读 RX 有效数据,1~32B
#define WR_TX_PLOAD      0xA0                //写 TX 有效数据,1~32B
#define FLUSH_TX         0xE1                //清除 TX FIFO 寄存器,发射模式下用
#define FLUSH_RX         0xE2                //清除 RX FIFO 寄存器,接收模式下用
#define REUSE_TX_PL      0xE3                //重新使用上一包数据,CE 为高,数据包被不断发送
#define NOP              0xFF                //空操作,可以用来读状态寄存器
//SPI(NRF24L01)寄存器地址
//配置寄存器地址
#define CONFIG           0x00
//使能自动应答;bit0~5,对应通道 0~5
#define EN_AA           0x01
//接收地址允许;bit0~5,对应通道 0~5
#define EN_RXADDR        0x02
//设置地址宽度(所有数据通道);bit1:0(00,3B;01,4B;02,5B)
#define SETUP_AW         0x03
//建立自动重发;bit7:4 自动重发延时 250*x+86μs;bit3:0 自动重发计数器
#define SETUP_RETR       0x04
//RF 通道;bit6:0,工作通道频率;
#define RF_CH            0x05
//RF 寄存器;bit3 传输速率(0:1Mb/s,1:2Mb/s);bit2:1,发射功率;bit0 放大增益
#define RF_SETUP         0x06
//状态寄存器地址
#define STATUS           0x07
//发送检测寄存器;bit7:4,数据包丢失计数器;bit3:0,重发计数器
#define OBSERVE_TX       0x08
//载波检测寄存器;bit0,载波检测;
#define CD               0x09
//数据通道 0 接收地址,最大长度为 5 个 B,低字节在前
#define RX_ADDR_P0       0x0A
//数据通道 1 接收地址,最大长度为 5 个 B,低字节在前
#define RX_ADDR_P1       0x0B
//数据通道 2 接收地址,最低字节可设置,高字节,必须同 RX_ADDR_P1[39:8]相等;
#define RX_ADDR_P2       0x0C
//数据通道 3 接收地址,最低字节可设置,高字节,必须同 RX_ADDR_P1[39:8]相等;
#define RX_ADDR_P3       0x0D
//数据通道 4 接收地址,最低字节可设置,高字节,必须同 RX_ADDR_P1[39:8]相等;
#define RX_ADDR_P4       0x0E
```

```
//数据通道 5 接收地址,最低字节可设置,高字节,必须同 RX_ADDR_P1[39:8]相等;
#define RX_ADDR_P5      0x0F
//发送地址(低字节在前),ShockBurst™模式下,RX_ADDR_P0 与此地址相等
#define TX_ADDR         0x10
#define RX_PW_P0        0x11                    //接收数据通道 0 有效数据宽度(1~32B)
#define RX_PW_P1        0x12                    //接收数据通道 1 有效数据宽度(1~32B)
#define RX_PW_P2        0x13                    //接收数据通道 2 有效数据宽度(1~32B)
#define RX_PW_P3        0x14                    //接收数据通道 3 有效数据宽度(1~32B)
#define RX_PW_P4        0x15                    //接收数据通道 4 有效数据宽度(1~32B)
#define RX_PW_P5        0x16                    //接收数据通道 5 有效数据宽度(1~32B)
#define FIFO_STATUS 0x17                        //FIFO 状态寄存器
#define RX_OK       0x40                        //RX 接收完成中断
#define TX_OK       0x20                        //TX 发送完成中断
#define MAX_TX          0x10                    //达到最大发送次数中断
//定义一个静态发送地址
uchar code TX_ADDRESS[TX_ADR_WIDTH]={0x98,0x05,0x02,0x11,0x11};
//定义一个静态接收地址
uchar code RX_ADDRESS[RX_ADR_WIDTH]={0x98,0x05,0x02,0x11,0x11};

/*************************************************************
 * 函数: delay_ms
 * 功能: ms 延时
 * 参数: n 延时 n * 1ms
 *************************************************************/
void delay_ms(unsigned int n)
{
    unsigned int i,j;
    for(i=n; i>0; i--)
      for(j=920; j>0; j--);                 //STC12,11.0592MHz
}
/*************************************************************
 * 函数: NRF24L01_Init
 * 功能: 初始化 NRF24L01 的 SPI 的 IO
 *************************************************************/
void NRF24L01_Init(void)
{
    NRF24L01_CE=0;                          //待机,使能 NRF24L01
    NRF24L01_CSN=1;                         //SPI 禁止
    NRF24L01_SCK=0;                         //SPI 时钟置低
}
/*************************************************************
 * 函数: NRF24L01_RW
 * 功能: SPI 协议,写 1B 数据到 NRF24L01,同时从 NRF24L01 读出 1B
 *          软件模拟 SPI 协议
 * 参数:byte 写入的字节
```

```
*返回:byte 读出的字节
/**************************************************************/
uchar NRF24L01_RW(uchar byte)
{
    uchar i;
    for(i=0; i<8; i++)                  //循环 8 次
    {
        NRF24L01_MOSI = (byte & 0x80);  //byte 最高位输出到 MOSI
        byte <<=1;                      //低一位移位到最高位
        //拉高 SCK, NRF24L01 从 MOSI 读入 1 位数据, 同时从 MISO 输出 1 位数据
        NRF24L01_SCK =1;
        byte |=NRF24L01_MISO;           //读 MISO 到 byte 最低位
        NRF24L01_SCK =0;                //SCK 置低
    }
    return(byte);                       //返回读出的 1B
}
/**************************************************************
*函数: NRF24L01_Read_Reg
*功能: 从 NRF24L01 的 reg 寄存器读 1B
*参数:reg 寄存器
*返回:reg_val 寄存器数据
/**************************************************************/
uchar NRF24L01_Read_Reg(uchar reg)
{
    uchar reg_val;
    NRF24L01_CSN =0;                    //CSN 置低,开始传输数据
    NRF24L01_RW(reg);                   //选择寄存器
    reg_val =NRF24L01_RW(0);            //从该寄存器读数据
    NRF24L01_CSN =1;                    //CSN 拉高,结束数据传输
    return(reg_val);                    //返回寄存器数据
}
/**************************************************************
*函数: NRF24L01_Write_Reg
*功能: 写数据 value 到 NRF24L01 的 reg 寄存器
*参数:reg 寄存器,value 写入的值
*返回:status 状态寄存器的值
/**************************************************************/
uchar NRF24L01_Write_Reg(uchar reg, uchar value)
{
    uchar status;
    NRF24L01_CSN =0;                    //CSN 置低,开始传输数据
    status =NRF24L01_RW(reg);           //选择寄存器,同时返回状态字
    NRF24L01_RW(value);                 //写数据到该寄存器
    NRF24L01_CSN =1;                    //CSN 拉高,结束数据传输
    return(status);                     //返回状态寄存器
```

```
}
/*************************************************************
* 函数: NRF24L01_Read_Buf
* 功能: 从 reg 寄存器读出 bytes 个字节,
*        通常用来读取接收通道数据或接收/发送地址
* 参数:reg 寄存器, pBuf 读取数据存放数组,bytes 读取字节数
* 返回:status 状态寄存器的值
*************************************************************/
uchar NRF24L01_Read_Buf(uchar reg, uchar * pBuf, uchar bytes)
{
    uchar status, i;
    NRF24L01_CSN =0;                      //CSN 置低,开始传输数据
    status =NRF24L01_RW(reg);             //选择寄存器,同时返回状态字
    for(i=0; i<bytes; i++)
        pBuf[i] =NRF24L01_RW(0);          //逐个字节从 NRF24L01 读出
    NRF24L01_CSN =1;                      //CSN 拉高,结束数据传输
    return(status);                       //返回状态寄存器
}
/*************************************************************
* 函数: NRF24L01_Write_Buf
* 功能: 把 pBuf 缓存中的数据写入 NRF24L01,
*        通常用来写入发射通道数据或接收/发送地址
* 参数:reg 寄存器, pBuf 写入数据存放数组,bytes 写入字节数
* 返回:status 状态寄存器的值
*************************************************************/
uchar NRF24L01_Write_Buf(uchar reg, uchar * pBuf, uchar bytes)
{
    uchar status, i;
    NRF24L01_CSN =0;                      //CSN 置低,开始传输数据
    status =NRF24L01_RW(reg);             //选择寄存器,同时返回状态字
    for(i=0; i<bytes; i++)
        NRF24L01_RW(pBuf[i]);             //逐个字节写入 NRF24L01
    NRF24L01_CSN =1;                      //CSN 拉高,结束数据传输
    return(status);                       //返回状态寄存器
}
/*************************************************************
* 函数: NRF24L01_RX_Mode
* 功能: 设置 NRF24L01 为接收模式,等待接收发送设备的数据包
*************************************************************/
void NRF24L01_RX_Mode(void)
{
    NRF24L01_CE =0;
    //接收设备接收通道 0 的地址和发送设备的发送地址相同
    NRF24L01_Write_Buf(WRITE_REG +RX_ADDR_P0, RX_ADDRESS, RX_ADR_WIDTH);
    //使能接收通道 0 自动应答
```

```
    NRF24L01_Write_Reg(WRITE_REG +EN_AA, 0x01);
    //使能接收通道 0
    NRF24L01_Write_Reg(WRITE_REG +EN_RXADDR, 0x01);
    //选择射频通道 40
    NRF24L01_Write_Reg(WRITE_REG +RF_CH, 40);
    //接收通道 0 选择和发送通道相同的有效数据宽度 20B
    NRF24L01_Write_Reg(WRITE_REG +RX_PW_P0, RX_PLOAD_WIDTH);
    //数据传输率为 1Mb/s,发射功率为 0dBm,低噪声放大器增益
    NRF24L01_Write_Reg(WRITE_REG +RF_SETUP, 0x07);
    //CRC 使能,16 位 CRC 校验,上电,接收模式
    NRF24L01_Write_Reg(WRITE_REG +CONFIG, 0x0f);
    NRF24L01_CE =1;                          //拉高 CE 启动接收设备
}
/*****************************************************************
* 函数: NRF24L01_TX_Mode
* 功能: 设置 NRF24L01 为发送模式,CE=1 持续至少 10μs,130μs 后启动发射,
*         数据发送结束后,发送模块自动转入接收模式等待应答信号
*****************************************************************/
void NRF24L01_TX_Mode(void)
{
    NRF24L01_CE =0;
    //写入发送地址
    NRF24L01_Write_Buf(WRITE_REG +TX_ADDR, TX_ADDRESS, TX_ADR_WIDTH);
    //为了应答接收设备,接收通道 0 地址和发送地址相同
    NRF24L01_Write_Buf(WRITE_REG +RX_ADDR_P0, RX_ADDRESS, RX_ADR_WIDTH);
    //使能接收通道 0 自动应答
    NRF24L01_Write_Reg(WRITE_REG +EN_AA, 0x01);
    //使能接收通道 0
    NRF24L01_Write_Reg(WRITE_REG +EN_RXADDR, 0x01);
    //自动重发延时等待 250μs+86μs,自动重发 10 次
    NRF24L01_Write_Reg(WRITE_REG +SETUP_RETR, 0x1a);
    //选择射频通道 40
    NRF24L01_Write_Reg(WRITE_REG +RF_CH, 40);
    //数据传输率为 1Mb/s,发射功率为 0dBm,低噪声放大器增益
    NRF24L01_Write_Reg(WRITE_REG +RF_SETUP, 0x07);
    //CRC 使能,16 位 CRC 校验,上电
    NRF24L01_Write_Reg(WRITE_REG +CONFIG, 0x0e);
    NRF24L01_CE =1;                          //拉高 CE 启动发送设备
}
/*****************************************************************
* 函数: NRF24L01_RxPacket
* 功能: NRF24L01 接收一次数据包
* 参数:rxbuf:待接收数据包首地址
* 返回:接收成功完成,RX_OK=0x40; 接收失败,Fail=0xff
```

```
/***************************************************************/
uchar NRF24L01_RxPacket(uchar * rxbuf)
{
    uchar sta;
    //读取状态寄存器的值
    sta=NRF24L01_Read_Reg(STATUS);
    //清除 TX_DS 或 MAX_RT 中断标志
    NRF24L01_Write_Reg(WRITE_REG+STATUS,sta);
    //接收到数据
    if(sta&RX_OK)
    {
        //读取数据
        NRF24L01_Read_Buf(RD_RX_PLOAD,rxbuf,RX_PLOAD_WIDTH);
        //清除 RX FIFO 寄存器
        NRF24L01_Write_Reg(FLUSH_RX,0xff);
        return RX_OK;
    }
    return 0xff;                                        //没收到任何数据
}
/****************************************************************
*函数: NRF24L01_TxPacket
*功能: NRF24L01 发送一次数据包
*参数:txbuf:待发送数据包首地址
*返回:发送成功完成,TX_OK=0x20;发送失败,Fail=0xff
/***************************************************************/
uchar NRF24L01_TxPacket(uchar * txbuf)
{
    uchar sta;
    NRF24L01_CE=0;
    //写数据到 TX_BUF 20B(0~32)
    NRF24L01_Write_Buf(WR_TX_PLOAD,txbuf,TX_PLOAD_WIDTH);
    //启动发送
    NRF24L01_CE=1;
    //等待发送完成
    while(NRF24L01_IRQ!=0);
    //读取状态寄存器的值
    sta=NRF24L01_Read_Reg(STATUS);
    //清除 TX_DS 或 MAX_RT 中断标志
    NRF24L01_Write_Reg(WRITE_REG+STATUS,sta);
    if(sta&MAX_TX)                                      //达到最大重发次数
    {
        NRF24L01_Write_Reg(FLUSH_TX,0xff);              //清除 TX FIFO 寄存器
        return MAX_TX;
    }
```

```
    if(sta&TX_OK)                                               //发送完成
    {
      return TX_OK;
    }
    return 0xff;                                                //由于其他原因发送失败
}
/***********************************************************************
* 函数: Key_Scan
* 功能: 检测并识别按键
* 返回:按下 KEY1 返回 1, 按下 KEY2 返回 2, 否则返回 0
***********************************************************************/
unsigned char KEY_Scan()
{
    unsigned char KEY,KEY_Val;
    KEY=P2;
    KEY&=0x60;
    if(KEY!=0x60)
    {
      delay_ms(10);
      KEY=P2;
      KEY&=0x60;
      if(KEY!=0x60)                                             //通过两次判断 key 值消除抖动
        {
          switch(KEY)
          {
            case 0x20: KEY_Val=1;break;                         //KEY1 按下
            case 0x40: KEY_Val=2;break;                         //KEY2 按下
            default:   KEY_Val=0;break;                         //KEY1 和 KEY2 都没有按下
          }
            while((P2&0x60)!=0x60);                             //实现上升沿触发
            return KEY_Val;
        }
     }
}
/***********************************************************************
* 函数: main()
* 功能: 检测按键,并无线发送数据包;接收无线数据包,并处理
***********************************************************************/
void main(void)
{
    unsigned char TxRx_Data,KEY_tmp;
    unsigned char xdata NRF24L01_tmp_buf[20];                   //无线收发数组
    NRF24L01_Init();                                            //初始化 NRF24L01
    NRF24L01_RX_Mode();                                         //NRF24L01 置为接收模式
```

```
while(1)
{
  KEY_tmp=KEY_Scan();                                    //扫描按键获得键值
  if(KEY_tmp==1)                                         //当 KEY1 被按下,则发送当前
                                                         //键值
  {
     NRF24L01_tmp_buf[0]=KEY_tmp;                        //准备发送键值
     NRF24L01_TX_Mode();                                 //NRF24L01 置为发送模式
     delay_ms(10);
     //NRF24L01 无线发送数据包成功
     if(NRF24L01_TxPacket(NRF24L01_tmp_buf)==TX_OK)
     {
     }
     delay_ms(100);
     NRF24L01_RX_Mode();                                 //NRF24L01 置为接收模式
  }
  if(KEY_tmp==2)//当 KEY2 被按下,则发送当前键值
  {
     NRF24L01_tmp_buf[0]=KEY_tmp;                        //准备发送键值
     NRF24L01_TX_Mode();                                 //NRF24L01 置为发送模式
     delay_ms(10);
     //NRF24L01 无线发送数据包成功
     if(NRF24L01_TxPacket(NRF24L01_tmp_buf)==TX_OK)
     {
     }
     delay_ms(100);
     NRF24L01_RX_Mode();                                 //NRF24L01 置为接收模式
  }
   //如果收到无线信息,则进行处理
   if(NRF24L01_RxPacket(NRF24L01_tmp_buf)==RX_OK)
   {
      TxRx_Data=NRF24L01_tmp_buf[0];                     //取出无线数据包首字节
      //判断收到的信息并处理,对方按下 KEY1,本方 LED1 点亮
      if(TxRx_Data==1)
      {
         LED1=0;
         delay_ms(100);
         LED1=1;
      }
      //判断收到的信息并处理,对方按下 KEY2,本方 LED2 点亮
      else if(TxRx_Data==2)
      {
         LED2=0;
         delay_ms(100);
```

```
                LED2=1;
            }
        }
    }
}
```

思 考 题

基于 NRF24L01 实现一个 1 对 3 的星状拓扑机器人无线数据网络。

第8章 机器人智能循迹

8.1 机器人系统结构

机器人循迹，其最基础的行为是机器人在单片机控制下，利用传感器检测识别引导标志，通过执行器电机完成前进、后退、左转、右转和停止等规定动作。

智能循迹，即根据不同应用场景，结合机器人自身机械及电子硬件结构，通过单片机软件设计，实现机器人循迹的智能控制逻辑与算法。

实际工程应用案例中，海康威视公司为申通公司生产的用于全自动快递分拣的智能仓储机器人，可以看作机器人智能循迹导航的一个典型应用。该机器人机械结构为扁平的圆柱体，两轮差速底盘，顶部有托盘。机器人承载货物后穿过扫描门架，门架上的工业摄像机读取货物上激光条码的信息，识别成功后根据调度系统的指挥，基于二维码和惯性进行导航。机器人途中会利用红外线和超声波避开障碍，配有急停按钮和碰撞海绵保证运行安全，以最优路径将包裹送至规定的投放口。

科学的精髓，乃是以简单解释复杂的现象。工程的精髓，是以简单实现复杂的功能。遵循这一思想，本章完成一个基于单片机控制的低成本轮式移动机器人平台，在循迹功能实现过程中体现智能控制逻辑与算法。可认为它是智能仓储机器人循迹导航的雏形。

机器人智能循迹系统的组成如图 8.1 所示。基本的智能循迹功能只需要机器人车体控制器、传感器和执行器就可以实现。如果不需要在循迹过程中进行实时数据采集与远程监控，则机器人通信板的无线数据收发和组网以及远程数据可视化功能可以暂不启用。车体与通信板之间暂时无须通过串行口收发数据。

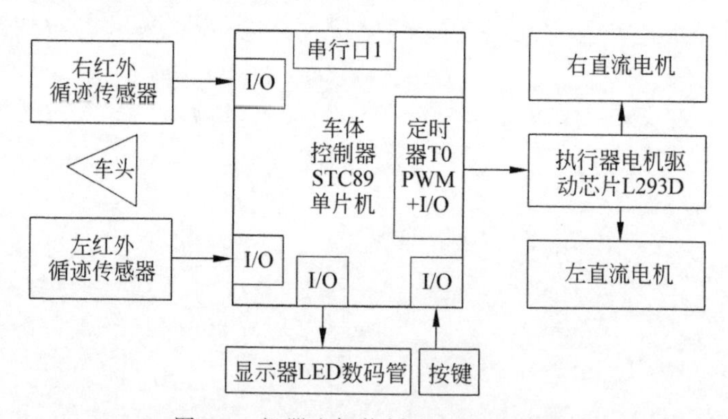

图 8.1 机器人智能循迹系统的组成

机器人系统的组成包括左、右红外循迹传感器，控制器 STC89C52RC 单片机，执行器电机驱动芯片 L293D 和左、右直流电机，以及机器人移动状态显示器 LED 数码管。

机器人系统由 7.2V 可充电锂电池供电。

机器人智能循迹系统单片机引脚连接图如图 8.2 所示。

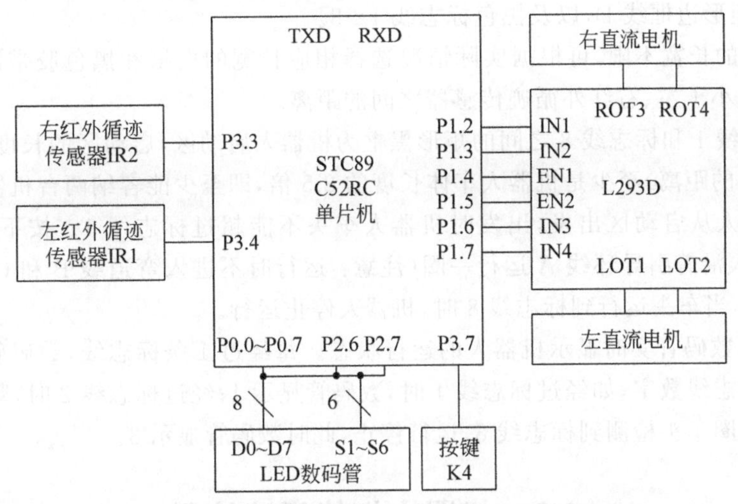

图 8.2 机器人智能循迹系统单片机引脚连接图

8.2 地图与功能描述

机器人智能循迹的原始地图设计如图 8.3 所示。黑色线包含引导环线、弯道线、边框线与标志线，其余区域为白色。

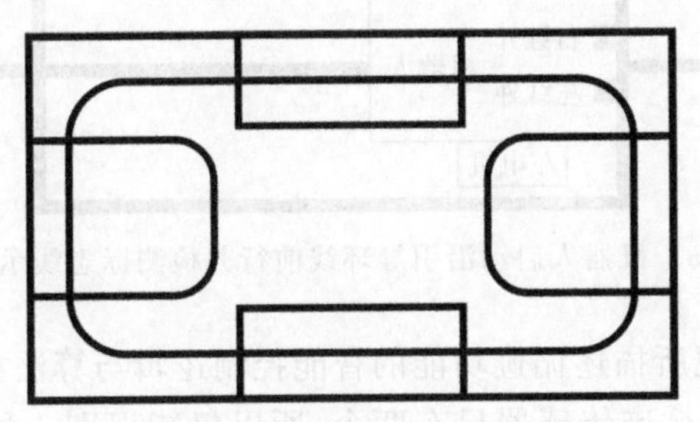

图 8.3 机器人智能循迹的原始地图设计

机器人智能循迹启动如图 8.4 所示。功能描述如下：

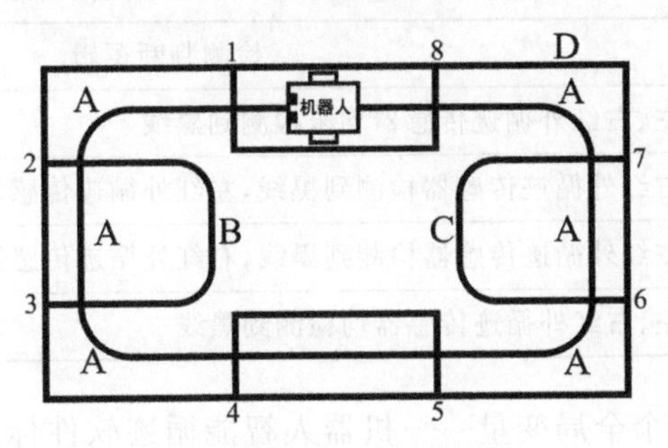

图 8.4 机器人智能循迹启动

(1) 地图由黑色线和白色区域组成。黑色线包括黑色引导环线 A、对称的黑色弯道线 B 和 C、黑色矩形边框线 D,以及黑色标志线 1~8。

(2) 地图的长宽不限,可根据实际情况选择相应长宽的白纸和黑色胶带制作。黑色胶带的宽度必须小于左、右红外循迹传感器之间的距离。

(3) 标志线 1 和标志线 8 之间的矩形黑框为机器人启动区,启动区的长度(标志线 1 和标志线 8 之间的距离)至少是机器人车体长度的 2.5 倍,即至少能容纳两台机器人。

(4) 机器人从启动区出发,出发时机器人车头不能超过标志线 1。按下启动按键 K4 (P3.7),机器人沿着引导环线 A 运行一圈(注意:运行时不进入弯道线 B 和 C,只沿着引导环线 A 运行),当车头运行到标志线 8 时,机器人停止运行。

(5) LED 数码管实时显示机器人的运行状态。每经过 1 条标志线,数码管就实时显示当前经过的标志线数字,如经过标志线 1 时,数码管显示 1;经过标志线 2 时,数码管显示 2。机器人运行一圈车头检测到标志线 8,运行停止,此时数码管显示 8。

8.3 机器人智能循迹编程

8.3.1 智能控制逻辑与算法

机器人启动沿引导环线前行并检测标志线示意图如图 8.5 所示。

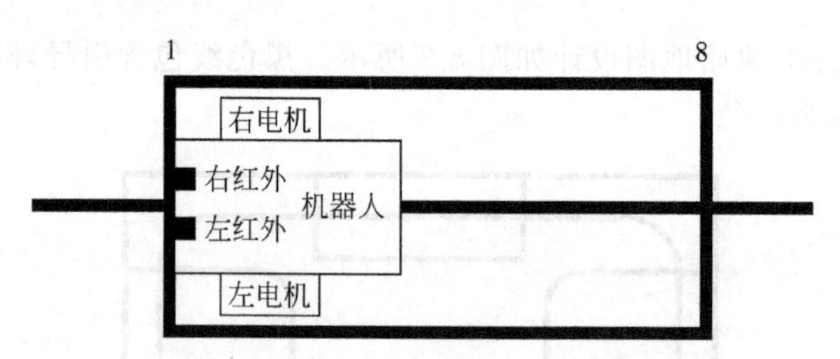

图 8.5 机器人启动沿引导环线前行并检测标志线示意图

机器人在地图上实现所描述循迹功能的智能控制逻辑与算法如下:

(1) 由于机器人红外循迹传感器只有两个,所以仅能识别 4 种地图环境信号。机器人左、右红外循迹传感器检测判断逻辑见表 8.1。

表 8.1 机器人左、右红外循迹传感器检测判断逻辑

左红外	右红外	检测判断逻辑
0	0	左、右红外循迹传感器均未检测到黑线
0	1	右红外循迹传感器检测到黑线,左红外循迹传感器未检测到黑线
1	0	左红外循迹传感器检测到黑线,右红外循迹传感器未检测到黑线
1	1	左、右红外循迹传感器均检测到黑线

(2) 在程序中设置一个全局变量——机器人智能循迹软件标志位 Flag,用来实现对黑色标志线 1~8 的检测判断。

(3) 当机器人左、右两边的红外循迹传感器既没有检测到黑色引导环线 A,也没有检测到

黑色标志线 1～8 时，机器人向前直行，并在程序中将软件标志位 Flag 置 1，如图 8.6 所示。

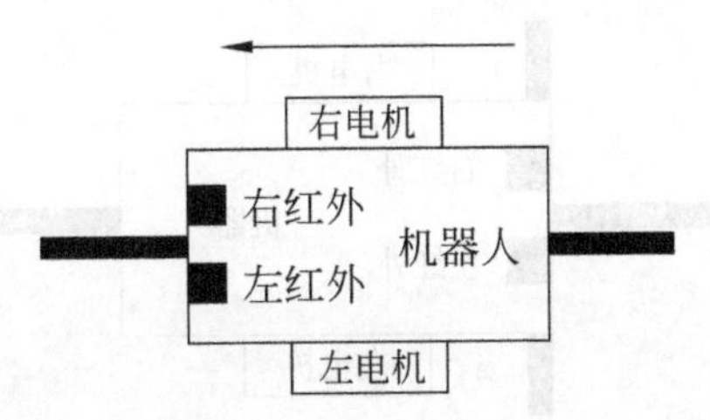

图 8.6　左、右红外传感器均未检测到黑色引导环线与标志线，机器人直行

(4) 当机器人右红外循迹传感器检测到黑色引导环线 A 时，机器人控制电机实现右转一定角度，从而调整车头方向，以保证循迹向前直行，如图 8.7 所示。

方法一：机器人左、右电机保持匀速，左电机向前转，右电机向后转。

方法二：机器人左、右电机均向前转，左电机的转速大于右电机的转速。

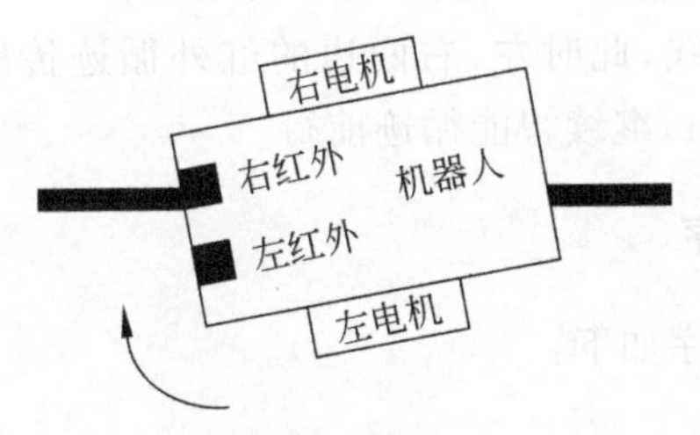

图 8.7　右红外传感器检测到黑色引导环线，机器人右转

(5) 当机器人左红外循迹传感器检测到黑色引导环线 A 时，机器人控制电机实现左转一定角度，从而调整车头方向，以保证循迹向前直行，如图 8.8 所示。

方法一：机器人左、右电机保持匀速，右电机向前转，左电机向后转。

方法二：机器人左、右电机均向前转，右电机的转速大于左电机的转速。

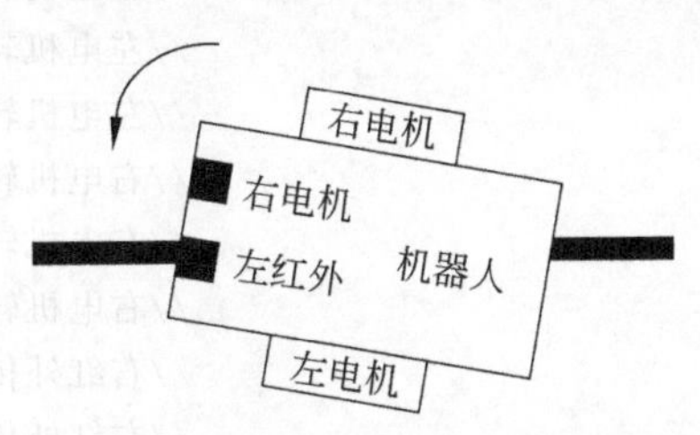

图 8.8　左红外传感器检测到黑色引导环线，机器人左转

(6) 当机器人左、右两边的红外循迹传感器均检测到黑色标志线 1～8 时，机器人继续向前直行，并判断软件标志位 Flag 的值，如图 8.9 所示。当 Flag 的值为 1 时，机器人认为检测到一条标志线，标志线数值 Line 加 1，然后对 Flag 清零；当 Flag 的值为 0 时，机器人直行即可，不改变标志线数值 Line；当标志线数值 Line 加到 8 时，此时机器人智能循迹运行 1 圈到标志线 8，停止运行。

(7) 循迹软件标志位 Flag 智能控制逻辑详细说明：机器人没有检测到黑色标志线，只是沿着黑色引导环线前行、左转或右转时，软件标志位 Flag 的值置 1。

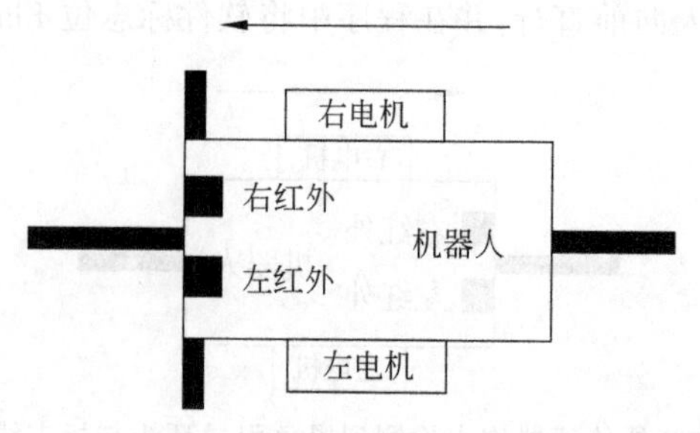

图 8.9　左、右红外传感器检测到黑色标志线，机器人直行并记录

当检测到黑色标志线时，机器人判断此时 Flag 的值，若 Flag 的值为 1，则机器人认为检测到了黑色标志线，此时将 Flag 清零，标志线数值 Line 加 1。

机器人继续前行，黑色标志线具有一定宽度，在越过黑色标志线的过程中，Flag 的值都是 0，这个过程中黑色标志线数值 Line 已加 1，不再增加。

当机器人越过黑色标志线，此时左、右两边的红外循迹传感器均不再检测到黑色标志线，机器人将 Flag 重新置回 1，继续智能循迹前行。

8.3.2　智能循迹参考程序

机器人智能循迹参考程序如下：

```
//机器人智能循迹
//机器人从启动区出发
//沿黑色引导线 A 运行 1 圈
//数码管显示检测到的标志线 1~8
#include <reg51.h>
//单片机控制机器人车体的 I/O 口定义
sbit P1_2=P1^2;                                  //左电机转向控制 IN1
sbit P1_3=P1^3;                                  //左电机转向控制 IN2
sbit P1_4=P1^4;                                  //左电机转速控制 EN1
sbit P1_5=P1^5;                                  //右电机转速控制 EN2
sbit P1_6=P1^6;                                  //右电机转向控制 IN3
sbit P1_7=P1^7;                                  //右电机转向控制 IN4
sbit P3_3=P3^3;                                  //右红外传感器
sbit P3_4=P3^4;                                  //左红外传感器
sbit P3_7=P3^7;                                  //机器人启动键
//宏定义
#define uchar unsigned char
#define uint  unsigned int
//红外传感器引脚
#define Left_IRSenor_Track   P3_4                //左红外传感器：1 黑 0 白
#define Right_IRSenor_Track  P3_3                //右红外传感器：1 黑 0 白
//机器人电机运行速度引脚
#define SPEED              10                    //车轮速度调节值 0~20 建议 SPEED>5
#define Left_Motor_PWM      P1_4                 //左电机速度调节 PWM 信号端
```

```
#define Right_Motor_PWM          P1_5                //右电机速度调节 PWM 信号端
//机器人电机运行方向引脚
#define Left_Motor_Go          {P1_2=0,P1_3=1;}  //IN1=0,IN2=1 左电机前转
#define Left_Motor_Back         {P1_2=1,P1_3=0;}  //IN1=1,IN2=0 左电机后转
#define Left_Motor_Stop         {P1_2=0,P1_3=0;}  //IN1=0,IN2=0 左电机停转
#define Right_Motor_Go         {P1_6=1,P1_7=0;}  //IN3=1,IN4=0 右电机前转
#define Right_Motor_Back        {P1_6=0,P1_7=1;}  //IN3=0,IN4=1 右电机后转
#define Right_Motor_Stop        {P1_6=0,P1_7=0;}  //IN3=0,IN4=0 右电机停转
//机器人电机 PWM 调速变量定义
unsigned char Left_PWM_Value=0;                     //左电机 PWM 值变量
unsigned char Left_Drive_Value=0;                   //左电机车轮速度值变量 N(占空比 N/20)
unsigned char Right_PWM_Value =0;                   //右电机 PWM 值变量
unsigned char Right_Drive_Value=0;                  //右电机车轮速度值变量 N(占空比 N/20)
bit Left_moto_stop =1;                              //位变量
bit Right_moto_stop=1;                              //位变量
//数码管锁存器选择
sbit POSSEL =P2^7;                                  //位选,共阴极
sbit SEGSEL =P2^6;                                  //段选,共阴极
//数码管位选码表、段码表
uchar POSCode[]={0xff,0xfe,0xfd,0xfb,0xf7,0xef,0xdf,0xbf,0x7f};
uchar code SEGCode[]={0x3f,0x06,0x5b,0x4f,0x66,0x6d,0x7d,0x07,
0x7f,0x6f,0x77,0x7c,0x39,0x5e,0x79,0x71,0x00};
//机器人智能循迹标志
unsigned char Line=0;                               //机器人循迹检测到的黑色标志线根数
unsigned char Flag;                                 //机器人循迹标志位

/**********************************************************
 * 函数: delay_ms
 * 功能: ms 延时
 * 参数: n 延时 n * 1ms
**********************************************************/
void delay_ms(unsigned int n)
{
    unsigned int i,j;
      for(i=n; i>0; i--)
          for(j=114; j>0; j--);                     //STC89,11.0592MHz
}

/**********************************************************
 * 函数: LEDTube_Show
 * 功能: 数码管显示
 * 参数:i 要在第几位数码管显示(1~6);j 要显示的数字(0~F)
**********************************************************/
void LEDTube_Show(unsigned char i,unsigned char j)
{
```

```
    P0=POSCode[i];                               //输入位选码
    POSSEL=1;                                    //锁存位选码
    POSSEL=0;
    P0=SEGCode[j];                               //输入段码
    SEGSEL=1;                                    //锁存段码
    SEGSEL=0;
}

/****************************************************************
 * 函数: GoForward
 * 功能: 机器人向前行驶
/****************************************************************/
void GoForward(void)
{
    Left_Drive_Value=SPEED;                      //左电机的车轮速度
    Right_Drive_Value=SPEED;                     //右电机的车轮速度
    Left_Motor_Go;                               //左电机前转
    Right_Motor_Go;                              //右电机前转
}

/****************************************************************
 * 函数: GoLeft
 * 功能: 机器人向左转
/****************************************************************/
void GoLeft(void)
{
    Left_Drive_Value=SPEED;                      //左电机的车轮速度
    Right_Drive_Value=SPEED;                     //右电机的车轮速度
    Right_Motor_Go;                              //右电机前转
    Left_Motor_Back;                             //左电机后转
}

/****************************************************************
 * 函数: GoRight
 * 功能: 机器人向右转
/****************************************************************/
void GoRight(void)
{
    Left_Drive_Value=SPEED;                      //左电机的车轮速度
    Right_Drive_Value=SPEED;                     //右电机的车轮速度
    Left_Motor_Go;                               //左电机前转
    Right_Motor_Back;                            //右电机后转
}

/****************************************************************
```

```
* 函数: Stop
* 功能: 机器人停止运行
/*****************************************************************/
void Stop(void)
{
    Left_Motor_Stop;                              //左电机停转
    Right_Motor_Stop;                             //右电机停转
}

/*****************************************************************
 * 函数: GoAround
 * 功能: 机器人 180°调头
/*****************************************************************/
void GoAround(void)
{
    Left_Drive_Value=11;                          //调头左电机车轮速度
    Right_Drive_Value=11;                         //调头右电机车轮速度
    Left_Motor_Go;                                //左电机前转
    Right_Motor_Back;                             //右电机后转
    delay_ms(650);                                //延时
    Stop();                                       //调头后悬停
}

/*****************************************************************
 * 函数: GoBack
 * 功能: 机器人后退
/*****************************************************************/
void GoBack(void)
{
    Left_Drive_Value=SPEED;                       //左电机的车轮速度
    Right_Drive_Value=SPEED;                      //右电机的车轮速度
    Left_Motor_Back;                              //左电机后转
    Right_Motor_Back;                             //右电机后转
}

/*****************************************************************
 * 函数: Left_Motor_PWM_Adjust
 * 功能: 调节 Left_Drive_Value 的值改变占空比,以改变左电机的转速
/*****************************************************************/
void Left_Motor_PWM_Adjust(void)
{
   if(Left_moto_stop)
    {
      if(Left_PWM_Value<=Left_Drive_Value)
         {
```

```
            Left_Motor_PWM=1;                  //EN1 输入高电平
          }
        else
          {
            Left_Motor_PWM=0;                  //EN1 输入低电平
          }
        if(Left_PWM_Value>=20)
          Left_PWM_Value=0;                    //左电机 PWM 值变量清零
    }
  else
    {
        Left_Motor_PWM=0;                      //EN1 输入低电平
    }
}
/*************************************************************
*函数: Right_Motor_PWM_Adjust
*功能: 调节 Right_Drive_Value 的值改变占空比,以改变右电机的转速
************************************************************/
void Right_Motor_PWM_Adjust(void)
{
  if(Right_moto_stop)
   {
        if(Right_PWM_Value<=Right_Drive_Value)
          {
             Right_Motor_PWM=1;                //EN2 输入高电平
          }
        else
          {
             Right_Motor_PWM=0;                //EN2 输入低电平
          }
        if(Right_PWM_Valuc>=20)
          Right_PWM_Value=0;                   //右电机 PWM 值变量清零
      }
  else
    {
          Right_Motor_PWM=0;                   //EN2 输入低电平
    }
}

/*************************************************************
*函数: Track
*功能: 机器人采集红外循迹传感器数据控制电机智能循迹运行
************************************************************/
void Track(void)
{
```

```
    //若机器人两侧的红外传感器均未检测到黑线,则调用机器人前进函数
    if(Left_IRSenor_Track==0&&Right_IRSenor_Track==0)
    {
        GoForward();
        Flag=1;                    //Flag 置 1,表示机器人没有在黑色标志线上行驶
    }
    //若机器人右侧的红外传感器检测到黑线,则调用机器人右转函数
    if(Left_IRSenor_Track==0&&Right_IRSenor_Track==1)
    {
        GoRight();
    }
    //若机器人左侧的红外传感器检测到黑线,则调用机器人左转函数
    if(Left_IRSenor_Track==1&&Right_IRSenor_Track==0)
    {
        GoLeft();
    }
    //机器人左、右两侧的红外传感器均检测到黑线
    if(Left_IRSenor_Track==1&&Right_IRSenor_Track==1)
    {
        GoForward();
        if(Flag!=0)                //Flag 不等于 0,表示此时机器人已行驶到黑色标志线处
        {
            Line++;                //机器人检测到的黑色标志线根数值+1
        }
        Flag=0;                    //Flag 清零,表示机器人正在黑色标志线上行驶
    }
}

/*************************************************************
* 函数: TIMER0_Init
* 功能: 初始化定时器 T0 方式 1
*************************************************************/
void TIMER0_Init(void)
{
    TMOD=0x01;                     //设置定时器 T0 工作方式 1,16 位定时计数器
    TH0=0xFC;                      //1ms 定时
    TL0=0x18;
    TR0=1;                         //定时器 T0 开始计数
    ET0=1;                         //开启定时器 T0 中断
    EA=1;                          //开启总中断
}

/*************************************************************
* 函数: main()
* 功能: 机器人沿引导环线智能循迹,数码管实时显示标志线根数(Line)
```

```
/**********************************************************/
void main(void)
{
    unsigned char i=0;
    P1=0xF0;                                //关电机
    //机器人按键启动
    while(1)
    {
        if(P3_7!=1)
        {
            delay_ms(50);
            if(P3_7!=1) break;
        }
    }
    delay_ms(50);
    TIMER0_Init();                          //初始化定时器 T0 方式 1
    while(1)
    {
        if(Line<8)                          //机器人智能循迹检测 8 根标志线
        {
            Track();                        //机器人沿引导环线智能循迹
            if(Line)
                LEDTube_Show(6,Line);       //把 Line 送给第 6 位数码管显示
        }
        else
        {
            Stop();                         //机器人智能循迹 1 圈停止运行
        }
    }
}

/**********************************************************
* 函数: TIMER0_IRQHandler
* 功能: TIMER0 中断服务子函数产生 PWM 信号
/**********************************************************/
void TIMER0_IRQHandler(void) interrupt 1 using 2
{
    TH0=0xFC;                               //1ms 定时
    TL0=0x18;
    Left_PWM_Value++;                       //左电机 PWM 值变量+1
    Right_PWM_Value++;                      //右电机 PWM 值变量+1
    Left_Motor_PWM_Adjust();                //调节左电机 PWM 占空比
    Right_Motor_PWM_Adjust();               //调节右电机 PWM 占空比
}
```

注意：要达到良好的循迹行为，机器人硬件上还需要根据实际运行的环境情况，如运行

环境的光照情况等，调节左、右红外循迹传感器的灵敏度。机器人车体的4个红外传感器经过比较器后均接有相应的调节灵敏度的变阻器旋钮与观察调节效果的LED指示灯。首先调节变阻器旋钮，然后通过红外循迹传感器从白色到黑色，并通过LED指示灯的亮灭变化观察灵敏度的调节效果。

思 考 题

机器人从启动区出发，出发时机器人车头不能超过标志线1。按下启动按键K4(P3.7)，机器人沿着引导环线A、弯道B、弯道C运行一圈(即遇到弯道时，进入弯道线B和C，不沿引导环线A的直道运行)。当车头运行到标志线8时，机器人停止运行。LED数码管实时显示机器人的运行状态。每经过1条标志线，数码管就实时显示当前标志线的数字。

第9章 机器人智能超车

9.1 机器人系统结构

机器人超车包括单个机器人循迹和两个机器人互相超车。

单个机器人循迹最基础的行为是在单片机控制下，利用传感器检测识别引导标志，通过执行器电机完成前进、后退、左转、右转和停止等规定动作。

两个机器人互相超车最基础的行为是前一个机器人驶入停车区停止运行等待后一个机器人超过自己，然后前一个机器人再重新启动继续行驶，机器人之间经过无线通信交换数据。

智能超车，即根据不同行驶场景，结合机器人自身机械及电子硬件结构，通过单片机软件设计，实现机器人超车的智能控制逻辑与算法。

实际工程应用案例中，国内清华大学、百度公司等均在研制无人驾驶汽车。无人驾驶汽车通过摄像头、激光扫描仪、毫米波雷达、超声波雷达等感知环境，同时通过中央处理器进行处理，再给出一些执行信号，控制油门、刹车以及转向，实现自动驾驶。无人驾驶汽车汇集了机电一体化、环境感知、电子与计算机、人工智能等一系列高科技，随着这些技术的融合、发展与突破，汽车作为人类重要的交通工具将越来越智能。

本章完成一个基于单片机控制的低成本机器人平台，在自动超车功能实现过程中体现智能控制逻辑与算法。可认为该平台是无人驾驶汽车的雏形。

机器人智能超车系统的组成如图9.1所示。

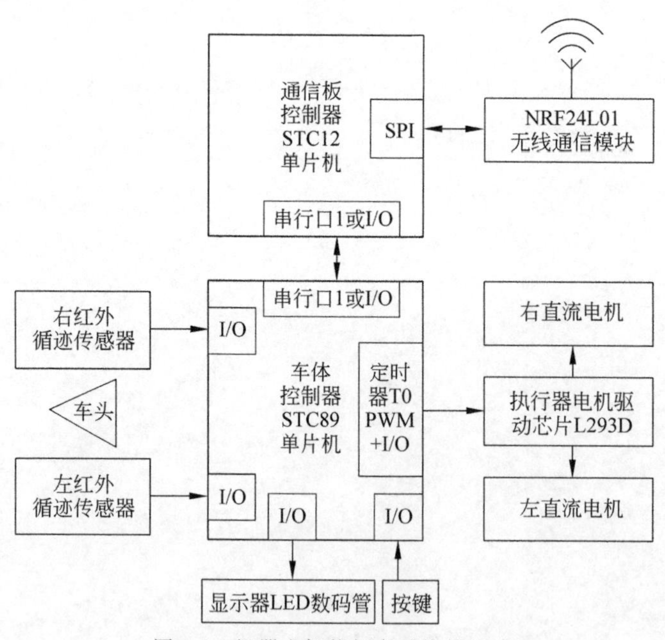

图9.1 机器人智能超车系统的组成

由于机器人检测环境变量的传感器数量较少,因此机器人的移动继续采用循迹方式。超车过程中的循迹依然由机器人车体控制器、传感器和执行器实现。机器人在超车过程中牵涉前车驶入停车弯道停车,等待后车无线呼叫;后车沿直道超车以及无线呼叫前车等行为。因此机器人车体与机器人通信板之间采用导线连接通过串行口 1 收发数据。在传输的数据量只需几个简单逻辑信息的情况下,车体与通信板之间也可以采用导线连接 I/O 口,通过 I/O 口的逻辑组合收发数据。

机器人系统的具体组成包括车体和通信板。

车体包括左、右红外循迹传感器,控制器 STC89C52RC 单片机,执行器电机驱动芯片 L293D 和左、右直流电机,以及机器人移动状态显示器 LED 数码管。

通信板包括控制器 STC12C5A60S2 单片机、NRF24L01 短距离无线通信模块。

车体与通信板之间通过串行口 1 或者 I/O 口进行数据交换。

机器人系统由 7.2V 可充电锂电池供电。

机器人系统车体单片机 STC89 和通信板单片机 STC12 与传感器、执行器、显示器以及无线通信模块的引脚连接如图 9.2 所示。车体与通信板采用 I/O 口进行数据交换。

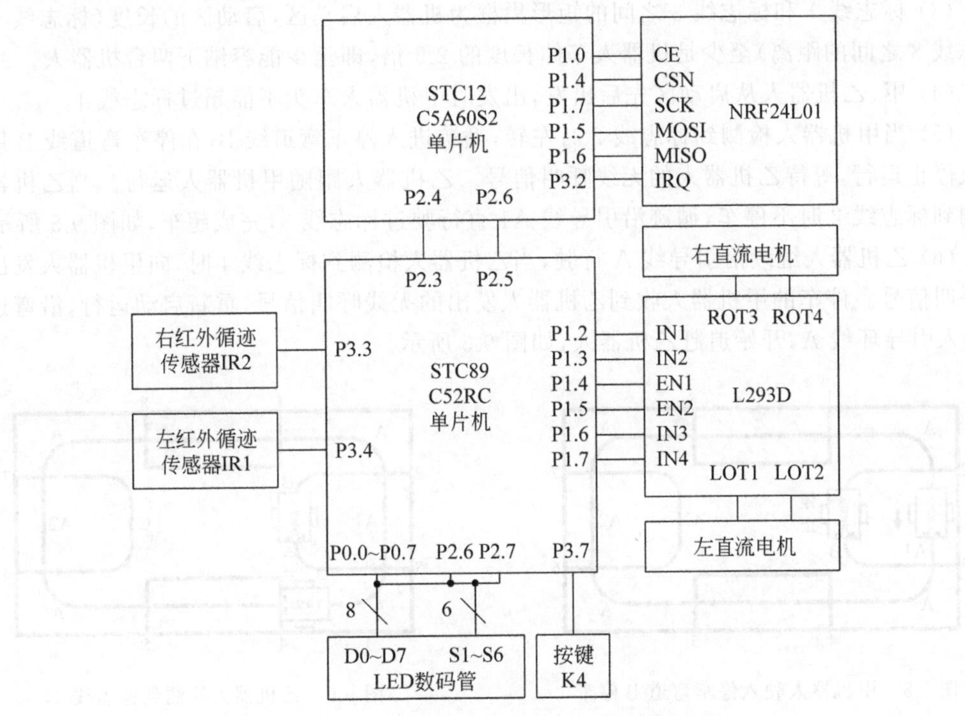

图 9.2 机器人智能超车系统单片机引脚连接

9.2 地图与功能描述

机器人智能超车的原始地图如图 9.3 所示。黑色线包括引导环线、弯道线、边框线与标志线,其余区域为白色。

机器人智能超车,甲、乙机器人启动如图 9.4 所示。功能描述如下:

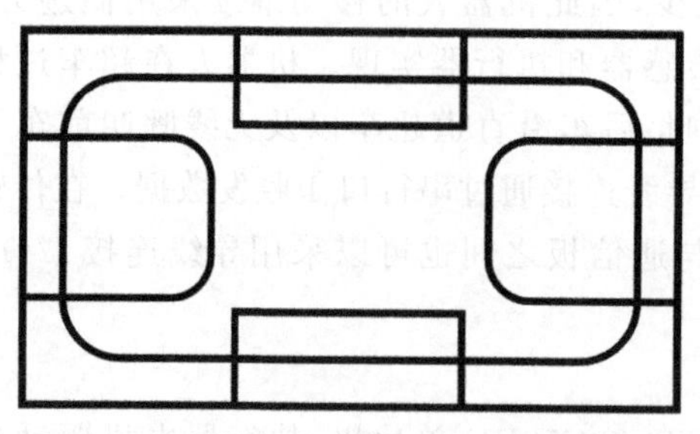

图 9.3　机器人智能超车的原始地图

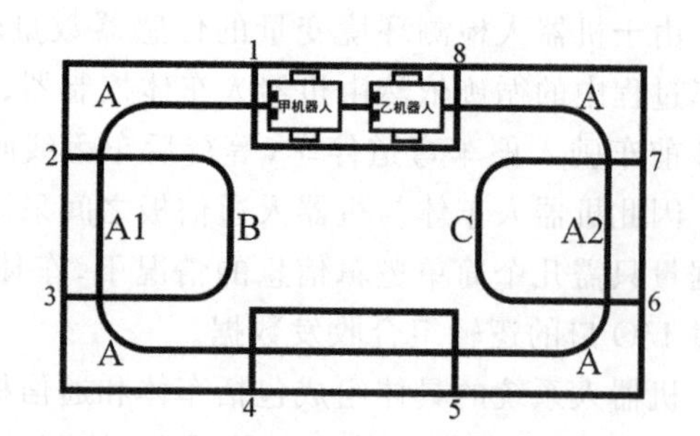

图 9.4　机器人智能超车启动

(1) 地图由黑色线和白色区域组成。黑色线包括黑色引导环线 A、黑色引导环线 A 中包含直行超车线 A1 和 A2、对称的黑色弯道停车线 B 和 C、黑色矩形边框线以及黑色标志线 1～8。

(2) 地图的长宽不限,可根据实际情况选择相应长宽的白纸和黑色胶带制作。黑色胶带的宽度必须小于左、右红外循迹传感器之间的距离。

(3) 标志线 1 和标志线 8 之间的矩形黑框为机器人启动区,启动区的长度(标志线 1 和标志线 8 之间的距离)至少是机器人车体长度的 2.5 倍,即至少能容纳下两台机器人。

(4) 甲、乙机器人从启动区先后出发,出发时甲机器人车头不能超过标志线 1。

(5) 当甲机器人检测到标志线 2 时左转,循迹进入停车弯道线 B,在停车弯道线 B 甲机器人停止运行,等待乙机器人的无线呼叫信号。乙机器人跟随甲机器人运行。当乙机器人检测到标志线 2 时不停车,循迹沿引导线 A1 直行驶过标志线 3,完成超车,如图 9.5 所示。

(6) 乙机器人继续沿引导线 A 行驶,当乙机器人检测到标志线 4 时,向甲机器人发出无线呼叫信号。停车的甲机器人收到乙机器人发出的无线呼叫信号,重新启动运行,沿弯道线 B 进入引导环线 A,开始追赶乙机器人,如图 9.6 所示。

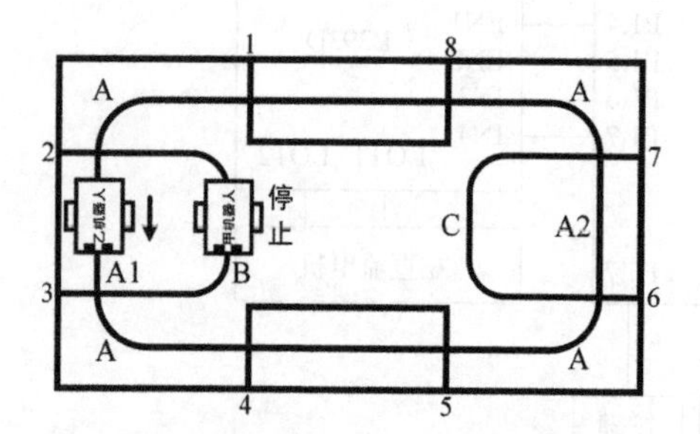

图 9.5　甲机器人驶入停车弯道 B 停车,乙机器人沿直道 A1 超车

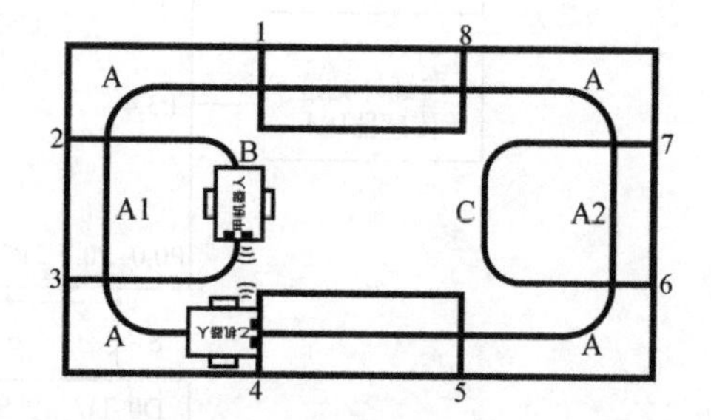

图 9.6　乙机器人检测到标志线 4,无线呼叫甲机器人

(7) 当在前行驶的乙机器人检测到标志线 6 时左转,循迹进入停车弯道线 C,在停车弯道线 C 乙机器人停止运行,等待甲机器人的无线呼叫信号。甲机器人追赶乙机器人运行。当甲机器人检测到标志线 6 时不停车,循迹引导线 A2 直行驶过标志线 7,完成超车,如图 9.7 所示。

(8) 甲机器人继续沿引导线 A 行驶过标志线 8。当甲机器人检测到标志线 8 时,向乙机器人发出无线呼叫信号。停车的乙机器人收到甲机器人发出的无线呼叫信号,重新启动运行,沿弯道线 C 进入引导环线 A,开始追赶甲机器人,如图 9.8 所示。

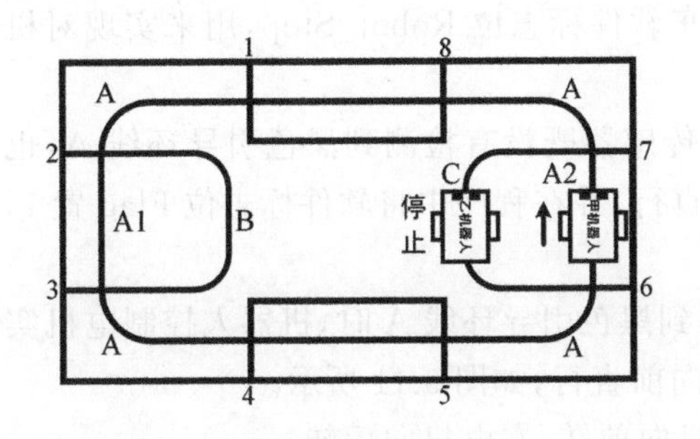

图 9.7　乙机器人驶入停车弯道 C 停车，甲机器人沿直道 A2 超车

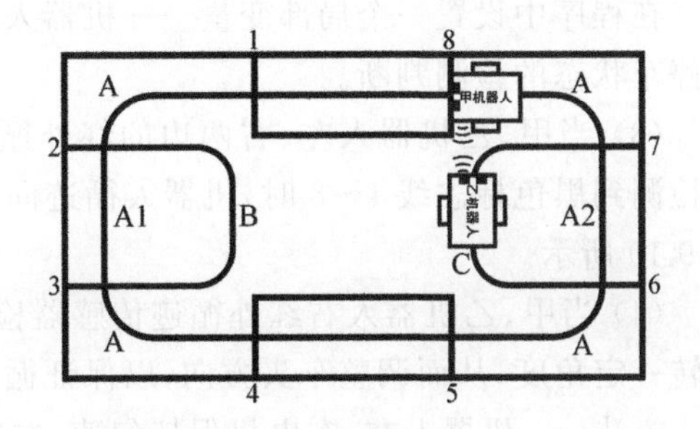

图 9.8　甲机器人检测到标志线 8，无线呼叫乙机器人

(9) 循环以上过程，实现甲、乙机器人不断相互智能超车。

(10) LED 数码管实时显示甲、乙机器人的运行状态。每经过 1 条标志线，数码管实时显示当前经过的标志线数字，如经过标志线 1 时数码管显示 1，经过标志线 2 时数码管显示 2。运行一圈后，显示归 0，下一圈显示再从 1 到 8。

9.3　机器人智能超车编程

9.3.1　智能控制逻辑与算法

甲、乙机器人启动如图 9.9 所示。

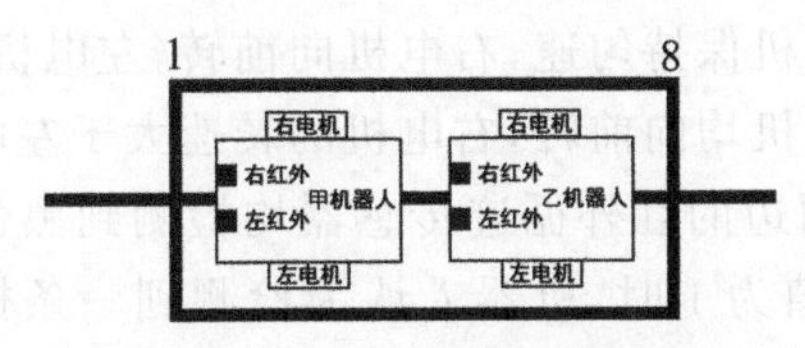

图 9.9　甲、乙机器人启动

实现所描述超车功能的智能控制逻辑与算法如下：

(1) 由于机器人红外循迹传感器只有两个，所以仅能识别 4 种地图环境信号。机器人左、右红外循迹传感器检测判断逻辑见表 9.1。

表 9.1　机器人左、右红外循迹传感器检测判断逻辑

左红外	右红外	检测判断逻辑
0	0	左、右红外循迹传感器均未检测到黑线
0	1	右红外循迹传感器检测到黑线，左红外循迹传感器未检测到黑线
1	0	左红外循迹传感器检测到黑线，右红外循迹传感器未检测到黑线
1	1	左、右红外循迹传感器均检测到黑线

(2) 在程序中设置一个全局变量——机器人循迹软件标志位 Flag，用来实现对黑色标志线 1～8 的检测判断。

在程序中设置一个局部变量——机器人停车软件标志位 Robot_Stop,用来实现对机器人停车状态的检测判断。

(3) 当甲、乙机器人左、右两边的红外循迹传感器既没有检测到黑色引导环线 A,也没有检测到黑色标志线 1～8 时,机器人循迹向前直行,并在程序中将软件标志位 Flag 置 1,如图 9.10 所示。

(4) 当甲、乙机器人右红外循迹传感器检测到黑色引导环线 A 时,机器人控制电机实现右转一定角度,从而调整车头方向,以保证循迹向前直行,如图 9.11 所示。

方法一:机器人左、右电机保持匀速,左电机向前转,右电机向后转。

方法二:机器人左、右电机均向前转,左电机的转速大于右电机的转速。

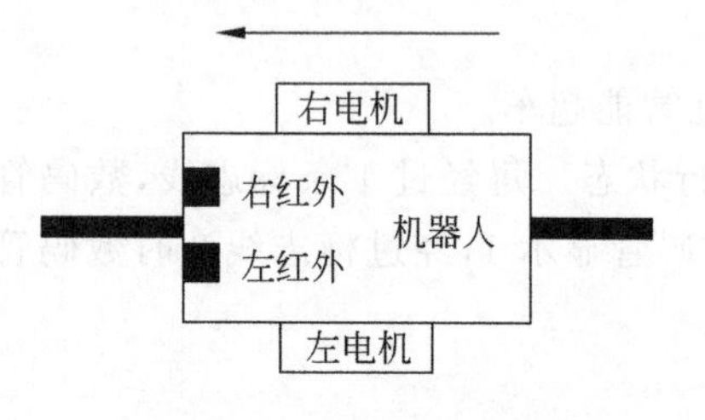

图 9.10　左、右红外传感器均未检测到黑色引导环线与标志线,甲、乙机器人直行

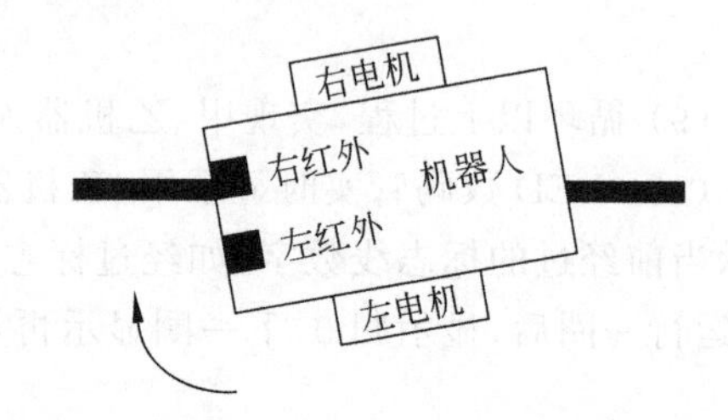

图 9.11　右红外传感器检测到黑色引导环线,甲、乙机器人右转

(5) 当甲、乙机器人左红外循迹传感器检测到黑色引导环线 A 时,机器人控制电机实现左转一定角度,从而调整车头方向,以保证循迹向前直行,如图 9.12 所示。

方法一:机器人左、右电机保持匀速,右电机向前转,左电机向后转。

方法二:机器人左、右电机均向前转,右电机的转速大于左电机的转速。

(6) 当甲机器人左、右两边的红外循迹传感器均检测到黑色标志 1～8 时,判断软件标志位 Flag 的值。当 Flag 的值为 1 时,机器人认为检测到一条标志线,标志线数值 Line 加 1,然后对 Flag 清零;当 Flag 的值为 0 时,机器人直行,直到左、右红外传感器不再检测到黑色标志线,再将 Flag 置 1。这与第 8 章中通过 Flag 实现智能循迹和标志线计数的算法一致。但针对不同的标志线,甲机器人的运许状态有区别。

甲机器人检测到黑色标志线 1、4、5、6、7、8 时,机器人保持直行,如图 9.13 所示。

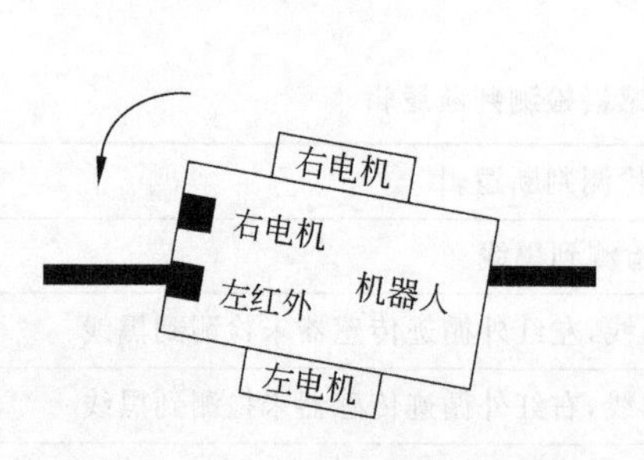

图 9.12　左红外传感器检测到黑色引导环线,甲、乙机器人左转

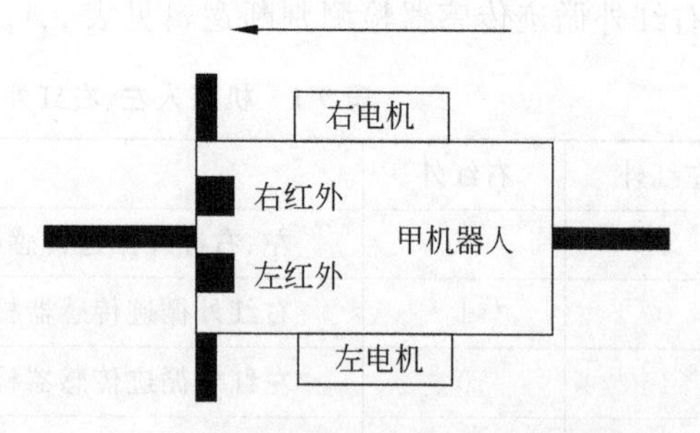

图 9.13　左、右红外传感器检测到黑色标志线 1、4、5、6、7、8 时,甲机器人保持直行

甲机器人检测到黑色标志线 2,同时判断停车软件标志位 Robot_Stop 的值。当 Robot_

Stop 的值为 0 时，甲机器人的车头左转 90°，驶入停车弯道 B，如图 9.14 所示。机器人停止运行，并将停车软件标志位 Robot_Stop 置 1，表示已经停车。甲机器人在此等待乙机器人无线呼叫，收到呼叫后重新启动运行。

当甲机器人重新启动运行检测到黑色标志线“3”时，准确地说，此时甲机器人检测到的标志线“3”其实是与标志线 3 垂直的引导环线 A，即 A 与标志线 3 的十字路口，如图 9.15 所示。甲机器人的车头左转 90°，驶入引导环线 A。

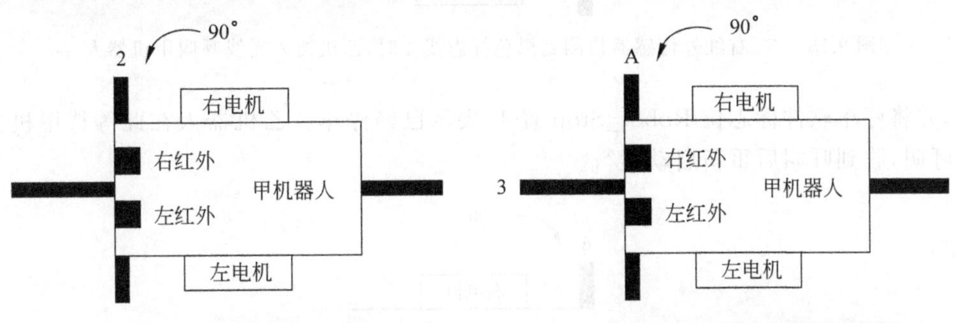

图 9.14　左、右红外传感器检测到黑色标志线 2，甲机器人左转 90°

图 9.15　左、右红外传感器检测到黑色标志线“3”，甲机器人左转 90°

当甲机器人检测到黑色标志线 8 时，甲机器人直行并向乙机器人发出无线呼叫，如图 9.16 所示。

(7) 当乙机器人左、右两边的红外循迹传感器均检测到黑色标志 1～8 时，判断软件标志位 Flag 的值。当 Flag 的值为 1 时，机器人认为检测到一条标志线，标志线数值 Line 加 1，然后对 Flag 清零；当 Flag 的值为 0 时，机器人直行，直到左、右红外传感器不再检测到黑色标志线，再将 Flag 置 1。这与第 8 章中通过 Flag 实现智能循迹和标志线计数的算法一致。但针对不同的标志线，乙机器人的运行状态有区别。

乙机器人检测到黑色标志线 1、2、3、4、5、8 时，机器人保持直行，如图 9.17 所示。

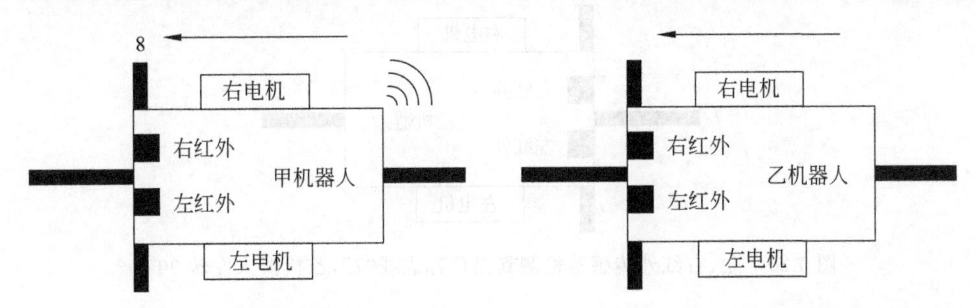

图 9.16　左、右红外传感器检测到黑色标志线 8，甲机器人无线呼叫乙机器人

图 9.17　左、右红外传感器检测到黑色标志线 1、2、3、4、5、8 时，乙机器人保持直行

当乙机器人检测到黑色标志线 4 时，乙机器人直行并向甲机器人发出无线呼叫，如图 9.18 所示。

乙机器人检测到黑色标志线 6，同时判断停车软件标志位 Robot_Stop 的值。当 Robot_Stop 的值为 0 时，甲机器人的车头左转 90°，驶入停车弯道 C，如图 9.19 所示。机器人停止

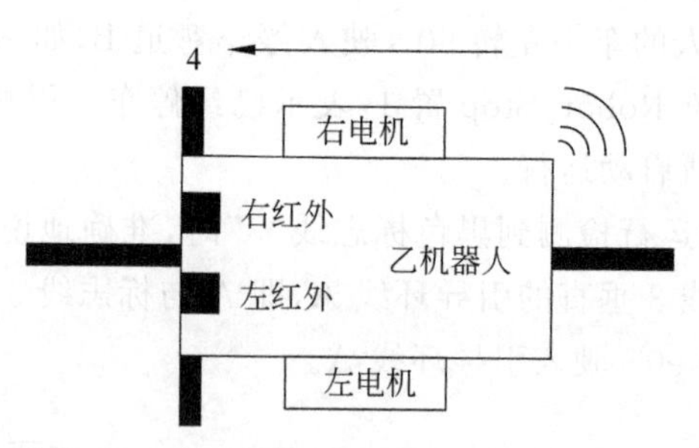

图 9.18　左、右红外传感器检测到黑色标志线 4 时,乙机器人无线呼叫甲机器人

运行,并将停车软件标志位 Robot_Stop 置 1,表示已经停车。乙机器人在此等待甲机器人无线呼叫,收到呼叫后重新启动运行。

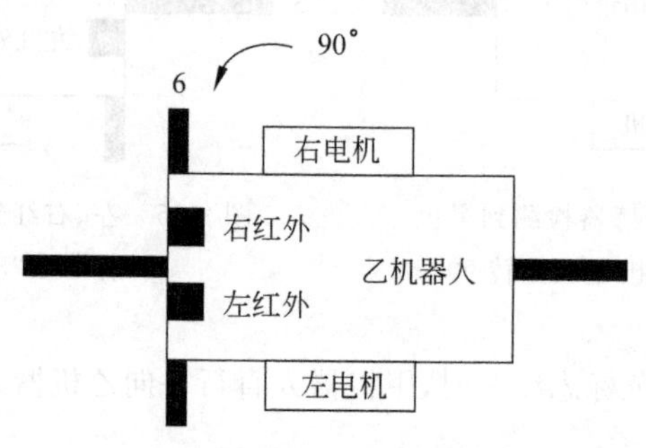

图 9.19　左、右红外传感器检测到黑色标志线 6,乙机器人左转 90°

当乙机器人重新启动运行检测到黑色标志线"7"时,准确地说,此时乙机器人检测到的标志线"7"其实是与标志线 7 垂直的引导环线 A,即 A 与标志线 7 的十字路口,如图 9.20 所示。乙机器人的车头左转 90°,驶入引导环线 A。

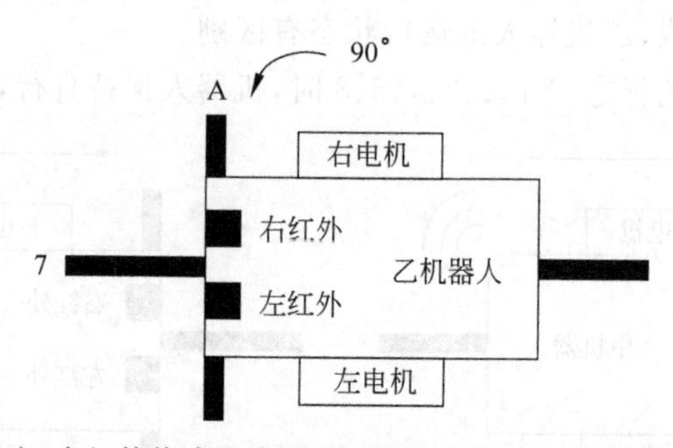

图 9.20　左、右红外传感器检测到黑色标志线"7",乙机器人左转 90°

9.3.2　智能超车参考程序

甲机器人智能超车参考程序如下:

```
//甲机器人从启动区出发智能循迹引导环线 A 行驶
//甲机器人在标志线 1 直行
//甲机器人在标志线 2 左转驶入停车弯道 B 并停止运行,等待乙机器人无线呼叫
//甲机器人接收到乙机器人无线呼叫,重新启动
```

```
//甲机器人循迹弯道 B 驶入标志线 3
//甲机器人在标志线"3"左转驶入引导环线 A
//甲机器人在标志线 4-8 直行
//甲机器人在标志线 8,无线呼叫乙机器人
//循环以上过程
//数码管显示检测到的标志线 1-8
#include <reg51.h>
//单片机 STC89 控制的功能 I/O 口定义
sbit P1_2=P1^2;                                         //左电机转向控制 IN1
sbit P1_3=P1^3;                                         //左电机转向控制 IN2
sbit P1_4=P1^4;                                         //左电机转速控制 EN1
sbit P1_5=P1^5;                                         //右电机转速控制 EN2
sbit P1_6=P1^6;                                         //右电机转向控制 IN3
sbit P1_7=P1^7;                                         //右电机转向控制 IN4
sbit P3_3=P3^3;                                         //右红外传感器
sbit P3_4=P3^4;                                         //左红外传感器
sbit P3_7=P3^7;                                         //机器人启动键
//单片机 STC89 控制的空闲 I/O 口定义
sbit P2_2=P2^2;                                         //机器人车体 I/O
sbit P2_3=P2^3;                                         //机器人车体 I/O
sbit P2_4=P2^4;                                         //机器人车体 I/O
sbit P2_5=P2^5;                                         //机器人车体 I/O
//机器人车体连接通信板 KEY-LED 定义
#define LED1   P2_3//车体蜂鸣器引脚 P2.3 接通信板 LED1 引脚 P2.4
#define KEY1   P2_5//车体引脚 P2.5 接通信板 KEY1 引脚 P2.6
//宏定义
#define uchar unsigned char
#define uint  unsigned int
//红外传感器引脚
#define Left_IRSenor_Track   P3_4                       //左红外传感器:1 黑 0 白
#define Right_IRSenor_Track  P3_3                       //右红外传感器:1 黑 0 白
//机器人电机运行速度引脚
#define SPEED            10                             //车轮速度调节值 0-20 建议 SPEED>5
#define Left_Motor_PWM       P1_4                       //左电机调速 PWM 信号端
#define Right_Motor_PWM      P1_5                       //右电机调速 PWM 信号端
//机器人电机运行方向引脚
#define Left_Motor_Go        {P1_2=0,P1_3=1;}           //左电机前转
#define Left_Motor_Back      {P1_2=1,P1_3=0;}           //左电机后转
#define Left_Motor_Stop      {P1_2=0,P1_3=0;}           //左电机停转
#define Right_Motor_Go       {P1_6=1,P1_7=0;}           //右电机前转
#define Right_Motor_Back     {P1_6=0,P1_7=1;}           //右电机后转
#define Right_Motor_Stop     {P1_6=0,P1_7=0;}           //右电机停转
//机器人电机 PWM 调速变量定义
unsigned char Left_PWM_Value=0;                         //左电机 PWM 值变量
unsigned char Left_Drive_Value=0;                       //左电机车轮速度值变量 N(占空比=N/20)
```

```
unsigned char Right_PWM_Value =0;                        //右电机 PWM 值变量
unsigned char Right_Drive_Value=0;
//右电机车轮速度值变量 N(占空比=N/20)
bit Left_moto_stop =1;                                   //位变量
bit Right_moto_stop=1;                                   //位变量
//数码管锁存器选择
sbit POSSEL =P2^7;                                       //位选,共阴极
sbit SEGSEL =P2^6;                                       //段选,共阴极
//数码管位选码表、段码表
uchar POSCode[]={0xff,0xfe,0xfd,0xfb,0xf7,0xef,0xdf,0xbf,0x7f};
uchar code SEGCode[]={0x3f,0x06,0x5b,0x4f,0x66,0x6d,0x7d,0x07,
0x7f,0x6f,0x77,0x7c,0x39,0x5e,0x79,0x71,0x00};
//机器人智能循迹标志
unsigned char Line=0;                                    //机器人循迹检测到的黑色标志线根数
unsigned char Flag;                                      //机器人循迹标志位
/**********************************************************
 * 函数: delay_ms
 * 功能: ms 延时
 * 参数: n 延时 n * 1ms
**********************************************************/
void delay_ms(unsigned int n)
{
    unsigned int i,j;
       for(i=n; i>0; i--)
          for(j=114; j>0; j--);                          //STC89,11.0592MHz
}

/**********************************************************
 * 函数: LEDTube_Show
 * 功能: 数码管显示
 * 参数:i 要在第几位数码管显示(1-6);j 要显示的数字(0-F)
**********************************************************/
void LEDTube_Show(unsigned char i,unsigned char j)
{
    P0=POSCode[i];                                       //输入位选码
    POSSEL=1;                                            //锁存位选码
    POSSEL=0;
    P0=SEGCode[j];                                       //输入段码
    SEGSEL=1;                                            //锁存段码
    SEGSEL=0;
}

/**********************************************************
 * 函数: GoForward
 * 功能: 机器人向前行驶
```

```
/*****************************************************************/
void GoForward(void)
{
    Left_Drive_Value=SPEED;                    //左电机车轮速度
    Right_Drive_Value=SPEED;                   //右电机车轮速度
    Left_Motor_Go;                             //左电机前转
    Right_Motor_Go;                            //右电机前转
}

/*****************************************************************
* 函数: GoLeft
* 功能: 机器人向左转
*****************************************************************/
void GoLeft(void)
{
    Left_Drive_Value=SPEED;                    //左电机车轮速度
    Right_Drive_Value=SPEED;                   //右电机车轮速度
    Right_Motor_Go;                            //右电机前转
    Left_Motor_Back;                           //左电机后转
}

/*****************************************************************
* 函数: GoRight
* 功能: 机器人向右转
*****************************************************************/
void GoRight(void)
{
    Left_Drive_Value=SPEED;                    //左电机车轮速度
    Right_Drive_Value=SPEED;                   //右电机车轮速度
    Left_Motor_Go;                             //左电机前转
    Right_Motor_Back;                          //右电机后转
}

/*****************************************************************
* 函数: Stop
* 功能: 机器人停止运行
*****************************************************************/
void Stop(void)
{
    Left_Motor_Stop;                           //左电机停转
    Right_Motor_Stop;                          //右电机停转
}

/*****************************************************************
* 函数: GoAround
```

```
* 功能: 机器人 180°调头
/**************************************************************/
void GoAround(void)
{
    Left_Drive_Value=11;                        //调头左电机车轮速度
    Right_Drive_Value=11;                       //调头右电机车轮速度
    Left_Motor_Go;                              //左电机前转
    Right_Motor_Back;                           //右电机后转
    delay_ms(650);                              //延时
    Stop();                                     //调头后悬停
}

/**************************************************************
* 函数: GoBack
* 功能: 机器人后退
/**************************************************************/
void GoBack(void)
{
    Left_Drive_Value=SPEED;                     //左电机车轮速度
    Right_Drive_Value=SPEED;                    //右电机车轮速度
    Left_Motor_Back;                            //左电机后转
    Right_Motor_Back;                           //右电机后转
}

/**************************************************************
* 函数: Left_Motor_PWM_Adjust
* 功能: 调节 Left_Drive_Value 的值改变占空比,以改变左电机转速
/**************************************************************/
void Left_Motor_PWM_Adjust(void)
{
  if(Left_moto_stop)
    {
        if(Left_PWM_Value<=Left_Drive_Value)
            {
              Left_Motor_PWM=1;                 //EN1 输入高电平
            }
        else
            {
              Left_Motor_PWM=0;                 //EN1 输入低电平
            }
        if(Left_PWM_Value>=20)
            Left_PWM_Value=0;                   //左电机 PWM 值变量清零
    }
  else
    {
```

```
        Left_Motor_PWM=0;                         //EN1 输入低电平
    }
}

/**************************************************************
 * 函数: Right_Motor_PWM_Adjust
 * 功能: 调节 Right_Drive_Value 的值改变占空比,以改变右电机转速
/**************************************************************/
void Right_Motor_PWM_Adjust(void)
{
  if(Right_moto_stop)
    {
        if(Right_PWM_Value<=Right_Drive_Value)
            {
                Right_Motor_PWM=1;                //EN2 输入高电平
            }
        else
            {
                Right_Motor_PWM=0;                //EN2 输入低电平
            }
        if(Right_PWM_Value>=20)
            Right_PWM_Value=0;                    //右电机 PWM 值变量清零
    }
  else
    {
          Right_Motor_PWM=0;                      //EN2 输入低电平
    }
}

/**************************************************************
 * 函数: Track
 * 功能: 机器人采集红外循迹传感器数据,控制电机智能循迹运行
/**************************************************************/
void Track(void)
{
    //若机器人两侧红外传感器均未检测到黑线,则调用机器人前进函数
    if(Left_IRSenor_Track==0&&Right_IRSenor_Track==0)
    {
        GoForward();
        Flag=1;                    //Flag 置 1,表示机器人没有在黑色标志线上行驶
    }
    //若机器人右侧红外线传感器检测到黑线,则调用机器人右转函数
    if(Left_IRSenor_Track==0&&Right_IRSenor_Track==1)
    {
        GoRight();
```

```
    }
    //若机器人左侧红外线传感器检测到黑线,则调用机器人左转函数
    if(Left_IRSenor_Track==1&&Right_IRSenor_Track==0)
    {
        GoLeft();
    }
    //机器人两侧传感器均检测到黑线
    if(Left_IRSenor_Track==1&&Right_IRSenor_Track==1)
    {
        GoForward();
        if(Flag!=0)            //Flag不等于0,表示此时机器人已行驶到黑色标志线处
        {
            Line++;            //机器人检测到的黑色标志线根数值+1
        }
        Flag=0;                //Flag清零,表示机器人正在黑色标志线上行驶
    }
}

/*************************************************************
* 函数: TIMER0_Init
* 功能: 初始化定时器T0方式1
*************************************************************/
void TIMER0_Init(void)
{
    TMOD=0x01;                 //设置定时器T0工作方式1,16位定时计数器
    TH0=0xFC;                  //1ms定时
    TL0=0x18;
    TR0=1;                     //定时器T0开始计数
    ET0=1;                     //开启定时器T0中断
    EA=1;                      //开启总中断
}

/*************************************************************
* 函数: main
* 功能: 甲机器人智能循迹,驶入停车区停车,收到无线呼叫后重新启动,
*       在确定位置发送无线呼叫信号,实现智能超车
*************************************************************/
void main(void)
{
    unsigned char Robot_Stop=0; //机器人停车标志位
    unsigned int i=0;
    P0=0xDF;                   //关数码管
    P1=0xF0;                   //关电机
    //甲机器人按键启动
    while(1)
```

```
{
    if(P3_7!=1)
    {
        delay_ms(50);
        if(P3_7!=1) break;
    }
}
delay_ms(50);
TIMER0_Init();                          //初始化定时器 T0 方式 1
while(1)
{
    Track();                            //甲机器人智能循迹
    //数码管实时显示
    if(Line)
    {
        if(Line%8)
            LEDTube_Show(6,Line%8);     //第 6 位数码管显示当前 Line 的值
        else
            LEDTube_Show(6,8);          //第 6 位数码管显示当前 Line 的值
    }
    //若甲机器人检测到黑色标志线 2 且未停过车,则驶进停车区停车
    if(Line%8==2&&Robot_Stop==0)
    {
        //延时的左转弯方法,根据电池电量调整延时时间
        GoForward();
        delay_ms(100);
        GoLeft();
        delay_ms(250);
        //继续向前循迹,进入停车区停车
        for(i=0;i<30000;i++)
            Track();
        Stop();
        Robot_Stop=1;                   //停车标志位置 1,表示已经停车
        LED1=1;                         //重置 LED 和 KEY 信号避免接收失败,准备接收
        KEY1=1;
        while(LED1);                    //检测 LED 信号
        LED1=1;                         //复原 LED 信号
        GoBack();                       //短暂后退动作,避免在弯道处冲出轨道
        delay_ms(100);
    }
    //若甲机器人检测到黑色标志线"3"且已停过车,则驶出停车区
    if(Line%8==3&&Robot_Stop==1)
    {
        //延时的左转弯方法,根据电池电量调整延时时间
        GoForward();
```

```
            delay_ms(100);
            GoLeft();
            delay_ms(250);
            Robot_Stop=0;                       //停车标志位清零,表示已经离开停车区
        }
        //若甲机器人检测到黑色标志线 8,通信板无线呼叫乙机器人
        if(Line%8==0&&Line)
        {
            KEY1=0;                             //需要一段时间模拟按键按下的状态
            for(i=0;i<80;i++)
                Track();
            KEY1=1;                             //模拟按键情况下的上升沿触发
        }
    }
}

/*********************************************************************
*函数:TIMER0_IRQHandler
*功能:TIMER0 中断服务子函数产生 PWM 信号
*********************************************************************/
void TIMER0_IRQHandler(void) interrupt 1 using 2
{
    TH0=0xFC;                                   //1ms 定时
    TL0=0x18;
    Left_PWM_Value++;                           //左电机 PWM 值变量+1
    Right_PWM_Value++;                          //右电机 PWM 值变量+1
    Left_Motor_PWM_Adjust();                    //调节左电机 PWM 占空比
    Right_Motor_PWM_Adjust();                   //调节右电机 PWM 占空比
}
```

乙机器人智能超车参考程序如下:

```
//乙机器人从启动区出发智能循迹引导环线 A 行驶
//乙机器人在标志线 1-5 直行
//乙机器人在标志线 4 向甲发送无线呼叫
//乙机器人在标志线 6 左转驶入停车弯道 C 并停止运行,等待甲机器人无线呼叫
//乙机器人接收到甲机器人无线呼叫,重新启动
//乙机器人循迹弯道 C 驶入标志线 7
//乙机器人在标志线"7"左转驶入引导环线 A
//循环以上过程
//数码管显示检测到的标志线 1-8
#include <reg51.h>
//单片机 STC89 控制的功能 I/O 口定义
sbit P1_2=P1^2;                                 //左电机转向控制 IN1
sbit P1_3=P1^3;                                 //左电机转向控制 IN2
sbit P1_4=P1^4;                                 //左电机转速控制 EN1
```

```
sbit P1_5=P1^5;                                    //右电机转速控制 EN2
sbit P1_6=P1^6;                                    //右电机转向控制 IN3
sbit P1_7=P1^7;                                    //右电机转向控制 IN4
sbit P3_3=P3^3;                                    //右红外传感器
sbit P3_4=P3^4;                                    //左红外传感器
sbit P3_7=P3^7;                                    //机器人启动键
//单片机 STC89 控制的空闲 I/O 口定义
sbit P2_2=P2^2;                                    //机器人车体 IO
sbit P2_3=P2^3;                                    //机器人车体 IO
sbit P2_4=P2^4;                                    //机器人车体 IO
sbit P2_5=P2^5;                                    //机器人车体 IO
//机器人车体连接通信板 KEY-LED 定义
#define LED1   P2_3//车体蜂鸣器引脚 P2.3 接通信板 LED1 引脚 P2.4
#define KEY1   P2_5//车体引脚 P2.5 接通信板 KEY1 引脚 P2.6
//宏定义
#define uchar unsigned char
#define uint  unsigned int
//红外传感器引脚
#define Left_IRSenor_Track   P3_4                  //左红外传感器:1 黑 0 白
#define Right_IRSenor_Track  P3_3                  //右红外传感器:1 黑 0 白
//机器人电机运行速度引脚
#define SPEED              10                      //车轮速度调节值 0-20 建议 SPEED>5
#define Left_Motor_PWM       P1_4                  //左电机调速 PWM 信号端
#define Right_Motor_PWM      P1_5                  //右电机调速 PWM 信号端
//机器人电机运行方向引脚
#define Left_Motor_Go        {P1_2=0,P1_3=1;}      //左电机前转
#define Left_Motor_Back      {P1_2=1,P1_3=0;}      //左电机后转
#define Left_Motor_Stop      {P1_2=0,P1_3=0;}      //左电机停转
#define Right_Motor_Go       {P1_6=1,P1_7=0;}      //右电机前转
#define Right_Motor_Back     {P1_6=0,P1_7=1;}      //右电机后转
#define Right_Motor_Stop     {P1_6=0,P1_7=0;}      //右电机停转
//机器人电机 PWM 调速变量定义
unsigned char Left_PWM_Value=0;                    //左电机 PWM 值变量
unsigned char Left_Drive_Value=0;                  //左电机车轮速度值变量 N(占空比=N/20)
unsigned char Right_PWM_Value =0;                  //右电机 PWM 值变量
unsigned char Right_Drive_Value=0;                 //右电机车轮速度值变量 N(占空比=N/20)
bit Left_moto_stop =1;                             //位变量
bit Right_moto_stop=1;                             //位变量
//数码管锁存器选择
sbit POSSEL =P2^7;                                 //位选,共阴极
sbit SEGSEL =P2^6;                                 //段选,共阴极
//数码管位选码表、段码表
uchar POSCode[]={0xff,0xfe,0xfd,0xfb,0xf7,0xef,0xdf,0xbf,0x7f};
uchar code SEGCode[]={0x3f,0x06,0x5b,0x4f,0x66,0x6d,0x7d,0x07,
0x7f,0x6f,0x77,0x7c,0x39,0x5e,0x79,0x71,0x00};
```

```
//机器人智能循迹标志
unsigned char Line=0;                              //机器人智能循迹检测标志线根数
unsigned char Flag;                                //机器人智能循迹标志位

/***********************************************************
 * 函数: delay_ms
 * 功能: ms 延时
 * 参数: n 延时 n * 1ms
***********************************************************/
void delay_ms(unsigned int n)
{
    unsigned int i,j;
      for(i=n; i>0; i--)
         for(j=114; j>0; j--);                     //STC89,11.0592MHz
}

/***********************************************************
 * 函数: LEDTube_Show
 * 功能: 数码管显示
 * 参数:i 要在第几位数码管显示(1-6);j 要显示的数字(0-F)
***********************************************************/
void LEDTube_Show(unsigned char i,unsigned char j)
{
    P0=POSCode[i];                                 //输入位选码
    POSSEL=1;                                      //锁存位选码
    POSSEL=0;
    P0=SEGCode[j];                                 //输入段码
    SEGSEL=1;                                      //锁存段码
    SEGSEL=0;
}

/***********************************************************
 * 函数: GoForward
 * 功能: 机器人向前行驶
***********************************************************/
void GoForward(void)
{
    Left_Drive_Value=SPEED;                        //左电机车轮速度
    Right_Drive_Value=SPEED;                       //右电机车轮速度
    Left_Motor_Go;                                 //左电机前转
    Right_Motor_Go;                                //右电机前转
}

/***********************************************************
 * 函数: GoLeft
```

```
 * 功能: 机器人向左转
/************************************************************/
void GoLeft(void)
{
    Left_Drive_Value=SPEED;                    //左电机车轮速度
    Right_Drive_Value=SPEED;                   //右电机车轮速度
    Right_Motor_Go;                            //右电机前转
    Left_Motor_Back;                           //左电机后转
}

/************************************************************
 * 函数: GoRight
 * 功能: 机器人向右转
/************************************************************/
void GoRight(void)
{
    Left_Drive_Value=SPEED;                    //左电机车轮速度
    Right_Drive_Value=SPEED;                   //右电机车轮速度
    Left_Motor_Go;                             //左电机前转
    Right_Motor_Back;                          //右电机后转
}

/************************************************************
 * 函数: Stop
 * 功能: 机器人停止运行
/************************************************************/
void Stop(void)
{
    Left_Motor_Stop;                           //左电机停转
    Right_Motor_Stop;                          //右电机停转
}

/************************************************************
 * 函数: GoAround
 * 功能: 机器人 180°调头
/************************************************************/
void GoAround(void)
{
    Left_Drive_Value=11;                       //调头左电机车轮速度
    Right_Drive_Value=11;                      //调头右电机车轮速度
    Left_Motor_Go;                             //左电机前转
    Right_Motor_Back;                          //右电机后转
    delay_ms(650);                             //延时
    Stop();                                    //调头后悬停
}
```

```
/**********************************************************
* 函数: GoBack
* 功能: 机器人后退
/**********************************************************/
void GoBack(void)
{
    Left_Drive_Value=SPEED;                        //左电机车轮速度
    Right_Drive_Value=SPEED;                       //右电机车轮速度
    Left_Motor_Back;                               //左电机后转
    Right_Motor_Back;                              //右电机后转
}

/**********************************************************
* 函数: Left_Motor_PWM_Adjust
* 功能: 调节 Left_Drive_Value 的值改变占空比,以改变左电机转速
/**********************************************************/
void Left_Motor_PWM_Adjust(void)
{
  if(Left_moto_stop)
   {
      if(Left_PWM_Value<=Left_Drive_Value)
          {
           Left_Motor_PWM=1;                       //EN1 输入高电平
          }
      else
          {
           Left_Motor_PWM=0;                       //EN1 输入低电平
          }
      if(Left_PWM_Value>=20)
         Left_PWM_Value=0;                         //左电机 PWM 值变量清零
   }
  else
   {
      Left_Motor_PWM=0;                            //EN1 输入低电平
   }
}

/**********************************************************
* 函数: Right_Motor_PWM_Adjust
* 功能: 调节 Right_Drive_Value 的值改变占空比,以改变右电机转速
/**********************************************************/
void Right_Motor_PWM_Adjust(void)
{
  if(Right_moto_stop)
   {
```

```
        if(Right_PWM_Value<=Right_Drive_Value)
            {
                Right_Motor_PWM=1; //EN2 输入高电平
            }
        else
            {
                Right_Motor_PWM=0;  //EN2 输入低电平
            }
        if(Right_PWM_Value>=20)
            Right_PWM_Value=0;      //右电机 PWM 值变量清零
    }
    else
    {
        Right_Motor_PWM=0;          //EN2 输入低电平
    }
}

/**************************************************************
* 函数: Track
* 功能: 机器人采集红外循迹传感器数据控制电机智能循迹运行
**************************************************************/
void Track(void)
{
    //若机器人两侧红外传感器均未检测到黑线,则调用机器人前进函数
    if(Left_IRSenor_Track==0&&Right_IRSenor_Track==0)
    {
        GoForward();
        Flag=1;             //Flag 置 1,表示机器人没有在黑色标志线上行驶
    }
    //若机器人右侧红外线传感器检测到黑线,则调用机器人右转函数
    if(Left_IRSenor_Track==0&&Right_IRSenor_Track==1)
    {
        GoRight();
    }
    //若机器人左侧红外线传感器检测到黑线,则调用机器人左转函数
    if(Left_IRSenor_Track==1&&Right_IRSenor_Track==0)
    {
        GoLeft();
    }
    //机器人两侧传感器均检测到黑线
    if(Left_IRSenor_Track==1&&Right_IRSenor_Track==1)
    {
        GoForward();
        if(Flag!=0)                 //Flag 不等于 0,表示此时机器人已行驶到黑色标志线处
        {
```

```
            Line++;                    //机器人检测到的黑色标志线根数值+1
        }
        Flag=0;                        //Flag清零,表示机器人正在黑色标志线上行驶
    }
}

/*************************************************************
 * 函数: TIMER0_Init
 * 功能: 初始化定时器 T0 方式 1
/*************************************************************/
void TIMER0_Init(void)
{
    TMOD=0x01;                         //设置定时器 T0 工作方式 1,16 位定时计数器
    TH0=0xFC;                          //1ms 定时
    TL0=0x18;
    TR0=1;                             //定时器 T0 开始计数
    ET0=1;                             //开启定时器 T0 中断
    EA=1;                              //开启总中断
}

/*************************************************************
 * 函数: main
 * 功能: 乙机器人智能循迹,驶入停车区停车,收到无线呼叫后重新启动,
 *        在确定位置发送无线呼叫信号,实现智能超车
/*************************************************************/
void main(void)
{
    unsigned char Robot_Stop=0;  //机器人停车标志位
    unsigned int i=0;
    P0=0xDF;                     //关数码管
    P1=0xF0;                     //关电机
    //乙机器人按键启动
    while(1)
    {
        if(P3_7!=1)
        {
            delay_ms(50);
            if(P3_7!=1) break;
        }
    }
    delay_ms(50);
    TIMER0_Init();                     //初始化定时器 T0 方式 1
    while(1)
    {
    Track();                           //乙机器人智能循迹
```

```
//数码管实时显示
if(Line)
{
    if(Line%8)
        LEDTube_Show(6,Line%8);  //第 6 位数码管显示当前 Line 的值
    else
        LEDTube_Show(6,8);       //第 6 位数码管显示当前 Line 的值
}
//乙机器人检测到黑色标志线 4,通信板无线呼叫甲机器人
if(Line%8==4)
{
    KEY1=0;                      //需要一段时间模拟按键按下的状态
    for(i=0;i<80;i++)
        Track();
    KEY1=1;                      //模拟按键情况下的上升沿触发
}
//若乙机器人检测到黑色标志线 6 且未停过车,则驶进停车区停车
if(Line%8==6&&Robot_Stop==0)
{
    //延时的左转弯方法,根据电池电量调整延时时间
    GoForward();
    delay_ms(100);
    GoLeft();
    delay_ms(250);
    //继续向前循迹,进入停车区停车
    for(i=0;i<30000;i++)
        Track();
    Stop();
    Robot_Stop=1;                //停车标志位置 1,表示已经停车
    LED1=1;                      //重置 LED 和 KEY 信号避免接收失败,准备接收
    KEY1=1;
    while(LED1);                 //检测 LED 信号
    LED1=1;                      //复原 LED 信号
    GoBack();                    //短暂后退动作,避免在弯道处冲出轨道
    delay_ms(100);
}
//若乙机器人检测到黑色标志线"7"且已停过车,则驶出停车区
if(Line%8==7&&Robot_Stop==1)
{
    Robot_Stop=0;                //停车标志位清零,表示已经离开停车区
    //延时的左转弯方法,根据电池电量调整延时时间
    GoForward();
    delay_ms(100);
    GoLeft();
    delay_ms(250);
```

```
        }
    }
}

/***************************************************************
 * 函数: TIMER0_IRQHandler
 * 功能: TIMER0 中断服务子函数产生 PWM 信号
/***************************************************************/
void TIMER0_IRQHandler(void) interrupt 1 using 2
{
    TH0=0xFC;                              //1ms 定时
    TL0=0x18;
    Left_PWM_Value++;                      //左电机 PWM 值变量+1
    Right_PWM_Value++;                     //右电机 PWM 值变量+1
    Left_Motor_PWM_Adjust();               //调节左电机 PWM 占空比
    Right_Motor_PWM_Adjust();              //调节右电机 PWM 占空比
}
```

车体单片机 STC89 的 I/O 口 P2.3 和 P2.5 采用导线连接到通信板单片机 STC12 的 I/O 口P2.4 和 P2.6,STC89 模拟按键控制点对点无线数据收发。因此,STC12 单片机无线通信程序与第 8 章相同,无须更改。若车体单片机 STC89 和通信板单片机 STC12 使用串行口收发数据,则程序需要加入相应的串行口初始化函数与串行口数据收发函数。

甲、乙机器人无线呼叫参考程序如下:

```
//通信板之间点对点无线通信
//按下本板 KEY1 无线点亮对方板 LED1,按下本板 KEY2 无线点亮对方板 LED2
//按下对方板 KEY1 无线点亮本板 LED1,按下对方板 KEY2 无线点亮本板 LED2
//机器人车体 P2.3 接通信板 P2.4(KEY1)
//机器人车体 P2.5 接通信板 P2.6(LED1)
//乙机器人检测到 4 标志线后车体 P2.3 置 0,模拟按键 KEY1 按下
//甲机器人车体 P2.5 检测通信板 LED1 脚为低电平,确认重新启动
//甲机器人检测到 8 标志线后车体 P2.3 置 0,模拟按键 KEY1 按下
//乙机器人车体 P2.5 检测通信板 LED1 脚为低电平,确认重新启动
//实现机器人智能超车的无线呼叫功能
#include "STC12C5A60S2.h"
//LED 灯控制接口
sbit LED1=P2^4;                            //LED1 接 P2.4
sbit LED2=P2^3;                            //LED2 接 P2.3
//按键控制接口
sbit KEY1=P2^6;                            //KEY1 接 P2.6
sbit KEY2=P2^5;                            //KEY2 接 P2.5
//蜂鸣器定义
sbit BUZZ=P2^7;                            //蜂鸣器接 P2.7
//NRF24L01 的 SPI 接口定义
sbit NRF24L01_CE  =P1^0;                   //CE 接 P1.0
```

```
sbit NRF24L01_CSN =P1^4;              //CSN 接 P1.4
sbit NRF24L01_SCK =P1^7;              //SCK 接 P1.7
sbit NRF24L01_MOSI=P1^5;              //MOSI 接 P1.5
sbit NRF24L01_MISO=P1^6;              //MISO 接 P1.6
sbit NRF24L01_IRQ =P3^2;              //IRQ 接 P3.2
//宏定义
#define uchar    unsigned char
#define uint     unsigned int
//地址宽度和数据宽度
#define TX_ADR_WIDTH     5            //5B 宽度的发送地址
#define RX_ADR_WIDTH     5            //5B 宽度的接收地址
#define TX_PLOAD_WIDTH   20           //20B 数据通道有效数据宽度,可改变范围为 0~32
#define RX_PLOAD_WIDTH   20           //20B 数据通道有效数据宽度,可改变范围为 0~32
//SPI(NRF24L01)命令
#define READ_REG        0x00          //读配置寄存器,低 5 位为寄存器地址
#define WRITE_REG       0x20          //写配置寄存器,低 5 位为寄存器地址
#define RD_RX_PLOAD     0x61          //读 RX 有效数据,1~32B
#define WR_TX_PLOAD     0xA0          //写 TX 有效数据,1~32B
#define FLUSH_TX        0xE1          //清除 TX FIFO 寄存器,发射模式下用
#define FLUSH_RX        0xE2          //清除 RX FIFO 寄存器,接收模式下用
#define REUSE_TX_PL     0xE3          //重新使用上一包数据,CE 为高,数据包被不断发送
#define NOP             0xFF          //空操作,可以用来读状态寄存器
//SPI(NRF24L01)寄存器地址
//配置寄存器地址
#define CONFIG          0x00
//使能自动应答;bit0~5,对应通道 0~5
#define EN_AA          0x01
//接收地址允许;bit0~5,对应通道 0~5
#define EN_RXADDR       0x02
//设置地址宽度(所有数据通道);bit1:0(00,3B;01,4B;02,5B)
#define SETUP_AW        0x03
//建立自动重发;bit7:4 自动重发延时 250*x+86us;bit3:0 自动重发计数器
#define SETUP_RETR      0x04
//RF 通道;bit6:0,工作通道频率;
#define RF_CH          0x05
//RF 寄存器;bit3 传输速率(0:1Mb/s,1:2Mb/s);bit2:1,发射功率;bit0 放大增益
#define RF_SETUP        0x06
//状态寄存器地址
#define STATUS          0x07
//发送检测寄存器;bit7:4,数据包丢失计数器;bit3:0,重发计数器
#define OBSERVE_TX      0x08
//载波检测寄存器;bit0,载波检测;
#define CD             0x09
//数据通道 0 接收地址,最大长度为 5B,低字节在前
#define RX_ADDR_P0      0x0A
```

```
//数据通道 1 接收地址,最大长度为 5B,低字节在前
#define RX_ADDR_P1        0x0B
//数据通道 2 接收地址,最低字节可设置,高字节必须与 RX_ADDR_P1[39:8]相等
#define RX_ADDR_P2        0x0C
//数据通道 3 接收地址,最低字节可设置,高字节必须与 RX_ADDR_P1[39:8]相等
#define RX_ADDR_P3        0x0D
//数据通道 4 接收地址,最低字节可设置,高字节必须与 RX_ADDR_P1[39:8]相等
#define RX_ADDR_P4        0x0E
//数据通道 5 接收地址,最低字节可设置,高字节必须与 RX_ADDR_P1[39:8]相等
#define RX_ADDR_P5        0x0F
//发送地址(低字节在前),ShockBurst™模式下,RX_ADDR_P0 与此地址相等
#define TX_ADDR    0x10
#define RX_PW_P0      0x11                //接收数据通道 0 有效数据宽度(1~32B)
#define RX_PW_P1      0x12                //接收数据通道 1 有效数据宽度(1~32B)
#define RX_PW_P2      0x13                //接收数据通道 2 有效数据宽度(1~32B)
#define RX_PW_P3      0x14                //接收数据通道 3 有效数据宽度(1~32B)
#define RX_PW_P4      0x15                //接收数据通道 4 有效数据宽度(1~32B)
#define RX_PW_P5      0x16                //接收数据通道 5 有效数据宽度(1~32B)
#define FIFO_STATUS 0x17                  //FIFO 状态寄存器
#define RX_OK        0x40                 //RX 接收完成中断
#define TX_OK        0x20                 //TX 发送完成中断
#define MAX_TX       0x10                 //达到最大发送次数中断
//定义一个静态发送地址
uchar code TX_ADDRESS[TX_ADR_WIDTH]={0x98,0x05,0x02,0x11,0x11};
//定义一个静态接收地址
uchar code RX_ADDRESS[RX_ADR_WIDTH]={0x98,0x05,0x02,0x11,0x11};
/************************************************************
*函数: delay_ms
*功能: ms 延时
*参数: n 延时 n*1ms
************************************************************/
void delay_ms(unsigned int n)
{
    unsigned int i,j;
    for(i=n; i>0; i--)
      for(j=920; j>0; j--);              //STC12,9.0592MHz
}
/************************************************************
*函数: NRF24L01_Init
*功能: 初始化 NRF24L01 的 SPI 的 I/O
************************************************************/
void NRF24L01_Init(void)
{
    NRF24L01_CE=0;                       //待机,使能 NRF24L01
    NRF24L01_CSN=1;                      //SPI 禁止
```

```
    NRF24L01_SCK=0;                          //SPI 时钟置低
}
/************************************************************
* 函数: NRF24L01_RW
* 功能: SPI 协议,写一字节数据到 NRF24L01,同时从 NRF24L01 读出一字节
*        软件模拟 SPI 协议
* 参数:byte 写入的字节
* 返回:byte 读出的字节
************************************************************/
uchar NRF24L01_RW(uchar byte)
{
    uchar i;
    for(i=0; i<8; i++)                       //循环 8 次
    {
        NRF24L01_MOSI =(byte & 0x80); //byte 最高位输出到 MOSI
        byte <<=1;                           //低一位移位到最高位
        //拉高 SCK,NRF24L01 从 MOSI 读入 1 位数据,同时从 MISO 输出 1 位数据
        NRF24L01_SCK =1;
        byte |=NRF24L01_MISO;                //读 MISO 到 byte 最低位
        NRF24L01_SCK =0;                     //SCK 置低
    }
    return(byte);                            //返回读出的一字节
}
/************************************************************
* 函数: NRF24L01_Read_Reg
* 功能: 从 NRF24L01 的 reg 寄存器读一字节
* 参数:reg 寄存器
* 返回:reg_val 寄存器数据
************************************************************/
uchar NRF24L01_Read_Reg(uchar reg)
{
    uchar reg_val;
    NRF24L01_CSN =0;                         //CSN 置低,开始传输数据
    NRF24L01_RW(reg);                        //选择寄存器
    reg_val =NRF24L01_RW(0);                 //从该寄存器读数据
    NRF24L01_CSN =1;                         //CSN 拉高,结束数据传输
    return(reg_val);                         //返回寄存器数据
}

/************************************************************
* 函数: NRF24L01_Write_Reg
* 功能: 写数据 value 到 NRF24L01 的 reg 寄存器
* 参数:reg 寄存器, value 写入的值
* 返回:status 状态寄存器的值
************************************************************/
```

```
uchar NRF24L01_Write_Reg(uchar reg, uchar value)
{
    uchar status;
    NRF24L01_CSN =0;                        //CSN 置低,开始传输数据
    status =NRF24L01_RW(reg);               //选择寄存器,同时返回状态字
    NRF24L01_RW(value);                     //写数据到该寄存器
    NRF24L01_CSN =1;                        //CSN 拉高,结束数据传输
    return(status);                         //返回状态寄存器
}

/*************************************************************
* 函数: NRF24L01_Read_Buf
* 功能: 从 reg 寄存器读出 bytes 个字节,
*       通常用来读取接收通道数据或接收/发送地址
* 参数:reg 寄存器, pBuf 读取数据存放数组, bytes 读取字节数
* 返回:status 状态寄存器的值
*************************************************************/
uchar NRF24L01_Read_Buf(uchar reg, uchar * pBuf, uchar bytes)
{
    uchar status, i;
    NRF24L01_CSN =0;                        //CSN 置低,开始传输数据
    status =NRF24L01_RW(reg);               //选择寄存器,同时返回状态字
    for(i=0; i<bytes; i++)
        pBuf[i] =NRF24L01_RW(0);            //逐个字节从 NRF24L01 读出
    NRF24L01_CSN =1;                        //CSN 拉高,结束数据传输
    return(status);                         //返回状态寄存器
}

/*************************************************************
* 函数: NRF24L01_Write_Buf
* 功能: 把 pBuf 缓存中的数据写入 nRF24L01,
*       通常用来写入发射通道数据或接收/发送地址
* 参数:reg 寄存器, pBuf 写入数据存放数组, bytes 写入字节数
* 返回:status 状态寄存器的值
*************************************************************/
uchar NRF24L01_Write_Buf(uchar reg, uchar * pBuf, uchar bytes)
{
    uchar status, i;
    NRF24L01_CSN =0;                        //CSN 置低,开始传输数据
    status =NRF24L01_RW(reg);               //选择寄存器,同时返回状态字
    for(i=0; i<bytes; i++)
        NRF24L01_RW(pBuf[i]);               //逐个字节写入 NRF24L01
    NRF24L01_CSN =1;                        //CSN 拉高,结束数据传输
    return(status);                         //返回状态寄存器
}
```

```
/************************************************************
* 函数: NRF24L01_RX_Mode
* 功能: 设置 NRF24L01 为接收模式,等待接收发送设备的数据包
/************************************************************/
void NRF24L01_RX_Mode(void)
{
    NRF24L01_CE =0;
    //接收设备接收通道 0 的地址和发送设备的发送地址相同
    NRF24L01_Write_Buf(WRITE_REG +RX_ADDR_P0, RX_ADDRESS, RX_ADR_WIDTH);
    //使能接收通道 0 自动应答
    NRF24L01_Write_Reg(WRITE_REG +EN_AA, 0x01);
    //使能接收通道 0
    NRF24L01_Write_Reg(WRITE_REG +EN_RXADDR, 0x01);
    //选择射频通道 40
    NRF24L01_Write_Reg(WRITE_REG +RF_CH, 40);
    //接收通道 0 选择和发送通道相同的有效数据宽度 20B
    NRF24L01_Write_Reg(WRITE_REG +RX_PW_P0, RX_PLOAD_WIDTH);
    //数据传输率为 1Mb/s,发射功率为 0dBm,低噪声放大器增益
    NRF24L01_Write_Reg(WRITE_REG +RF_SETUP, 0x07);
    //CRC 使能,16 位 CRC 校验,上电,接收模式
    NRF24L01_Write_Reg(WRITE_REG +CONFIG, 0x0f);
    NRF24L01_CE =1;                          //拉高 CE 启动接收设备
}
/************************************************************
* 函数: NRF24L01_TX_Mode
* 功能: 设置 NRF24L01 为发送模式,CE=1 至少持续 10μs,130μs 后启动发射,
*           数据发送结束后,发送模块自动转入接收模式等待应答信号
/************************************************************/
void NRF24L01_TX_Mode(void)
{
    NRF24L01_CE =0;
    //写入发送地址
    NRF24L01_Write_Buf(WRITE_REG +TX_ADDR, TX_ADDRESS, TX_ADR_WIDTH);
    //为了应答接收设备,接收通道 0 地址和发送地址相同
    NRF24L01_Write_Buf(WRITE_REG +RX_ADDR_P0, RX_ADDRESS, RX_ADR_WIDTH);
    //使能接收通道 0 自动应答
    NRF24L01_Write_Reg(WRITE_REG +EN_AA, 0x01);
    //使能接收通道 0
    NRF24L01_Write_Reg(WRITE_REG +EN_RXADDR, 0x01);
    //自动重发延时等待 250μs+86μs,自动重发 10 次
    NRF24L01_Write_Reg(WRITE_REG +SETUP_RETR, 0x1a);
    //选择射频通道 40
    NRF24L01_Write_Reg(WRITE_REG +RF_CH, 40);
    //数据传输率为 1Mb/s,发射功率为 0dBm,低噪声放大器增益
    NRF24L01_Write_Reg(WRITE_REG +RF_SETUP, 0x07);
```

```
    //CRC使能,16位CRC校验,上电
    NRF24L01_Write_Reg(WRITE_REG +CONFIG, 0x0e);
    NRF24L01_CE =1;                   //拉高CE启动发送设备
}

/*************************************************************
*函数: NRF24L01_RxPacket
*功能: NRF24L01接收一次数据包
*参数:rxbuf,表示待接收数据包首地址
*返回:接收成功完成,RX_OK=0x40; 接收失败,Fail=0xff
*************************************************************/
uchar NRF24L01_RxPacket(uchar * rxbuf)
{
    uchar sta;
    //读取状态寄存器的值
    sta=NRF24L01_Read_Reg(STATUS);
    //清除TX_DS或MAX_RT中断标志
    NRF24L01_Write_Reg(WRITE_REG+STATUS,sta);
    //接收到数据
    if(sta&RX_OK)
    {
        //读取数据
        NRF24L01_Read_Buf(RD_RX_PLOAD,rxbuf,RX_PLOAD_WIDTH);
        //清除RX FIFO寄存器
        NRF24L01_Write_Reg(FLUSH_RX,0xff);
        return RX_OK;
    }
    return 0xff;                      //没收到任何数据
}
/*************************************************************
*函数: NRF24L01 TxPacket
*功能: NRF24L01发送一次数据包
*参数:txbuf,表示待发送数据包首地址
*返回:发送成功完成,TX_OK=0x20; 发送失败,Fail=0xff
*************************************************************/
uchar NRF24L01_TxPacket(uchar * txbuf)
{
    uchar sta;
    NRF24L01_CE=0;
    //写数据到TX_BUF 20B(0-32)
    NRF24L01_Write_Buf(WR_TX_PLOAD,txbuf,TX_PLOAD_WIDTH);
    //启动发送
    NRF24L01_CE=1;
    //等待发送完成
    while(NRF24L01_IRQ!=0);
```

```
    //读取状态寄存器的值
    sta=NRF24L01_Read_Reg(STATUS);
    //清除 TX_DS 或 MAX_RT 中断标志
    NRF24L01_Write_Reg(WRITE_REG+STATUS,sta);
    if(sta&MAX_TX)//达到最大重发次数
    {
        NRF24L01_Write_Reg(FLUSH_TX,0xff);      //清除 TX FIFO 寄存器
        return MAX_TX;
    }
    if(sta&TX_OK)                               //发送完成
    {
        return TX_OK;
    }
    return 0xff;                                //由于其他原因发送失败
}

/************************************************************
* 函数: Key_Scan
* 功能: 检测并识别按键
* 返回:按下 KEY1 返回 1,按下 KEY2 返回 2,否则返回 0
************************************************************/
unsigned char KEY_Scan()
{
    unsigned char KEY,KEY_Val;
    KEY=P2;
    KEY&=0x60;
    if(KEY!=0x60)
    {
      delay_ms(10);
      KEY=P2;
      KEY&=0x60;
      if(KEY!=0x60)                             //两次判断 KEY 值来消除抖动
        {
          switch(KEY)
          {
             case 0x20: KEY_Val=1;break;        //KEY1 按下
             case 0x40: KEY_Val=2;break;        //KEY2 按下
             default:   KEY_Val=0;break;        //KEY1 和 KEY2 都没有按下
          }
             while((P2&0x60)!=0x60);            //实现上升沿触发
             return KEY_Val;
        }
    }
}
```

```
/************************************************************
*函数: main
*功能: 检测按键,并无线发送数据包;接收无线数据包,并处理
/************************************************************/
void main(void)
{
    unsigned char TxRx_Data,KEY_tmp;
    unsigned char xdata NRF24L01_tmp_buf[20];
    NRF24L01_Init();                           //初始化 NRF24L01
    NRF24L01_RX_Mode();                        //NRF24L01 置为接收模式
    while(1)
    {
      KEY_tmp=KEY_Scan();                      //扫描按键获得键值
      if(KEY_tmp==1)//若 KEY1 键被按下,则发送当前键值
      {
         NRF24L01_tmp_buf[0]=KEY_tmp;          //准备发送键值
         NRF24L01_TX_Mode();                   //NRF24L01 置为发送模式
         delay_ms(10);
         //NRF24L01 无线发送数据包成功
         if(NRF24L01_TxPacket(NRF24L01_tmp_buf)==TX_OK)
         {
         }
         delay_ms(100);
         NRF24L01_RX_Mode();                   //NRF24L01 置为接收模式
      }
      if(KEY_tmp==2)//若 KEY2 键被按下,则发送当前键值
      {
         NRF24L01_tmp_buf[0]=KEY_tmp;          //准备发送键值
         NRF24L01_TX_Mode();                   //NRF24L01 置为发送模式
         delay_ms(10);
         //NRF24L01 无线发送数据包成功
         if(NRF24L01_TxPacket(NRF24L01_tmp_buf)==TX_OK)
         {
         }
         delay_ms(100);
         NRF24L01_RX_Mode();                   //NRF24L01 置为接收模式
      }
      //如果收到无线信息,则进行处理
      if(NRF24L01_RxPacket(NRF24L01_tmp_buf)==RX_OK)
      {
         TxRx_Data=NRF24L01_tmp_buf[0];        //取出无线数据包首字节
         //判断收到的信息并处理,对方按下 KEY1 键,本方 LED1 点亮
         if(TxRx_Data==1)
         {
            LED1=0;
```

```
        delay_ms(100);
        LED1=1;
    }
    //判断收到的信息并处理,对方按下 KEY2 键,本方 LED2 点亮
    else if(TxRx_Data==2)
    {
        LED2=0;
        delay_ms(100);
        LED2=1;
    }
  }
 }
}
```

思 考 题

将本章机器人车体与通信板数据交换的连接换为串行口 1,实现与本章所述相同的智能超车功能。

第 10 章 机器人智能旅行

10.1 机器人系统结构

机器人智能旅行，其功能是机器人自起点出发，遍历所有路径到达终点后返回起点，然后选择最优路径，用最短时间再次从起点运行到终点的过程。其硬件行为是机器人在单片机控制下利用传感器检测识别路径标志，通过执行器电机完成前进、调头、左转、右转和停止等规定动作。其软件行为是在尽可能少的时间里遍历起点到终点的所有路径，并通过智能算法筛选出最优路径。回到起点后按照最优路径以最短时间再次从起点到达终点。

国际电脑鼠走迷宫竞赛中的电脑鼠便是一个由微控制器（单片机）控制的，集感知、判断、行走功能于一体，能够自动寻找最优路径到达目的地的机器人。迷宫由白色的隔墙板和刷上黑漆的地面构成，分为 256 个方格，排成 16 行×16 列。迷宫的隔墙板沿方块的四周布设，形成迷宫通道。隔墙板可随机设置形成不同的迷宫路径。竞赛起点可设在迷宫任何一角，其三面要有隔墙；竞赛的终点设在迷宫的中央。一只完整的电脑鼠由机身、电源、红外传感器、微控制器、电机及驱动组成。其大小不超过迷宫的一格。竞赛要求电脑鼠在 15min 内遍历迷宫路径回到起点，然后沿最优路径从起点冲刺到终点。整体用时最少者获胜。

电脑鼠探索策略有全迷宫探索与部分迷宫探索，前者将迷宫所有单元均搜索一次，从中找出最优行走路径。后者则只探测迷宫的一部分，从中找出次优的路径。电脑鼠行走方向有前、左、右与死巷四种。如果有两个及以上的可能行走方向，则称为交叉，遇有交叉时，通常有几种选择法则：以右手法则为例，即遇到交叉，向右走优先，其次直行，最后向左走。

本章完成一个基于单片机控制的低成本机器人平台，在“旅行”遍历并寻找最优路径的功能实现过程中体现智能控制逻辑与算法。可认为该平台是电脑鼠走迷宫的雏形。

机器人智能旅行系统的组成如图 10.1 所示，包括机器人和用户远程监控移动终端。

由于机器人检测环境变量的传感器数量较少，因此机器人的移动继续采用循迹方式。机器人依然以左、右两个红外循迹传感器同时检测到黑线确定功能标志线。旅行过程中的循迹依然由机器人车体控制器、传感器和执行器实现。机器人在旅行过程中有直行、左转弯、右转弯以及调转 180°等行为。用户移动终端实现远程监控机器人旅行状态。机器人车体与机器人通信板之间采用导线连接通过串行口 1 收发数据。机器人与移动终端之间通过 NRF24L01 短距离无线通信模块进行数据交换。

机器人系统的具体组成包括车体和通信板。

机器人车体包括左、右红外循迹传感器，控制器 STC89C52RC 单片机，执行器电机驱动芯片 L293D 和左、右直流电机。

机器人通信板包括控制器 STC12C5A60S2 单片机、NRF24L01 短距离无线通信模块。

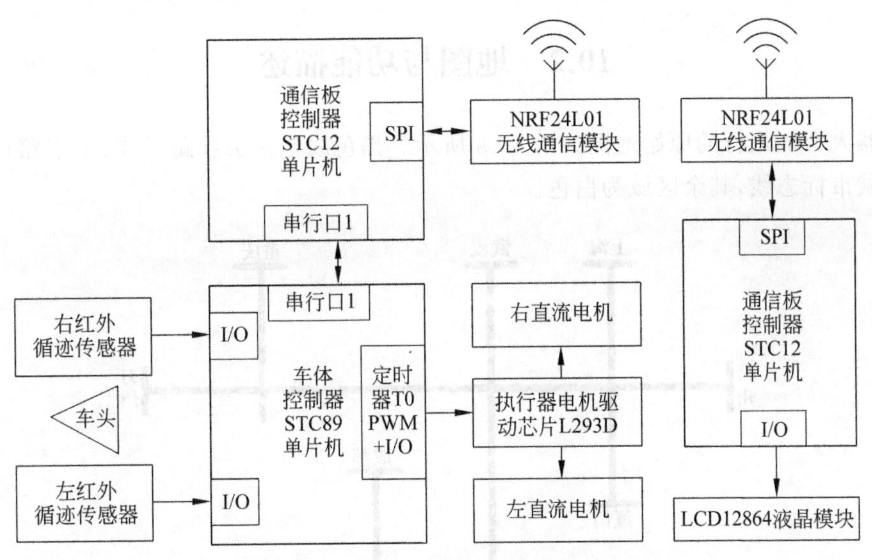

图 10.1　机器人智能旅行系统的组成

机器人车体与机器人通信板之间通过串行口 1 进行数据交换。

机器人系统由+7.2V 可充电锂电池供电。

移动终端是另一块用户手持通信板，包括控制器 STC12C5A60S2 单片机、NRF24L01 短距离无线通信模块，以及显示器 LCD12864 液晶模块。

移动终端与机器人之间通过 NRF24L01 短距离无线通信模块进行数据交换。

移动终端通过 LCD12864 液晶模块显示机器人的旅行状态。

移动终端由移动电源通过 USB 线输出+5V 供电。

机器人智能旅行系统单片机引脚连接图如图 10.2 所示。

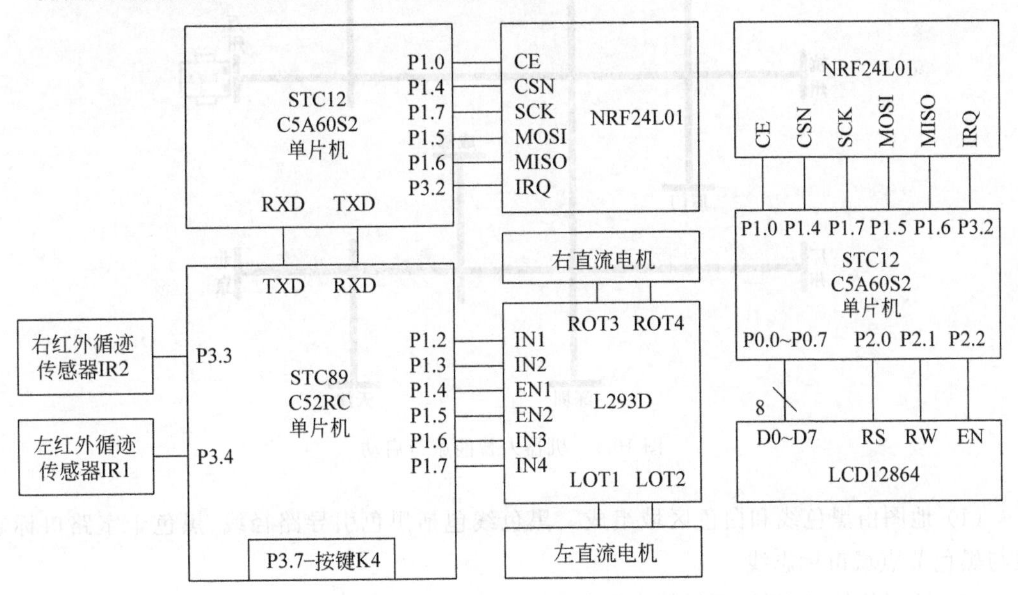

图 10.2　机器人智能旅行系统单片机引脚连接图

10.2 地图与功能描述

机器人智能旅行的原始地图如图 10.3 所示。黑色线包括引导路径线、十字路口标志线与节点城市标志线,其余区域为白色。

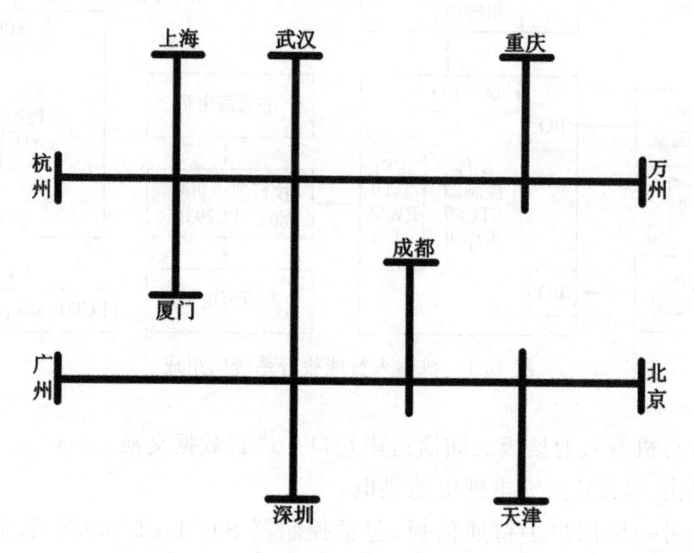

图 10.3 机器人智能旅行的原始地图

机器人智能旅行启动如图 10.4 所示。功能描述如下:

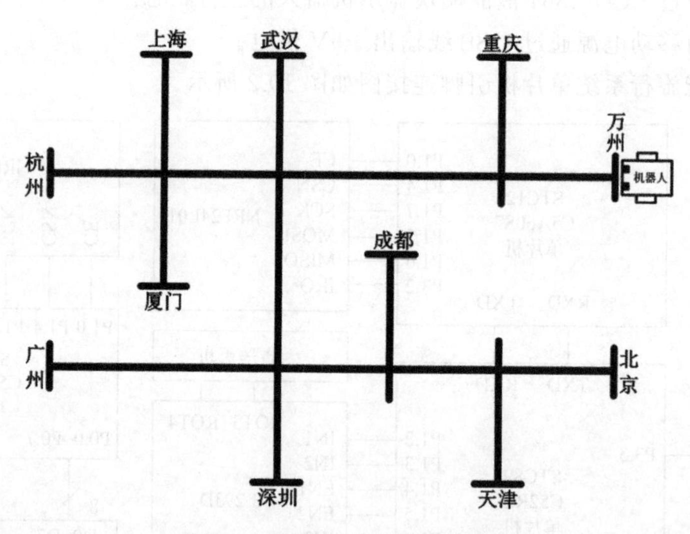

图 10.4 机器人智能旅行启动

(1) 地图由黑色线和白色区域组成。黑色线包括黑色引导路径线、黑色十字路口标志线与黑色节点城市标志线。

(2) 地图的长宽不限,可根据实际情况选择相应长宽的白纸和黑色胶带制作。黑色胶带的宽度必须小于左、右红外传感器之间的距离。

(3) 黑色节点城市标志线的长度必须大于左、右红外传感器之间的距离。

(4) 机器人从万州出发，采用右手定则，按照万州、重庆、武汉、上海、杭州、厦门、广州、深圳、天津、北京、成都、万州顺序遍历所有节点城市，如图 10.5 所示，此时机器人到达上海。机器人智能旅行遍历所有城市如图 10.6 所示。

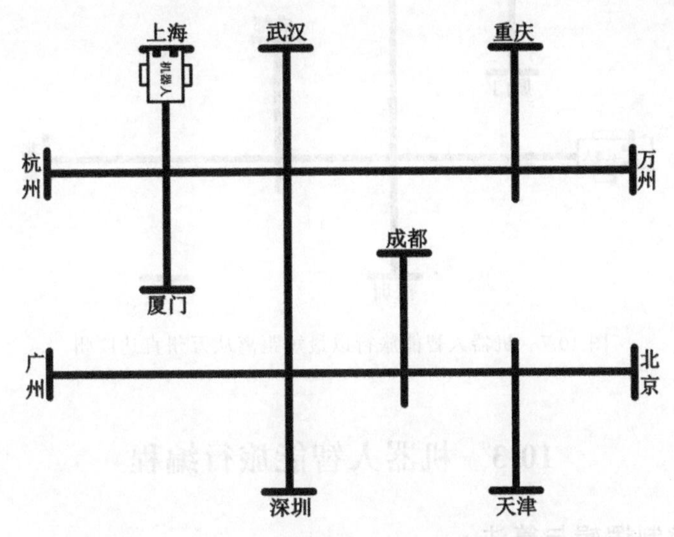

图 10.5　机器人智能旅行遍历城市过程中到达上海

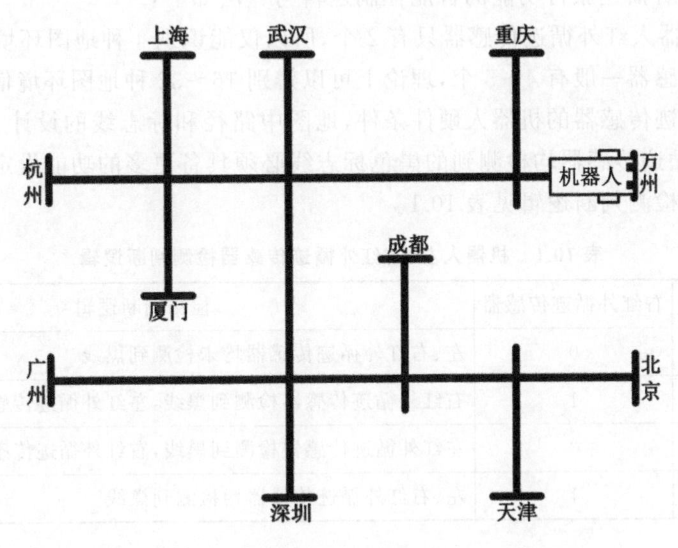

图 10.6　机器人智能旅行遍历所有城市返回万州

(5) 机器人返回万州后，再以最短距离从万州直接运行到广州，如图 10.7 所示。

(6) 机器人遍历和直达过程中无线发送节点城市数据给移动终端实时显示。

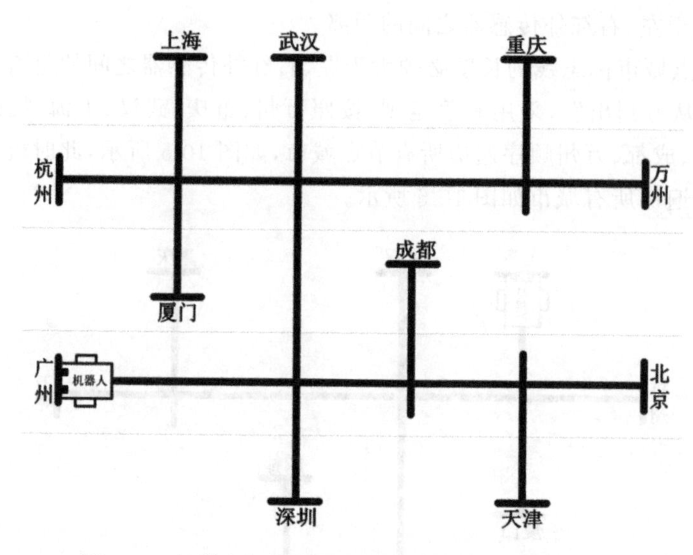

图 10.7 机器人智能旅行以最短距离从万州直达广州

10.3 机器人智能旅行编程

10.3.1 智能控制逻辑与算法

机器人实现所描述旅行功能的智能控制逻辑与算法如下：

(1) 由于机器人红外循迹传感器只有 2 个，所以仅能识别 4 种地图环境信号，而电脑鼠走迷宫的红外传感器一般有 4～5 个，理论上可以辨别 16～32 种地图环境信号。因此，针对仅有 2 个红外循迹传感器的机器人硬件条件，地图中路径和标志线的设计只能采用简单模式。左、右红外循迹传感器均检测到的黑色标志线必须具备更多的功能设定。机器人左、右红外循迹传感器检测判断逻辑见表 10.1。

表 10.1 机器人左、右红外循迹传感器检测判断逻辑

左红外循迹传感器	右红外循迹传感器	检测判断逻辑
0	0	左、右红外循迹传感器均未检测到黑线
0	1	右红外循迹传感器检测到黑线，左红外循迹传感器未检测到黑线
1	0	左红外循迹传感器检测到黑线，右红外循迹传感器未检测到黑线
1	1	左、右红外循迹传感器均检测到黑线

(2) 遍历所有路径选出最优路径的基本策略算法便是让机器人全路径探索并记下所有路径从中寻找最优路径，当地图不复杂时，这是一个可取的算法。本章也采取此算法并根据实际进行了简化。而针对电脑鼠走迷宫，则有更多的部分探索算法可以选择，如 A * 算法等。

机器人的运行过程分为两步：第一步，机器人按照万州—重庆—武汉—上海—杭州—厦门—广州—深圳—天津—北京—成都—万州的顺序遍历所有城市；第二步，机器人返回万

州后选择最短路径从万州直达广州。在第一步的遍历过程中,针对十字路口交叉的执行行为统一采用右手定则,即遇到十字路口时以右边为优先前进方向,即优先执行右转 90°遍历所有路径。

左、右红外循迹传感器均检测到黑线时,此黑色标志线可分为两种情况:第一种,十字路口标志线;第二种,节点城市标志线。对于机器人来说,这两种情况属于一种检测判断逻辑,只是执行行为不同。

针对地图与功能描述,机器人的执行行为可以分为五种:第一种,向前直行;第二种,右转 90°;第三种,左转 90°;第四种,旋转 180°调头;第五种,停止运行。

算法将地图中的标志线和机器人执行行为结合,进行数字编号,分为 0,1,2,3,9。当左、右红外循迹传感器均检测到标志线时:0 号标志线,向前直行;1 号标志线,右转 90°;2 号标志线,左转 90°;3 号标志线,旋转 180°调头;9 号标志线,停止运行。

(3) 在程序中设置两个全局变量——机器人循迹软件标志位 Flag 与机器人功能标志线软件标志位 Route_Mark,二者共同作用实现对黑色十字路口标志线与黑色节点城市标志线的检测判断。

(4) 当机器人左、右两边的红外循迹传感器既没有检测到黑色引导路径线,也没有检测到黑色十字路口标志线与节点城市标志线时,机器人循迹向前直行,并在程序中将软件标志位 Flag 置 1,如图 10.8 所示。

(5) 当机器人右红外循迹传感器检测到黑色引导路径线时,机器人控制电机实现右转一定角度,从而调整车头方向,以保证循迹向前直行,如图 10.9 所示。

方法一:机器人左、右电机保持匀速,左电机向前转,右电机向后转。

方法二:机器人左、右电机均向前转,左电机的转速大于右电机的转速。

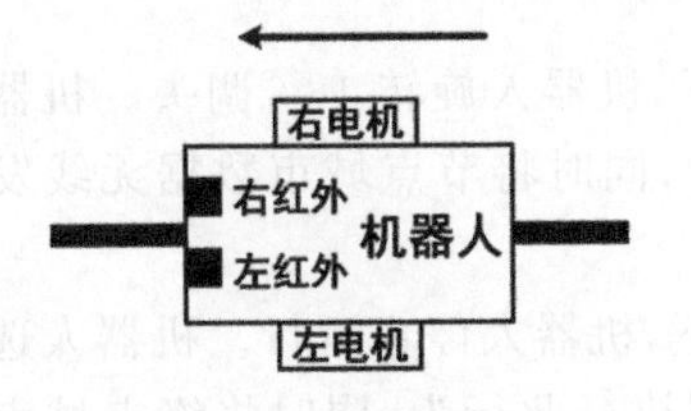

图 10.8　左、右红外传感器均未检测到黑色路径线与标志线,机器人直行

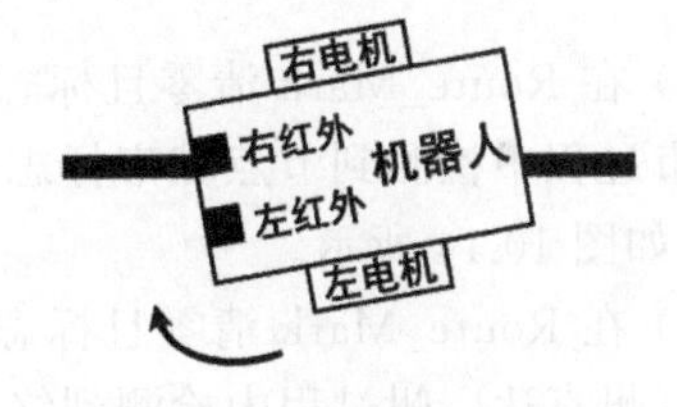

图 10.9　右红外传感器检测到黑色路径线,机器人右转

(6) 当机器人左红外循迹传感器检测到黑色引导路径线时,机器人控制电机实现左转一定角度,从而调整车头方向,以保证循迹向前直行,如图 10.10 所示。

方法一:机器人左、右电机保持匀速,右电机向前转,左电机向后转。

方法二:机器人左、右电机均向前转,右电机的转速大于左电机的转速。

(7) 当机器人左、右两边的红外循迹传感器均检测到黑色十字路口标志线或黑色节点城市标志线时,此时统一判断软件标志位 Flag 的值。当 Flag 的值为 1 时,机器人认为检测到一条标志线,标志线数值 Line 加 1,然后对 Flag 清零,同时将 Route_Mark 清零。如步骤(2)所述,针对不同编号的标志线,机器人执行不同的行为。

(8) 在 Route_Mark 清零且标志线为 0 的情况下,机器人向前直行。机器人启动时经过起点万州标志线即执行此行为,如图 10.11 所示。

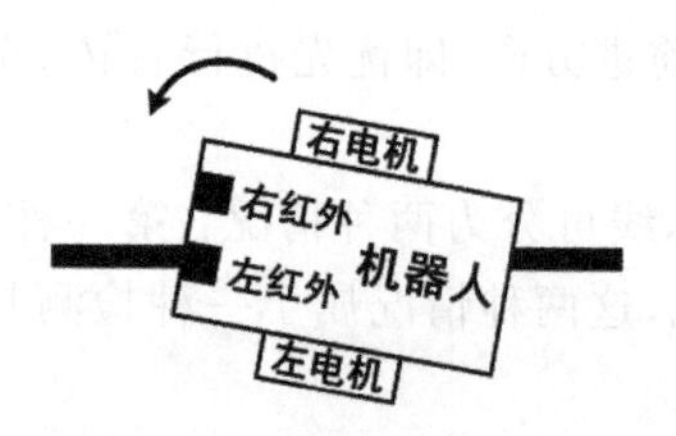

图 10.10　左红外传感器检测到黑色路径线，机器人左转

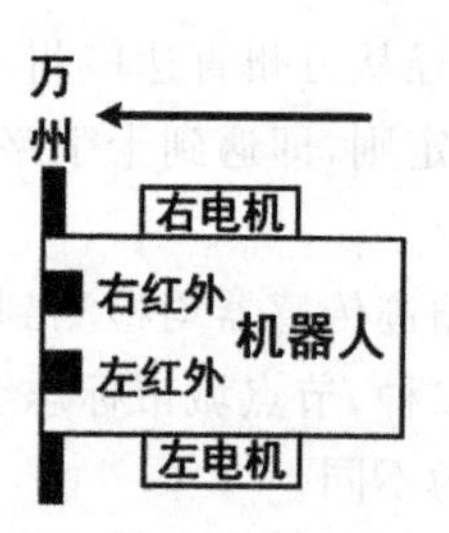

图 10.11　Route_Mark 清零且标志线为 0，机器人向前直行并无线发送运行状态数据

(9) 在 Route_Mark 清零且标志线为 1 的情况下，机器人右转 90°。机器人遍历所有城市过程中检测到十字路口标志线即执行此行为，如图 10.12 所示。

(10) 在 Route_Mark 清零且标志线为 2 的情况下，机器人左转 90°。机器人选择最短路径从万州直达广州过程中检测到十字路口标志线即执行此行为，如图 10.13 所示。

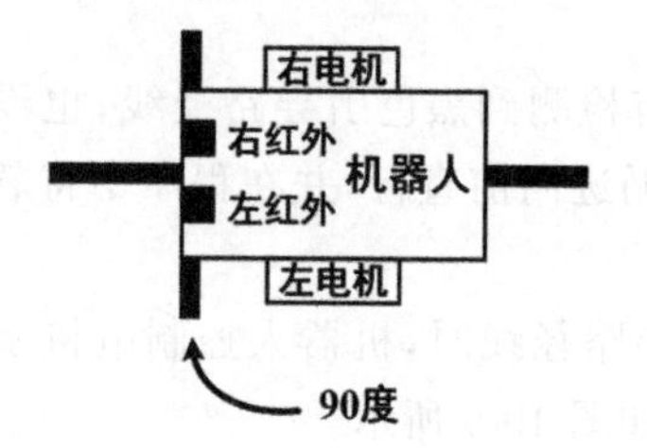

图 10.12　Route_Mark 清零且标志线为 1，机器人右转 90°

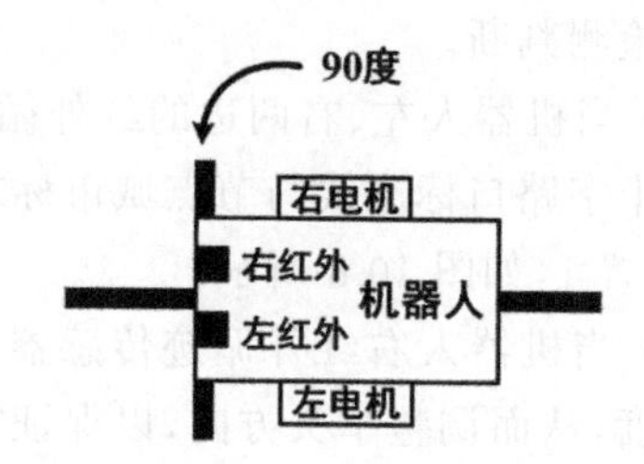

图 10.13　Route_Mark 清零且标志线为 2，机器人左转 90°

(11) 在 Route_Mark 清零且标志线为 3 的情况下，机器人旋转 180°调头。机器人遍历所有城市过程中检测到节点城市标志线即执行此行为，同时将节点城市数据无线发送到移动终端，如图 10.14 所示。

(12) 在 Route_Mark 清零且标志线为 9 的情况下，机器人停止运行。机器人选择最短路径从万州直达广州过程中检测到终点广州标志线即执行此行为，同时将终点城市数据无线发送到移动终端，如图 10.15 所示。

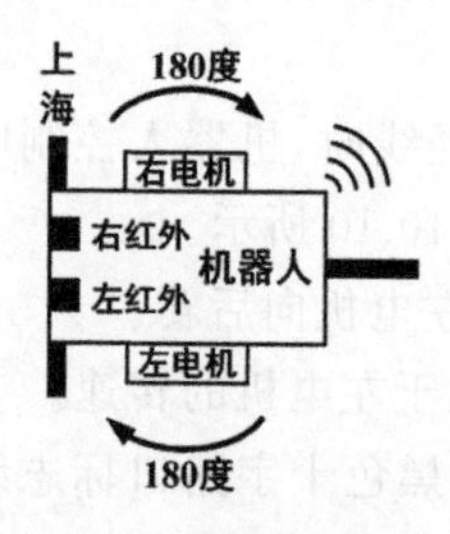

图 10.14　Route_Mark 清零且标志线为 3，机器人旋转 180°调头并无线发送节点城市数据

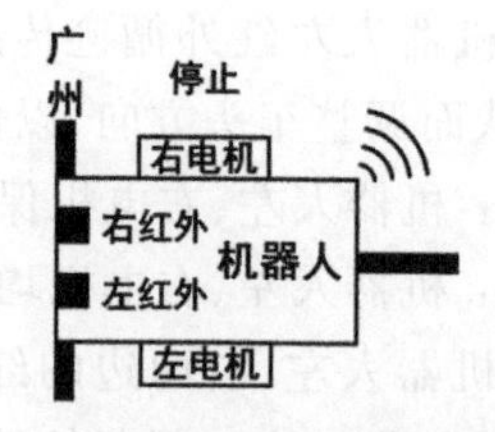

图 10.15　Route_Mark 清零且标志线为 9，机器人停止运行并无线发送终点城市数据

(13) 移动终端一直处于接收状态，不断接收机器人发来的节点城市无线数据，然后将节点城市信息在 LCD12864 液晶模块上显示，当按最短路径直达终点后，蜂鸣器鸣叫。

10.3.2 智能旅行参考程序

机器人智能旅行遍历所有城市并选择最优路径。同时,车体将检测到的路况数据通过串行口1实时发送给通信板。参考程序如下:

```
//机器人智能旅行
//第一步,从万州出发遍历所有城市并返回万州
//遍历旅行线路如下:
//万州-重庆-武汉-上海-杭州-厦门-广州-深圳-天津-北京-成都-万州
//第二步,返回万州后沿最短路径从万州直达广州
//直达旅行线路:万州-广州
//机器人遍历和直达过程中无线发送节点城市数据给移动终端实时显示
//机器人车体和通信板通过串行口1交换数据
//机器人车体将节点城市数据通过串行口1实时发送给通信板
//通信板将串行口1收到的节点城市数据无线发送给移动终端
#include <reg51.h>
//单片机控制机器人车体的I/O口定义
sbit P1_2=P1^2;                          //左电机转向控制 IN1
sbit P1_3=P1^3;                          //左电机转向控制 IN2
sbit P1_4=P1^4;                          //左电机转速控制 EN1
sbit P1_5=P1^5;                          //右电机转速控制 EN2
sbit P1_6=P1^6;                          //右电机转向控制 IN3
sbit P1_7=P1^7;                          //右电机转向控制 IN4
sbit P3_3=P3^3;                          //右红外传感器
sbit P3_4=P3^4;                          //左红外传感器
sbit P3_7=P3^7;                          //机器人启动键
//宏定义
#define uchar unsigned char
#define uint  unsigned int
//红外传感器引脚
#define Left_IRSenor_Track   P3_4        //左红外传感器:1黑0白
#define Right_IRSenor_Track  P3_3        //右红外传感器:1黑0白
//机器人电机运行速度引脚
#define SPEED            10              //车轮速度调节值0~20建议SPEED>5
#define Left_Motor_PWM    P1_4           //左电机速度调节PWM信号端
#define Right_Motor_PWM    P1_5          //右电机速度调节PWM信号端
//机器人电机运行方向引脚
#define Left_Motor_Go      {P1_2=0,P1_3=1;} //IN1=0,IN2=1左电机前转
#define Left_Motor_Back    {P1_2=1,P1_3=0;} //IN1=1,IN2=0左电机后转
#define Left_Motor_Stop    {P1_2=0,P1_3=0;} //IN1=0,IN2=0左电机停转
#define Right_Motor_Go     {P1_6=1,P1_7=0;} //IN3=1,IN4=0右电机前转
#define Right_Motor_Back   {P1_6=0,P1_7=1;} //IN3=0,IN4=1右电机后转
#define Right_Motor_Stop   {P1_6=0,P1_7=0;} //IN3=0,IN4=0右电机停转
//机器人电机PWM调速变量定义
unsigned char Left_PWM_Value=0;          //左电机PWM值变量
```

```
unsigned char Left_Drive_Value=0;                //左电机车轮速度值变量N(占空比=N/20)
unsigned char Right_PWM_Value =0;                //右电机 PWM 值变量
unsigned char Right_Drive_Value=0;               //右电机车轮速度值变量N(占空比=N/20)
bit Left_moto_stop =1;                           //位变量
bit Right_moto_stop=1;                           //位变量
//循迹标志
unsigned char Line=0;                            //机器人循迹检测到的黑色标志线根数
unsigned char Flag;                              //机器人循迹标志位
//标志线标志:十字路口,节点城市
unsigned char Route_Mark=0;                      //标志线判断只执行一次标志
//遍历与直达组合旅行路径标志数组:路标数组
//遍历:万州-重庆-武汉-上海-杭州-厦门-广州-深圳-天津-北京-成都-万州
//直达:沿最短路径万州直达广州
//0-向前直行 1-90°右转 2-90°左转 3-180°调头 9-停止
char Tour_Route[38]={0,0,1,3,1,1,3,1,1,3,1,3,1,3,1,1,1,3,
1,3,1,0,1,3,1,3,0,1,3,1,1,1,0,3,0,2,1,9};       //存放最终计算出来的路径标志
/**********************************************************
* 函数: delay_ms
* 功能: ms 延时
* 参数: n 延时 n * 1ms
**********************************************************/
void delay_ms(unsigned int n)
{
    unsigned int i,j;
      for(i=n; i>0; i--)
         for(j=114; j>0; j--);                   //STC89,11.0592MHz
}
/**********************************************************
* 函数: GoForward
* 功能: 机器人向前行驶
**********************************************************/
void GoForward(void)
{
    Left_Drive_Value=SPEED;                      //左电机车轮速度
    Right_Drive_Value=SPEED;                     //右电机车轮速度
    Left_Motor_Go;                               //左电机前转
    Right_Motor_Go;                              //右电机前转
}
/**********************************************************
* 函数: GoLeft
* 功能: 机器人向左转
**********************************************************/
void GoLeft(void)
{
    Left_Drive_Value=SPEED;                      //左电机车轮速度
```

```
    Right_Drive_Value=SPEED;                    //右电机车轮速度
    Right_Motor_Go;                             //右电机前转
    Left_Motor_Back;                            //左电机后转
}
/************************************************************
* 函数: GoRight
* 功能: 机器人向右转
************************************************************/
void GoRight(void)
{
    Left_Drive_Value=SPEED;                     //左电机车轮速度
    Right_Drive_Value=SPEED;                    //右电机车轮速度
    Left_Motor_Go;                              //左电机前转
    Right_Motor_Back;                           //右电机后转
}
/************************************************************
* 函数: Stop
* 功能: 机器人停止运行
************************************************************/
void Stop(void)
{
    Left_Motor_Stop;                            //左电机停转
    Right_Motor_Stop;                           //右电机停转
}
/************************************************************
* 函数: GoAround
* 功能: 机器人 180°调头
************************************************************/
void GoAround(void)
{
    Left_Drive_Value=11;                        //调头左电机车轮速度
    Right_Drive_Value=11;                       //调头右电机车轮速度
    Left_Motor_Go;                              //左电机前转
    Right_Motor_Back;                           //右电机后转
    delay_ms(650);                              //延时
    Stop();                                     //调头后悬停
}
/************************************************************
* 函数: GoBack
* 功能: 机器人后退
************************************************************/
void GoBack(void)
{
    Left_Drive_Value=SPEED;                     //左电机车轮速度
    Right_Drive_Value=SPEED;                    //右电机车轮速度
```

```
    Left_Motor_Back;                              //左电机后转
    Right_Motor_Back;                             //右电机后转
}
/************************************************************
 *函数:Left_Motor_PWM_Adjust
 *功能:调节 Left_Drive_Value 的值改变占空比,以改变左电机的转速
/***********************************************************/
void Left_Motor_PWM_Adjust(void)
{
   if(Left_moto_stop)
    {
        if(Left_PWM_Value<=Left_Drive_Value)
          {
            Left_Motor_PWM=1;                     //EN1 输入高电平
          }
        else
          {
            Left_Motor_PWM=0;                     //EN1 输入低电平
          }
        if(Left_PWM_Value>=20)
           Left_PWM_Value=0;                      //左电机 PWM 值变量清零
    }
   else
    {
        Left_Motor_PWM=0;                         //EN1 输入低电平
    }
}
/************************************************************
 *函数:Right_Motor_PWM_Adjust
 *功能:调节 Right_Drive_Value 的值改变占空比,以改变右电机的转速
/***********************************************************/
void Right_Motor_PWM_Adjust(void)
{
   if(Right_moto_stop)
    {
        if(Right_PWM_Value<=Right_Drive_Value)
          {
              Right_Motor_PWM=1;                  //EN2 输入高电平
          }
        else
          {
              Right_Motor_PWM=0;                  //EN2 输入低电平
          }
        if(Right_PWM_Value>=20)
           Right_PWM_Value=0;     //右电机 PWM 值变量清零
```

```
    }
  else
    {
         Right_Motor_PWM=0;       //EN2 输入低电平
    }
}
/**************************************************************
* 函数: Track
* 功能: 机器人采集红外循迹传感器数据控制电机智能循迹运行
/**************************************************************/
void Track(void)
{
    //若机器人两侧红外传感器均未检测到黑线,则调用机器人前进函数
    if(Left_IRSenor_Track==0&&Right_IRSenor_Track==0)
    {
        GoForward();
        Flag=1;                     //Flag 置 1,表示机器人没有在黑色标志线上行驶
    }
    //若机器人右侧红外传感器检测到黑线,则调用机器人右转函数
    if(Left_IRSenor_Track==0&&Right_IRSenor_Track==1)
    {
        GoRight();
    }
    //若机器人左侧红外传感器检测到黑线,则调用机器人左转函数
    if(Left_IRSenor_Track==1&&Right_IRSenor_Track==0)
    {
        GoLeft();
    }
    //机器人两侧红外传感器均检测到黑线
    if(Left_IRSenor_Track==1&&Right_IRSenor_Track==1)
    {
        GoForward();
        if(Flag!=0)                 //Flag 不等于 0,表示此时机器人已行驶到黑色标志线处
        {
            Line++;                 //机器人检测到的黑色标志线根数值+1
            Route_Mark=0;           //Route_Mark 清零,可进入黑色标志线--路标判断
        }
        Flag=0;                     //Flag 清零,表示机器人正在黑色标志线上行驶
    }
}
/**************************************************************
* 函数: TIMER0_Init
* 功能: 初始化定时器 T0 方式 1
/**************************************************************/
void TIMER0_Init(void)
```

```
{
    TMOD=0x01;                      //设置定时器 T0 工作方式 1,16 位定时计数器
    TH0=0xFC;                       //1ms 定时
    TL0=0x18;
    TR0=1;                          //定时器 T0 开始计数
    ET0=1;                          //开启定时器 T0 中断
    EA=1;                           //开启总中断
}
/****************************************************************
 * 函数: UART_Init
 * 功能: 初始化串行口
/****************************************************************/
void UART_Init(void)
{
    SCON=0x50;              //设定串行口工作方式 1,8 位可变波特率,无奇偶校验位,允许接收
    PCON&=0x7F;                     //SMOD=0 波特率不倍增
    TMOD|=0x20;                     //定时器 1 工作于 8 位自动重载模式,用于产生波特率
    TH1=0xFD;                       //波特率为 9600b/s
    TL1=0xFD;
    TR1=1;                          //启动定时器 1
}
/****************************************************************
 * 函数: UART_SendByte
 * 功能: 串行口发送一字节数据
 * 参数:txd,表示要通过串行口发送的数据
/****************************************************************/
void UART_SendByte(unsigned char txd)
{
    SBUF=txd;
    while(!TI);                     //等待数据发送完毕
    TI=0;
}
/****************************************************************
 * 函数: main
 * 功能: 机器人沿引导黑线智能遍历地图并直达,向通信板发送城市信息
/****************************************************************/
void main(void)
{
    P1=0xF0;                        //关电机
    //机器人按键启动
    while(1)
    {
        if(P3_7!=1)
        {
            delay_ms(50);
```

```
        if(P3_7!=1) break;
    }
}
delay_ms(50);
TIMER0_Init();                          //初始化定时器 T0 方式 1
UART_Init();                            //初始化串行口
delay_ms(100);
UART_SendByte(0xfd);                    //启动串行口,首发数据转无线
while(1)
{
    Track();                            //机器人智能循迹
    //当路标为 0 时,起点城市,机器人向前直行
    if(Tour_Route[Line]==0&&Route_Mark==0)
    {
        Stop();
        GoForward();
        Route_Mark=1;
    }
    //当路标为 1 时,十字路口,机器人向右转 90°
    if(Tour_Route[Line]==1&&Route_Mark==0)
    {
        GoForward();
        delay_ms(125);
        GoRight();
        delay_ms(265);
        Route_Mark=1;
    }
    //当路标为 2 时,十字路口,机器人向左转 90°
    if(Tour_Route[Line]==2&&Route_Mark==0)
    {
        GoForward();
        delay_ms(125);
        GoLeft();
        delay_ms(265);
        Route_Mark=1;
    }
    //当路标为 3 时,节点城市,机器人 180°调头,串口发送转无线
    if(Tour_Route[Line]==3&&Route_Mark==0)
    {
        Stop();
        delay_ms(100);
        UART_SendByte(Line);
        GoAround();
        Stop();
        Route_Mark=1;
```

```
        }
        //当路标为 9 时,终点城市,机器人停止前进,串口发送转无线
        if(Tour_Route[Line]==9&&Route_Mark==0)
        {
            Stop();
            UART_SendByte(Line);
            delay_ms(2000);
            UART_SendByte(0xfe);
            Route_Mark=1;
            return ;
        }
    }
}
/*************************************************************
 * 函数: TIMER0_IRQHandler
 * 功能: TIMER0 中断服务子函数产生 PWM 信号
 ************************************************************/
void TIMER0_IRQHandler(void) interrupt 1 using 2
{
     TH0=0xFC;                          //1ms 定时
     TL0=0x18;
     Left_PWM_Value++;                  //左电机 PWM 值变量+1
     Right_PWM_Value++;                 //右电机 PWM 值变量+1
     Left_Motor_PWM_Adjust();           //调节左电机 PWM 占空比
     Right_Motor_PWM_Adjust();          //调节右电机 PWM 占空比
}
```

机器人通信板通过串行口 1 接收车体发来的城市数据,通过无线通信模块 NRF24L01 发送给移动终端。参考程序如下:

```
//机器人智能旅行
//第一步,从万州出发遍历所有城市并返回万州
//遍历旅行线路如下:
//万州-重庆-武汉-上海-杭州-厦门-广州-深圳-天津-北京-成都-万州
//第二步,返回万州后沿最短路径从万州直达广州
//直达旅行线路:万州-广州
//机器人遍历和直达过程中无线发送节点城市数据给移动终端实时显示
//机器人车体和通信板通过串行口 1 交换数据
//机器人车体将节点城市数据通过串行口 1 实时发送给通信板
//通信板将串行口 1 收到的节点城市数据无线发送给移动终端
#include "STC12C5A60S2.h"
//LED 灯接口定义
sbit LED1=P2^4;                         //LED1 接 P2.4
sbit LED2=P2^3;                         //LED2 接 P2.3
//按键接口定义
sbit KEY1=P2^6;                         //KEY1 接 P2.6
```

```
sbit KEY2=P2^5;                        //KEY2 接 P2.5
//蜂鸣器定义
sbit BUZZ=P2^7;                        //蜂鸣器接 P2.7
//NRF24L01 的 SPI 接口定义
sbit NRF24L01_CE  =P1^0;               //CE 接 P1.0
sbit NRF24L01_CSN =P1^4;               //CSN 接 P1.4
sbit NRF24L01_SCK =P1^7;               //SCK 接 P1.7
sbit NRF24L01_MOSI=P1^5;               //MOSI 接 P1.5
sbit NRF24L01_MISO=P1^6;               //MISO 接 P1.6
sbit NRF24L01_IRQ =P3^2;               //IRQ 接 P3.2
//宏定义
#define uchar   unsigned char
#define uint    unsigned int
//地址宽度和数据宽度
#define TX_ADR_WIDTH    5              //5B 宽度的发送地址
#define RX_ADR_WIDTH    5              //5B 宽度的接收地址
#define TX_PLOAD_WIDTH  20             //20B 数据通道有效数据宽度,可变范围为 0~32B
#define RX_PLOAD_WIDTH  20             //20B 数据通道有效数据宽度,可变范围为 0~32B
//SPI(NRF24L01)命令
#define READ_REG        0x00           //读配置寄存器,低 5 位为寄存器地址
#define WRITE_REG       0x20           //写配置寄存器,低 5 位为寄存器地址
#define RD_RX_PLOAD     0x61           //读 RX 有效数据,1~32B
#define WR_TX_PLOAD     0xA0           //写 TX 有效数据,1~32B
#define FLUSH_TX        0xE1           //清除 TX FIFO 寄存器,发射模式下用
#define FLUSH_RX        0xE2           //清除 RX FIFO 寄存器,接收模式下用
#define REUSE_TX_PL     0xE3           //重新使用上一包数据,CE 为高,数据包被不断发送
#define NOP             0xFF           //空操作,可以用来读状态寄存器
//SPI(NRF24L01)寄存器地址
//配置寄存器地址
#define CONFIG          0x00
//使能自动应答;bit0~5,对应通道 0~5
#define EN_AA           0x01
//接收地址允许;bit0~5,对应通道 0~5
#define EN_RXADDR       0x02
//设置地址宽度(所有数据通道);bit1:0(00,3B;01,4B;02,5B)
#define SETUP_AW        0x03
//建立自动重发;bit7:4 自动重发延时 250*x+86μs;bit3:0 自动重发计数器
#define SETUP_RETR      0x04
//RF 通道;bit6:0,工作通道频率
#define RF_CH           0x05
//RF 寄存器;bit3 传输速率(0:1Mb/s,1:2Mb/s);bit2:1 发射功率;bit0 放大增益
#define RF_SETUP        0x06
//状态寄存器地址
#define STATUS          0x07
//发送检测寄存器;bit7:4 数据包丢失计数器;bit3:0 重发计数器
```

```
#define OBSERVE_TX     0x08
//载波检测寄存器;bit0 载波检测;
#define CD             0x09
//数据通道 0 接收地址,最大长度 5B,低字节在前
#define RX_ADDR_P0     0x0A
//数据通道 1 接收地址,最大长度 5B,低字节在前
#define RX_ADDR_P1     0x0B
//数据通道 2 接收地址,最低字节可设置,高字节必须与 RX_ADDR_P1[39:8]相等;
#define RX_ADDR_P2     0x0C
//数据通道 3 接收地址,最低字节可设置,高字节必须与 RX_ADDR_P1[39:8]相等;
#define RX_ADDR_P3     0x0D
//数据通道 4 接收地址,最低字节可设置,高字节必须与 RX_ADDR_P1[39:8]相等;
#define RX_ADDR_P4     0x0E
//数据通道 5 接收地址,最低字节可设置,高字节必须与 RX_ADDR_P1[39:8]相等;
#define RX_ADDR_P5     0x0F
//发送地址(低字节在前),ShockBurst™模式下,RX_ADDR_P0 与此地址相等

#define TX_ADDR      0x10
#define RX_PW_P0     0x11                    //接收数据通道 0 有效数据宽度(1~32B)
#define RX_PW_P1     0x12                    //接收数据通道 1 有效数据宽度(1~32B)
#define RX_PW_P2     0x13                    //接收数据通道 2 有效数据宽度(1~32B)
#define RX_PW_P3     0x14                    //接收数据通道 3 有效数据宽度(1~32B)
#define RX_PW_P4     0x15                    //接收数据通道 4 有效数据宽度(1~32B)
#define RX_PW_P5     0x16                    //接收数据通道 5 有效数据宽度(1~32B)
#define FIFO_STATUS 0x17                     //FIFO 状态寄存器
#define RX_OK       0x40                     //RX 接收完成中断
#define TX_OK       0x20                     //TX 发送完成中断
#define MAX_TX      0x10                     //达到最大发送次数中断
//定义一个静态发送地址
uchar code TX_ADDRESS[TX_ADR_WIDTH]={0x98,0x05,0x02,0x11,0x11};
//定义一个静态接收地址
uchar code RX_ADDRESS[RX_ADR_WIDTH]={0x98,0x05,0x02,0x11,0x11};
//数据收发变量定义
unsigned char UART1_tmp;                     //串口数据收发变量
unsigned char UART1_Flag=0;                  //串口数据接收标志
unsigned char xdata NRF24L01_tmp_buf[20];    //无线数据收发数组
/*****************************************************************
 * 函数: delay_ms
 * 功能: ms 延时
 * 参数: n 延时 n * 1ms
*****************************************************************/
void delay_ms(unsigned int n)
{
    unsigned int i,j;
    for(i=n; i>0; i--)
```

```
    for(j=920; j>0; j--);                         //STC12,11.0592MHz
}
/*************************************************************
* 函数: NRF24L01_Init
* 功能: 初始化 NRF24L01 的 SPI 的 I/O
*************************************************************/
void NRF24L01_Init(void)
{
   NRF24L01_CE=0;                                 //待机,使能 NRF24L01
   NRF24L01_CSN=1;                                //SPI 禁止
   NRF24L01_SCK=0;                                //SPI 时钟置低
}
/*************************************************************
* 函数: NRF24L01_RW
* 功能: SPI 协议,写一字节数据到 NRF24L01,同时从 NRF24L01 读出一字节
*       软件模拟 SPI 协议
* 参数:byte 写入的字节
* 返回:byte 读出的字节
*************************************************************/
uchar NRF24L01_RW(uchar byte)
{
    uchar i;
    for(i=0; i<8; i++)                            //循环 8 次
    {
        NRF24L01_MOSI =(byte & 0x80);             //byte 最高位输出到 MOSI
        byte <<=1;                                //低一位移位到最高位
        //拉高 SCK, NRF24L01 从 MOSI 读入 1 位数据, 同时从 MISO 输出 1 位数据
        NRF24L01_SCK =1;
        byte |=NRF24L01_MISO;                     //读 MISO 到 byte 最低位
        NRF24L01_SCK =0;                          //SCK 置低
    }
    return(byte);                                 //返回读出的一字节
}
/*************************************************************
* 函数: NRF24L01_Read_Reg
* 功能: 从 NRF24L01 的 reg 寄存器读一字节
* 参数:reg 寄存器
* 返回:reg_val 寄存器数值
*************************************************************/
uchar NRF24L01_Read_Reg(uchar reg)
{
    uchar reg_val;
    NRF24L01_CSN =0;                              //CSN 置低,开始传输数据
    NRF24L01_RW(reg);                             //选择寄存器
    reg_val =NRF24L01_RW(0);                      //从该寄存器读数据
```

```
    NRF24L01_CSN =1;                              //CSN 拉高,结束数据传输
    return(reg_val);                              //返回寄存器数据
}
/*************************************************************
* 函数: NRF24L01_Write_Reg
* 功能: 写数据 value 到 NRF24L01 的 reg 寄存器
* 参数:reg 寄存器,value 写入的值
* 返回:status 状态寄存器的值
*************************************************************/
uchar NRF24L01_Write_Reg(uchar reg, uchar value)
{
    uchar status;
    NRF24L01_CSN =0;                              //CSN 置低,开始传输数据
    status =NRF24L01_RW(reg);                     //选择寄存器,同时返回状态字
    NRF24L01_RW(value);                           //写数据到该寄存器
    NRF24L01_CSN =1;                              //CSN 拉高,结束数据传输
    return(status);                               //返回状态寄存器
}
/*************************************************************
* 函数: NRF24L01_Read_Buf
* 功能: 从 reg 寄存器读出 bytes 个字节,
*        通常用来读取接收通道数据或接收/发送地址
* 参数:reg 寄存器, pBuf 读取数据存放数组, bytes 读取字节数
* 返回:status 状态寄存器的值
*************************************************************/
uchar NRF24L01_Read_Buf(uchar reg, uchar * pBuf, uchar bytes)
{
    uchar status, i;
    NRF24L01_CSN =0;                              //CSN 置低,开始传输数据
    status =NRF24L01_RW(reg);                     //选择寄存器,同时返回状态字
    for(i=0; i<bytes; i++)
        pBuf[i] =NRF24L01_RW(0);                  //逐个字节从 NRF24L01 读出
    NRF24L01_CSN =1;                              //CSN 拉高,结束数据传输
    return(status);                               //返回状态寄存器
}
/*************************************************************
* 函数: NRF24L01_Write_Buf
* 功能: 把 pBuf 缓存中的数据写入 NRF24L01,
*        通常用来写入发射通道数据或接收/发送地址
* 参数:reg 寄存器, pBuf 写入数据存放数组, bytes 写入字节数
* 返回:status 状态寄存器的值
*************************************************************/
uchar NRF24L01_Write_Buf(uchar reg, uchar * pBuf, uchar bytes)
{
    uchar status, i;
```

```
    NRF24L01_CSN =0;                              //CSN置低,开始传输数据
    status =NRF24L01_RW(reg);                     //选择寄存器,同时返回状态字
    for(i=0; i<bytes; i++)
        NRF24L01_RW(pBuf[i]);                     //逐个字节写入NRF24L01
    NRF24L01_CSN =1;                              //CSN拉高,结束数据传输
    return(status);                               //返回状态寄存器
}

/***************************************************************
* 函数: NRF24L01_RX_Mode
* 功能: 设置NRF24L01为接收模式,等待接收发送设备的数据包
***************************************************************/
void NRF24L01_RX_Mode(void)
{
    NRF24L01_CE =0;
    //接收设备接收通道0的地址和发送设备的发送地址相同
    NRF24L01_Write_Buf(WRITE_REG +RX_ADDR_P0, RX_ADDRESS, RX_ADR_WIDTH);
    //使能接收通道0自动应答
    NRF24L01_Write_Reg(WRITE_REG +EN_AA, 0x01);
    //使能接收通道0
    NRF24L01_Write_Reg(WRITE_REG +EN_RXADDR, 0x01);
    //选择射频通道40
    NRF24L01_Write_Reg(WRITE_REG +RF_CH, 40);
    //接收通道0选择和发送通道相同的有效数据宽度20B
    NRF24L01_Write_Reg(WRITE_REG +RX_PW_P0, RX_PLOAD_WIDTH);
    //数据传输率为1Mb/s,发射功率为0dBm,低噪声放大器增益
    NRF24L01_Write_Reg(WRITE_REG +RF_SETUP, 0x07);
    //CRC使能,16位CRC校验,上电,接收模式
    NRF24L01_Write_Reg(WRITE_REG +CONFIG, 0x0f);
    NRF24L01_CE =1;                               //拉高CE启动接收设备
}
/***************************************************************
* 函数: NRF24L01_TX_Mode
* 功能: 设置NRF24L01为发送模式,CE=1至少持续10μs,130μs后启动发射,
*           数据发送结束后,发送模块自动转入接收模式等待应答信号
***************************************************************/
void NRF24L01_TX_Mode(void)
{
    NRF24L01_CE =0;
    //写入发送地址
    NRF24L01_Write_Buf(WRITE_REG +TX_ADDR, TX_ADDRESS, TX_ADR_WIDTH);
    //为了应答接收设备,接收通道0地址和发送地址相同
    NRF24L01_Write_Buf(WRITE_REG +RX_ADDR_P0, RX_ADDRESS, RX_ADR_WIDTH);
    //使能接收通道0自动应答
    NRF24L01_Write_Reg(WRITE_REG +EN_AA, 0x01);
```

```
    //使能接收通道 0
    NRF24L01_Write_Reg(WRITE_REG +EN_RXADDR, 0x01);
    //自动重发延时等待 250μs+86μs,自动重发 10 次
    NRF24L01_Write_Reg(WRITE_REG +SETUP_RETR, 0x1a);
    //选择射频通道 40
    NRF24L01_Write_Reg(WRITE_REG +RF_CH, 40);
    //数据传输率为 1Mb/s,发射功率为 0dBm,低噪声放大器增益
    NRF24L01_Write_Reg(WRITE_REG +RF_SETUP, 0x07);
    //CRC 使能,16 位 CRC 校验,上电,发送模式
    NRF24L01_Write_Reg(WRITE_REG +CONFIG, 0x0e);
    NRF24L01_CE =1;                          //拉高 CE,启动发送设备
}
/*************************************************************
* 函数: NRF24L01_RxPacket
* 功能: NRF24L01 接收一次数据包
* 参数:rxbuf,表示待接收数据包首地址
* 返回:接收成功完成,RX_OK=0x40; 接收失败,Fail=0xff
*************************************************************/
uchar NRF24L01_RxPacket(uchar * rxbuf)
{
    uchar sta;
    //读取状态寄存器的值
    sta=NRF24L01_Read_Reg(STATUS);
    //清除 TX_DS 或 MAX_RT 中断标志
    NRF24L01_Write_Reg(WRITE_REG+STATUS,sta);
    //接收到数据
    if(sta&RX_OK)
    {
        //读取数据
        NRF24L01_Read_Buf(RD_RX_PLOAD,rxbuf,RX_PLOAD_WIDTH);
        //清除 RX FIFO 寄存器
        NRF24L01_Write_Reg(FLUSH_RX,0xff);
        return RX_OK;
    }
    return 0xff;                             //没有收到任何数据
}
/*************************************************************
* 函数: NRF24L01_TxPacket
* 功能: NRF24L01 发送一次数据包
* 参数:txbuf,表示待发送数据包首地址
* 返回:发送成功完成,TX_OK=0x20; 发送失败,Fail=0xff
*************************************************************/
uchar NRF24L01_TxPacket(uchar * txbuf)
{
    uchar sta;
```

```
    NRF24L01_CE=0;
    //写数据到 TX_BUF 20B(0~32)
    NRF24L01_Write_Buf(WR_TX_PLOAD,txbuf,TX_PLOAD_WIDTH);
    //启动发送
    NRF24L01_CE=1;
    //等待发送完成
    while(NRF24L01_IRQ!=0);
    //读取状态寄存器的值
    sta=NRF24L01_Read_Reg(STATUS);
    //清除 TX_DS 或 MAX_RT 中断标志
    NRF24L01_Write_Reg(WRITE_REG+STATUS,sta);
    if(sta&MAX_TX)                                  //达到最大重发次数
    {
        NRF24L01_Write_Reg(FLUSH_TX,0xff); //清除 TX FIFO 寄存器
        return MAX_TX;
    }
    if(sta&TX_OK)                                   //发送完成
    {
        return TX_OK;
    }
    return 0xff;                                    //由于其他原因发送失败
}
/*************************************************************
 * 函数: UART1_Init
 * 功能: 初始化 UART1
*************************************************************/
void UART1_Init(void)
{
    SCON=0x50;          //设定串行口工作方式 1,8 位可变波特率,无奇偶校验位,允许接收
    PCON&=0x7F;         //SMOD=0,波特率不倍增
    TMOD=0x20;          //定时器 1 工作于 8 位自动重载模式, 用于产生波特率
    TH1=0xFD;           //波特率为 9600b/s
    TL1=0xFD;
    TR1=1;              //启动定时器 1
    ES=1;               //开串口 1 中断
    EA=1;               //开总中断
}
/*************************************************************
 * 函数: main
 * 功能: 通信板串口接收车体发来的数据,然后通过 NRF24L01 无线发送出去
*************************************************************/
void main(void)
{
    NRF24L01_Init();                                //初始化 NRF24L01
    UART1_Init();                                   //初始化串行口 1
```

```
    NRF24L01_RX_Mode();                          //NRF24L01置为接收模式
    while(1)
    {
        if(UART1_Flag==1)//UART1_Flag等于1,串行口1中断接收完毕
        {
            UART1_Flag=0;                        //串行口1接收标志UART1_Flag清零
            NRF24L01_tmp_buf[0]=UART1_tmp; //通信板接收数据
            NRF24L01_TX_Mode();                  //NRF24L01置为发送模式,并开始发送数据
            delay_ms(10);
            if(NRF24L01_TxPacket(NRF24L01_tmp_buf)==TX_OK)//发送成功
            {
                LED2=0;
                delay_ms(100);
                LED2=1;
            }
            delay_ms(100);
            NRF24L01_RX_Mode();                  //NRF24L01置为接收模式
        }
    }
}
/*****************************************************************
*函数: UART1_ReceiveByte
*功能: 串口1采用中断4接收一字节数据
*****************************************************************/
void UART1_ReceiveByte(void) interrupt 4
{
    if(RI)
    {   RI=0;
        UART1_tmp=SBUF;
        UART1_Flag=1;
    }
}
```

移动终端无线接收机器人发来的城市数据并实时显示,包括遍历所有城市数据与直达城市数据,到达终点时蜂鸣器鸣叫。参考程序如下:

```
//机器人智能旅行
//第一步,从万州出发遍历所有城市并返回万州
//遍历旅行线路如下:
//万州-重庆-武汉-上海-杭州-厦门-广州-深圳-天津-北京-成都-万州
//第二步,返回万州后沿最短路径从万州直达广州
//直达旅行线路:万州-广州
//机器人遍历和直达过程中无线发送节点城市数据给移动终端实时显示
//移动终端无线接收机器人发来的城市数据并实时显示
//包括遍历所有城市数据与直达城市数据
//到达终点时蜂鸣器鸣叫
#include "STC12C5A60S2.h"
```

```
//LED 灯接口定义
sbit LED1=P2^4;                          //LED1 接 P2.4
sbit LED2=P2^3;                          //LED2 接 P2.3
//按键接口定义
sbit KEY1=P2^6;                          //KEY1 接 P2.6
sbit KEY2=P2^5;                          //KEY2 接 P2.5
//蜂鸣器定义
sbit BUZZ=P2^7;                          //蜂鸣器接 P2.7
//LCD12864 液晶接口定义
sbit RS=P2^0;                            //RS 接 P2.0
sbit RW=P2^1;                            //RW 接 P2.1
sbit EN=P2^2;                            //EN 接 P2.2
#define LCDDATA   P0                     //液晶数据口接 P0
//NRF24L01 的 SPI 接口定义
sbit NRF24L01_CE  =P1^0;                 //CE 接 P1.0
sbit NRF24L01_CSN =P1^4;                 //CSN 接 P1.4
sbit NRF24L01_SCK =P1^7;                 //SCK 接 P1.7
sbit NRF24L01_MOSI=P1^5;                 //MOSI 接 P1.5
sbit NRF24L01_MISO=P1^6;                 //MISO 接 P1.6
sbit NRF24L01_IRQ =P3^2;                 //IRQ 接 P3.2
//宏定义
#define uchar     unsigned char
#define uint      unsigned int
//地址宽度和数据宽度
#define TX_ADR_WIDTH    5                //5B 宽度的发送地址
#define RX_ADR_WIDTH    5                //5B 宽度的接收地址
#define TX_PLOAD_WIDTH  20               //20B 数据通道有效数据宽度,可变范围为 0~32B
#define RX_PLOAD_WIDTH  20               //20B 数据通道有效数据宽度,可变范围为 0~32B
//SPI(NRF24L01)命令
#define READ_REG      0x00               //读配置寄存器,低 5 位为寄存器地址
#define WRITE_REG     0x20               //写配置寄存器,低 5 位为寄存器地址
#define RD_RX_PLOAD   0x61               //读 RX 有效数据,1~32B
#define WR_TX_PLOAD   0xA0               //写 TX 有效数据,1~32B
#define FLUSH_TX      0xE1               //清除 TX FIFO 寄存器,发射模式下用
#define FLUSH_RX      0xE2               //清除 RX FIFO 寄存器,接收模式下用
#define REUSE_TX_PL   0xE3               //重新使用上一包数据,CE 为高,数据包被不断发送
#define NOP            0xFF              //空操作,可以用来读状态寄存器
//SPI(NRF24L01)寄存器地址
//配置寄存器地址
#define CONFIG        0x00
//使能自动应答;bit0~5,对应通道 0~5
#define EN_AA        0x01
//接收地址允许;bit0~5,对应通道 0~5
#define EN_RXADDR     0x02
//设置地址宽度(所有数据通道);bit1:0(00,3B;01,4B;02,5B)
```

```
#define SETUP_AW       0x03
//建立自动重发;bit7:4 自动重发延时 250*x+86μs;bit3:0 自动重发计数器
#define SETUP_RETR     0x04
//RF 通道;bit6:0,工作通道频率
#define RF_CH          0x05
//RF 寄存器;bit3 传输速率(0:1Mb/s,1:2Mb/s);bit2:1 发射功率;bit0 放大增益
#define RF_SETUP       0x06
//状态寄存器地址
#define STATUS         0x07
//发送检测寄存器;bit7:4 数据包丢失计数器;bit3:0 重发计数器
#define OBSERVE_TX     0x08
//载波检测寄存器;bit0 载波检测;
#define CD             0x09
//数据通道 0 接收地址,最大长度为 5B,低字节在前
#define RX_ADDR_P0     0x0A
//数据通道 1 接收地址,最大长度为 5B,低字节在前
#define RX_ADDR_P1     0x0B
//数据通道 2 接收地址,最低字节可设置,高字节必须与 RX_ADDR_P1[39:8]相等;
#define RX_ADDR_P2     0x0C
//数据通道 3 接收地址,最低字节可设置,高字节必须与 RX_ADDR_P1[39:8]相等;
#define RX_ADDR_P3     0x0D
//数据通道 4 接收地址,最低字节可设置,高字节必须与 RX_ADDR_P1[39:8]相等;
#define RX_ADDR_P4     0x0E
//数据通道 5 接收地址,最低字节可设置,高字节必须与 RX_ADDR_P1[39:8]相等;
#define RX_ADDR_P5     0x0F
//发送地址(低字节在前),ShockBurst™模式下,RX_ADDR_P0 与此地址相等
#define TX_ADDR      0x10
#define RX_PW_P0      0x11              //接收数据通道 0 有效数据宽度(1~32B)
#define RX_PW_P1      0x12              //接收数据通道 1 有效数据宽度(1~32B)
#define RX_PW_P2      0x13              //接收数据通道 2 有效数据宽度(1~32B)
#define RX_PW_P3      0x14              //接收数据通道 3 有效数据宽度(1~32B)
#define RX_PW_P4      0x15              //接收数据通道 4 有效数据宽度(1~32B)
#define RX_PW_P5      0x16              //接收数据通道 5 有效数据宽度(1~32B)
#define FIFO_STATUS 0x17                //FIFO 状态寄存器
#define RX_OK        0x40               //RX 接收完成中断
#define TX_OK        0x20               //TX 发送完成中断
#define MAX_TX        0x10              //达到最大发送次数中断
//定义一个静态发送地址
uchar code TX_ADDRESS[TX_ADR_WIDTH]={0x98,0x05,0x02,0x11,0x11};
//定义一个静态接收地址
uchar code RX_ADDRESS[RX_ADR_WIDTH]={0x98,0x05,0x02,0x11,0x11};
//数据收发变量定义
unsigned char xdata NRF24L01_tmp_buf[20];   //无线数据收发数组

/******************************************************************
```

```
* 函数: delay_ms
* 功能: ms 延时
* 参数: n 延时 n * 1ms
/*************************************************************/
void delay_ms(unsigned int n)
{
   unsigned int i,j;
   for(i=n; i>0; i--)
     for(j=920; j>0; j--);          //STC12,11.0592MHz
}
/*************************************************************
* 函数: delay140us,delay125us,delay15ms
* 功能: STC12 的液晶读写过程延时程序,不采用读忙检测的方法,
*         采用延时进行读写,STC12 的平均速度大概是 STC89 的 6 倍
/*************************************************************/
void delay140us(void)
{
   unsigned char a;
   for(a=63;a>0;a--);
}
void delay125us(void)
{
   unsigned char a;
   for(a=56;a>0;a--);
}
void delay15ms(void)
{
   unsigned char a,b;
   for(b=51;b>0;b--)
       for(a=134;a>0;a--);
}

/*************************************************************
* 函数: LCD12864_WriteCommand
* 功能: 向 LCD12864 命令寄存器写入命令 cmd
* 参数: cmd 写入的命令
/*************************************************************/
void LCD12864_WriteCommand(unsigned char cmd)
{
   RS=0;
   RW=0;
   EN=0;
   delay140us();
   EN=1;
   delay140us();
```

```
    LCDDATA=cmd;
    delay140us();
    EN=0;                                  //EN下降沿写入数据
    delay140us();
}

/***************************************************************
 * 函数: LCD12864_WriteByte
 * 功能: 向LCD12864的字符发生器或显存写一个字节数据byt
 * 参数: byt 写入的字节
/**************************************************************/
void LCD12864_WriteByte(unsigned char byt)
{
    RS=1;
    RW=0;
    EN=0;
    delay140us();
    EN=1;
    delay140us();
    LCDDATA=byt;
    delay140us();
    EN=0;
    delay140us();
    RS=0;
}

/***************************************************************
 * 函数: LCD12864_Init
 * 功能: 初始化LCD12864
/**************************************************************/
void LCD12864_Init(void)
{
    LCD12864_WriteCommand(0x30);      //基本命令集
    delay125us();
    LCD12864_WriteCommand(0x01);      //清除显示
    delay15ms();
    LCD12864_WriteCommand(0x06);      //游标方向设定
    delay125us();
    LCD12864_WriteCommand(0x0c);      //整体开显示,游标关闭
    delay125us();
}

/***************************************************************
 * 函数: LCD12864_Clear
 * 功能: 清屏LCD12864
```

```
/**********************************************************/
void LCD12864_Clear(void)
{
    LCD12864_WriteCommand(0x30);
    LCD12864_WriteCommand(0x01);
    delay15ms();
}
/**********************************************************
* 函数: LCD12864_ShowChar
* 功能: 在 LCD12864 指定行、列的某个位置显示一个字符
* 参数: row 字符显示的行坐标 1--4
*       col 字符显示的列坐标 0--7
*       cha 显示的字符
/**********************************************************/
void LCD12864_ShowChar(uchar row,uchar col,uchar cha)
{
    switch(row)
    {
      case 1:
        LCD12864_WriteCommand(0x80+col);  //第一行
        break;
      case 2:
        LCD12864_WriteCommand(0x90+col);  //第二行
        break;
      case 3:
        LCD12864_WriteCommand(0x88+col);  //第三行
        break;
      case 4:
        LCD12864_WriteCommand(0x98+col);  //第四行
        break;
      default:
        LCD12864_WriteCommand(0x80);      //缺省为第一行
        break;
    }
    LCD12864_WriteByte(cha);              //写入字符
    delay125us();
}
/**********************************************************
* 函数: LCD12864_ShowNumber
* 功能: 在 LCD12864 指定行、列的某个位置显示一个或多个数字
* 参数: row 行 1--4
*       col 列 0--7
*       num 显示的数字
/**********************************************************/
void LCD12864_ShowNumber(uchar row,uchar col,uint num)
```

```
{
    unsigned char i =0 ;
    unsigned char tmp[10] ;
    tmp[3] =tmp[2]=tmp[1] =tmp[0] =0 ;
    tmp[7] =tmp[6]=tmp[5] =tmp[4] =0 ;
    tmp[8] =tmp[9]=  0 ;
    do
      {
          tmp[i] =0x30 +num %10 ;
          i++;
          num /=10 ;
      }
     while( num );
     i--;
     while( i !=0xff )
      {
          LCD12864_ShowChar(row,col,tmp[i]);
             col++;
          i--;
      }
}
/***************************************************************
* 函数: LCD12864_ShowString
* 功能: 指定行、列,连续显示字符串;注意:字符串长度必须小于 16
* 参数: row 行 1--4
*       col 列 0--7
*       str 写入的字符串
*       len 字符串长度,必须小于 16
/**************************************************************/
void LCD12864_ShowString(uchar row,uchar col,uchar * str,uchar len)
{
    uchar i=0;
    switch(row)
    {
      case 1:
        LCD12864_WriteCommand(0x80+col);  //第一行
        break;
      case 2:
        LCD12864_WriteCommand(0x90+col);  //第二行
        break;
      case 3:
        LCD12864_WriteCommand(0x88+col);  //第三行
        break;
      case 4:
        LCD12864_WriteCommand(0x98+col);  //第四行
```

```
      break;
    default:
      LCD12864_WriteCommand(0x80);        //缺省为第一行
      break;
  }
  while(len-->0)
  {
    LCD12864_WriteByte(str[i]);           //写入字符串
    delay125us();
    i++;
  }
}
/***************************************************************
* 函数: NRF24L01_Init
* 功能: 初始化 NRF24L01 的 SPI 的 I/O
***************************************************************/
void NRF24L01_Init(void)
{
  NRF24L01_CE=0;                          //待机,使能 NRF24L01
  NRF24L01_CSN=1;                         //SPI 禁止
  NRF24L01_SCK=0;                         //SPI 时钟置低
}
/***************************************************************
* 函数: NRF24L01_RW
* 功能: SPI 协议,写一字节数据到 NRF24L01,同时从 NRF24L01 读出一字节
*        软件模拟 SPI 协议
* 参数:byte 写入的字节
* 返回:byte 读出的字节
***************************************************************/
uchar NRF24L01_RW(uchar byte)
{
  uchar i;
  for(i=0; i<8; i++)                      //循环 8 次
  {
    NRF24L01_MOSI =(byte & 0x80);         //byte 最高位输出到 MOSI
    byte <<=1;                            //低一位移位到最高位
//拉高 SCK, NRF24L01 从 MOSI 读入 1 位数据, 同时从 MISO 输出 1 位数据
    NRF24L01_SCK =1;
    byte |=NRF24L01_MISO;                 //读 MISO 到 byte 最低位
    NRF24L01_SCK =0;                      //SCK 置低
  }
  return(byte);                           //返回读出的一字节
}
/***************************************************************
* 函数: NRF24L01_Read_Reg
```

```
* 功能: 从 NRF24L01 的 reg 寄存器读一字节
* 参数:reg 寄存器
* 返回:reg_val 寄存器数值
/************************************************************/
uchar NRF24L01_Read_Reg(uchar reg)
{
    uchar reg_val;
    NRF24L01_CSN =0;                         //CSN 置低,开始传输数据
    NRF24L01_RW(reg);                        //选择寄存器
    reg_val =NRF24L01_RW(0);                 //从该寄存器读数据
    NRF24L01_CSN =1;                         //CSN 拉高,结束数据传输
    return(reg_val);                         //返回寄存器数据
}
/************************************************************
* 函数: NRF24L01_Write_Reg
* 功能: 写数据 value 到 NRF24L01 的 reg 寄存器
* 参数:reg 寄存器, value 写入的值
* 返回:status 状态寄存器的值
/************************************************************/
uchar NRF24L01_Write_Reg(uchar reg, uchar value)
{
    uchar status;
    NRF24L01_CSN =0;                         //CSN 置低,开始传输数据
    status =NRF24L01_RW(reg);                //选择寄存器,同时返回状态字
    NRF24L01_RW(value);                      //写数据到该寄存器
    NRF24L01_CSN =1;                         //CSN 拉高,结束数据传输
    return(status);                          //返回状态寄存器
}
/************************************************************
* 函数: NRF24L01_Read_Buf
* 功能: 从 reg 寄存器读出 bytes 个字节,
*       通常用来读取接收通道数据或接收/发送地址
* 参数:reg 寄存器, pBuf 读取数据存放数组, bytes 读取字节数
* 返回:status 状态寄存器的值
/************************************************************/
uchar NRF24L01_Read_Buf(uchar reg, uchar * pBuf, uchar bytes)
{
    uchar status, i;
    NRF24L01_CSN =0;                         //CSN 置低,开始传输数据
    status =NRF24L01_RW(reg);                //选择寄存器,同时返回状态字
    for(i=0; i<bytes; i++)
        pBuf[i] =NRF24L01_RW(0);             //逐个字节从 NRF24L01 读出
    NRF24L01_CSN =1;                         //CSN 拉高,结束数据传输
    return(status);                          //返回状态寄存器
}
```

```
/**************************************************************
* 函数: NRF24L01_Write_Buf
* 功能: 把 pBuf 缓存中的数据写入 NRF24L01,
*        通常用来写入发射通道数据或接收/发送地址
* 参数:reg 寄存器, pBuf 写入数据存放数组, bytes 写入字节数
* 返回:status 状态寄存器的值
**************************************************************/
uchar NRF24L01_Write_Buf(uchar reg, uchar * pBuf, uchar bytes)
{
    uchar status, i;
    NRF24L01_CSN =0;                         //CSN 置低,开始传输数据
    status =NRF24L01_RW(reg);                //选择寄存器,同时返回状态字
    for(i=0; i<bytes; i++)
        NRF24L01_RW(pBuf[i]);                //逐个字节写入 NRF24L01
    NRF24L01_CSN =1;                         //CSN 拉高,结束数据传输
    return(status);                          //返回状态寄存器
}

/**************************************************************
* 函数: NRF24L01_RX_Mode
* 功能: 设置 NRF24L01 为接收模式,等待接收发送设备的数据包
**************************************************************/
void NRF24L01_RX_Mode(void)
{
    NRF24L01_CE =0;
    //接收设备接收通道 0 的地址和发送设备的发送地址相同
    NRF24L01_Write_Buf(WRITE_REG +RX_ADDR_P0, RX_ADDRESS, RX_ADR_WIDTH);
    //使能接收通道 0 自动应答
    NRF24L01_Write_Reg(WRITE_REG +EN_AA, 0x01);
    //使能接收通道 0
    NRF24L01_Write_Reg(WRITE_REG +EN_RXADDR, 0x01);
    //选择射频通道 40
    NRF24L01_Write_Reg(WRITE_REG +RF_CH, 40);
    //接收通道 0 选择和发送通道相同的有效数据宽度 20B
    NRF24L01_Write_Reg(WRITE_REG +RX_PW_P0, RX_PLOAD_WIDTH);
    //数据传输率为 1Mb/s,发射功率为 0dBm,低噪声放大器增益
    NRF24L01_Write_Reg(WRITE_REG +RF_SETUP, 0x07);
    //CRC 使能,16 位 CRC 校验,上电,接收模式
    NRF24L01_Write_Reg(WRITE_REG +CONFIG, 0x0f);
    NRF24L01_CE =1;                          //拉高 CE,启动接收设备
}
/**************************************************************
* 函数: NRF24L01_TX_Mode
* 功能: 设置 NRF24L01 为发送模式,CE=1 持续至少 10μs,130μs 后启动发射,
*        数据发送结束后,发送模块自动转入接收模式等待应答信号
```

```
/*****************************************************************/
void NRF24L01_TX_Mode(void)
{
    NRF24L01_CE =0;
    //写入发送地址
    NRF24L01_Write_Buf(WRITE_REG +TX_ADDR, TX_ADDRESS, TX_ADR_WIDTH);
    //为了应答接收设备,接收通道 0 地址和发送地址相同
    NRF24L01_Write_Buf(WRITE_REG +RX_ADDR_P0, RX_ADDRESS, RX_ADR_WIDTH);
    //使能接收通道 0 自动应答
    NRF24L01_Write_Reg(WRITE_REG +EN_AA, 0x01);
    //使能接收通道 0
    NRF24L01_Write_Reg(WRITE_REG +EN_RXADDR, 0x01);
    //自动重发延时等待 250μs+86μs,自动重发 10 次
    NRF24L01_Write_Reg(WRITE_REG +SETUP_RETR, 0x1a);
    //选择射频通道 40
    NRF24L01_Write_Reg(WRITE_REG +RF_CH, 40);
    //数据传输率为 1Mb/s,发射功率为 0dBm,低噪声放大器增益
    NRF24L01_Write_Reg(WRITE_REG +RF_SETUP, 0x07);
    //CRC 使能,16 位 CRC 校验,上电,发送模式
    NRF24L01_Write_Reg(WRITE_REG +CONFIG, 0x0e);
    NRF24L01_CE =1;                              //拉高 CE,启动发送设备
}
/*****************************************************************
* 函数: NRF24L01_RxPacket
* 功能: NRF24L01 接收一次数据包
* 参数:rxbuf,表示待接收数据包首地址
* 返回:接收成功完成,RX_OK=0x40; 接收失败,Fail=0xff
*****************************************************************/
uchar NRF24L01_RxPacket(uchar * rxbuf)
{
    uchar sta;
    //读取状态寄存器的值
    sta=NRF24L01_Read_Reg(STATUS);
    //清除 TX_DS 或 MAX_RT 中断标志
    NRF24L01_Write_Reg(WRITE_REG+STATUS,sta);
    //接收到数据
    if(sta&RX_OK)
    {
        //读取数据
        NRF24L01_Read_Buf(RD_RX_PLOAD,rxbuf,RX_PLOAD_WIDTH);
        //清除 RX FIFO 寄存器
        NRF24L01_Write_Reg(FLUSH_RX,0xff);
        return RX_OK;
    }
    return 0xff;                                 //没收到任何数据
```

```
}
/*************************************************************
* 函数: NRF24L01_TxPacket
* 功能: NRF24L01 发送一次数据包
* 参数:txbuf,表示待发送数据包首地址
* 返回:发送成功完成,TX_OK=0x20; 发送失败,Fail=0xff
*************************************************************/
uchar NRF24L01_TxPacket(uchar * txbuf)
{
    uchar sta;
    NRF24L01_CE=0;
    //写数据到 TX_BUF 20B(0~32)
    NRF24L01_Write_Buf(WR_TX_PLOAD,txbuf,TX_PLOAD_WIDTH);
    //启动发送
    NRF24L01_CE=1;
    //等待发送完成
    while(NRF24L01_IRQ!=0);
    //读取状态寄存器的值
    sta=NRF24L01_Read_Reg(STATUS);
    //清除 TX_DS 或 MAX_RT 中断标志
    NRF24L01_Write_Reg(WRITE_REG+STATUS,sta);
    if(sta&MAX_TX)                          //达到最大重发次数
    {
        NRF24L01_Write_Reg(FLUSH_TX,0xff); //清除 TX FIFO 寄存器
        return MAX_TX;
    }
    if(sta&TX_OK)                           //发送完成
    {
        return TX_OK;
    }
    return 0xff;                            //由于其他原因发送失败
}
/*************************************************************
* 函数: main
* 功能: 接收机器人通信板无线发来的数据,并对数据进行分析显示
*************************************************************/
void main(void)
{
    uchar Tour_tmp=0;
    NRF24L01_Init();                        //初始化 NRF24L01
    NRF24L01_RX_Mode();                     //NRF24L01 置为接收模式
    LCD12864_Init();                        //初始化 LCD12864
    LCD12864_Clear();                       //清屏 LCD12864
    while(1)
    {
```

```
//若无线接收到信息,则显示出来
if(NRF24L01_RxPacket(NRF24L01_tmp_buf)==RX_OK)
{
    Tour_tmp=NRF24L01_tmp_buf[0];  //接收数据
    NRF24L01_tmp_buf[0]=0;         //接收数组首字节置零
    LCD12864_Clear();              //清屏 LCD12864
}
switch(Tour_tmp)                   //分析旅行城市数据,显示数据
{
    case 0xfd:
        LCD12864_ShowString(1,0,"已从万州出发",12);
        break;
    case 3:
        LCD12864_ShowString(1,0,"已经到达重庆",12);
        break;
    case 6:
        LCD12864_ShowString(1,0,"已经到达武汉",12);
        break;
    case 9:
        LCD12864_ShowString(1,0,"已经到达上海",12);
        break;
    case 11:
        LCD12864_ShowString(1,0,"已经到达杭州",12);
        break;
    case 13:
        LCD12864_ShowString(1,0,"已经到达厦门",12);
        break;
    case 17:
        LCD12864_ShowString(1,0,"已经到达广州",12);
        break;
    case 19:
        LCD12864_ShowString(1,0,"已经到达深圳",12);
        break;
    case 23:
        LCD12864_ShowString(1,0,"已经到达天津",12);
        break;
    case 25:
        LCD12864_ShowString(1,0,"已经到达北京",12);
        break;
    case 28:
        LCD12864_ShowString(1,0,"已经到达成都",12);
        break;
    case 33:
        LCD12864_ShowString(1,0,"已回起点万州",12);
        break;
    case 37:
        LCD12864_ShowString(1,0,"万州直达广州",12);
```

```
            break;
        case 0xfe:
            LCD12864_ShowString(2,0,"向钟南山致敬",12);
            BUZZ=0;delay_ms(800);BUZZ=1;delay_ms(300);
            BUZZ=0;delay_ms(800);BUZZ=1;delay_ms(300);
            BUZZ=0;delay_ms(800);BUZZ=1;delay_ms(300);
            return ;
        default :
            LCD12864_ShowString(1,0,"旅行途中",8);
        }
    }
}
```

思　考　题

本章由于机器人预装的红外循迹传感器资源数量的限制(只有 2 个),无法实现完全的迷宫智能搜索。完全的循迹式迷宫智能搜索至少需要 3 个红外循迹传感器,可判断 8 种路径信息,故加入机器人预装的 2 个红外避障传感器资源结合 2 个红外循迹传感器完成以下更高级的智能旅行行为。传感器安装如图 5.7 所示。机器人智能旅行系统单片机引脚连接图如题图 10.1 所示。

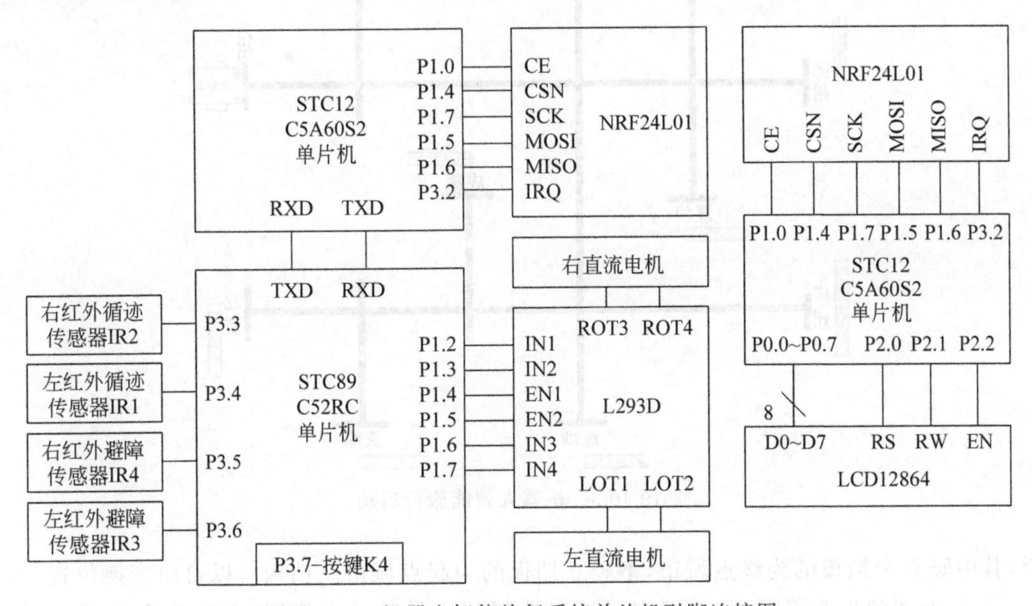

题图 10.1　机器人智能旅行系统单片机引脚连接图

机器人智能旅行的原始地图如题图 10.2 所示。黑色线包含引导路径线、十字路口标志线、节点城市标志线,其余区域为白色。灰色为节点城市挡板。

机器人智能旅行启动如题图 10.3 所示。功能描述如下:

(1) 地图由平面的黑色线、白色区域和垂直该平面竖立的灰色挡板组成。黑色线包含黑色引导路径线、黑色十字路口标志线与黑色节点城市标志线。挡板包括全挡板和半边挡

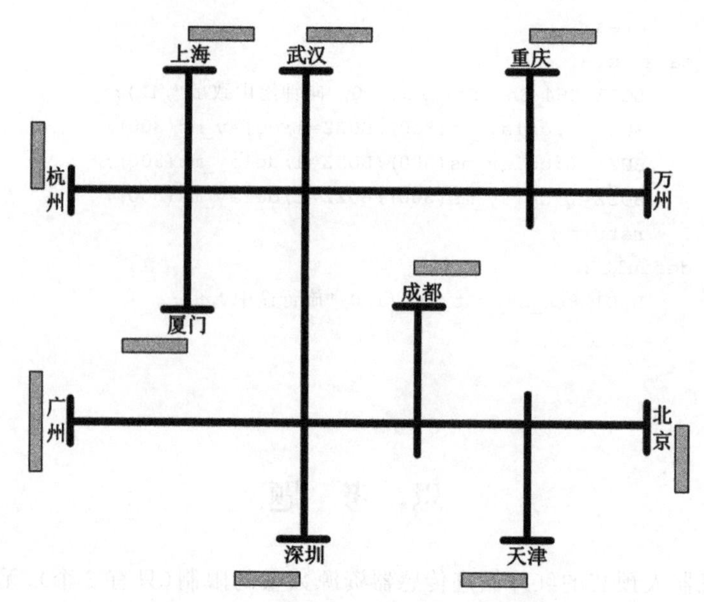

题图 10.2　机器人智能旅行的原始地图

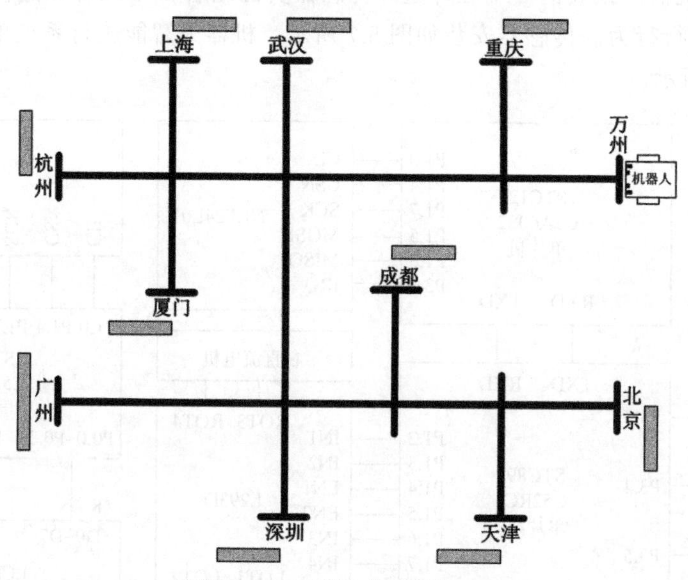

题图 10.3　机器人智能旅行启动

板，其中竖立全挡板的为终点城市，不竖立挡板的为起点城市。挡板可以自由变换位置。

(2) 地图的长宽不限，可根据实际情况选择相应长宽的白纸、黑色胶带和挡板材料制作。黑色胶带的宽度必须小于左、右红外循迹传感器之间的距离。

(3) 黑色节点城市标志线的长度必须大于左、右红外循迹传感器之间的距离。

(4) 全挡板的宽度必须大于左、右红外避障传感器之间的距离。半边挡板的左边沿与黑色引导路径线对齐，或者说与黑色节点城市标志线的中点对齐。半边挡板的长度必须大于机器人车体中轴线到右红外避障传感器的距离。

(5) 机器人从万州出发,采用右手法则,按照万州—重庆—武汉—上海—杭州—厦门—广州—深圳—天津—北京—成都—万州顺序遍历所有节点城市。

(6) 遍历过程中,机器人检测到终点城市,如广州,遍历即结束,机器人按照最短距离返回起点城市——万州。

(7) 机器人返回万州后,再以最短距离从万州直接运行到广州。

(8) 机器人在遍历和直达过程中无线发送节点城市数据给移动终端实时显示。

附录A　本书智能机器人零配件清单

机器人电动小车车体所有零配件及相应技术资料均由广东省慧净电子提供。机器人电动小车车体配件见表A.1。详情请登录以下电商网址咨询。

https://item.taobao.com/item.htm?spm=a1z10.1-c-s.w5003-15547551693.2.19992a65nletgr&id=22137623120&scene=taobao_shop

表A.1　机器人电动小车车体配件

HL-1电动小车配件清单	单位	数量
车体底盘，包含4个红外传感器、电机驱动芯片L293D、2个直流电机、2个抗滑车轮、1个万向轮、安装五金件和工具等	套	1
车体控制板，包含STC89C52RC单片机、数据锁存芯片74LS573、6个共阴极LED数码管、按键、发光二极管、蜂鸣器、红外接收管、USB转串口芯片CH340及杜邦线等	套	1
可充电锂电池	节	2
双槽充电器	个	1
LCD1602液晶模块	个	1
红外遥控器	个	1
超声波传感器	个	1

机器人通信板由本书作者自行设计制作。机器人通信板配件见表A.2。

表A.2　机器人通信板配件

机器人通信板配件清单	单位	数量
通信板，包含STC12C5A60S2单片机、复位芯片MAX708、串口芯片MAX3232、按键、发光二极管、蜂鸣器、接口插座等	套	1
NRF24L01无线通信模块	个	1
LCD12864液晶模块	个	1

本书使用者对机器人通信板的实现有以下三种方案供参考：

(1) 可自行设计制作通信板。附录B提供了本书机器人通信板电路原理图。

(2) 可在电商网站寻找类似本书通信板的产品使用。以下提供一个与本书机器人通信板功能类似的开发板的电商网址供参考。

https://item.taobao.com/item.htm?spm=a230r.7195193.1997079397.9.66cf29c7hSATcS&id=527683764610&abbucket=20

(3) 直接利用杜邦线连接慧净电子电动小车车体剩余的 I/O 资源和 NRF24L01 无线通信模块的 I/O。另外增加+5V 转+3.3V 电压转换板给 NRF24L01 无线通信模块供电。将车体和通信板的软件开发全部集中到车体控制器 STC89C52RC 上完成。参照本书智能功能实现的程序代码进行改写并下载,也能实现书中大部分功能。但更多的智能行为由于资源限制,需要扩展单片机资源才能实现。

附录 B　本书通信板电路原理图

通信板电路原理图如图 B.1 所示。

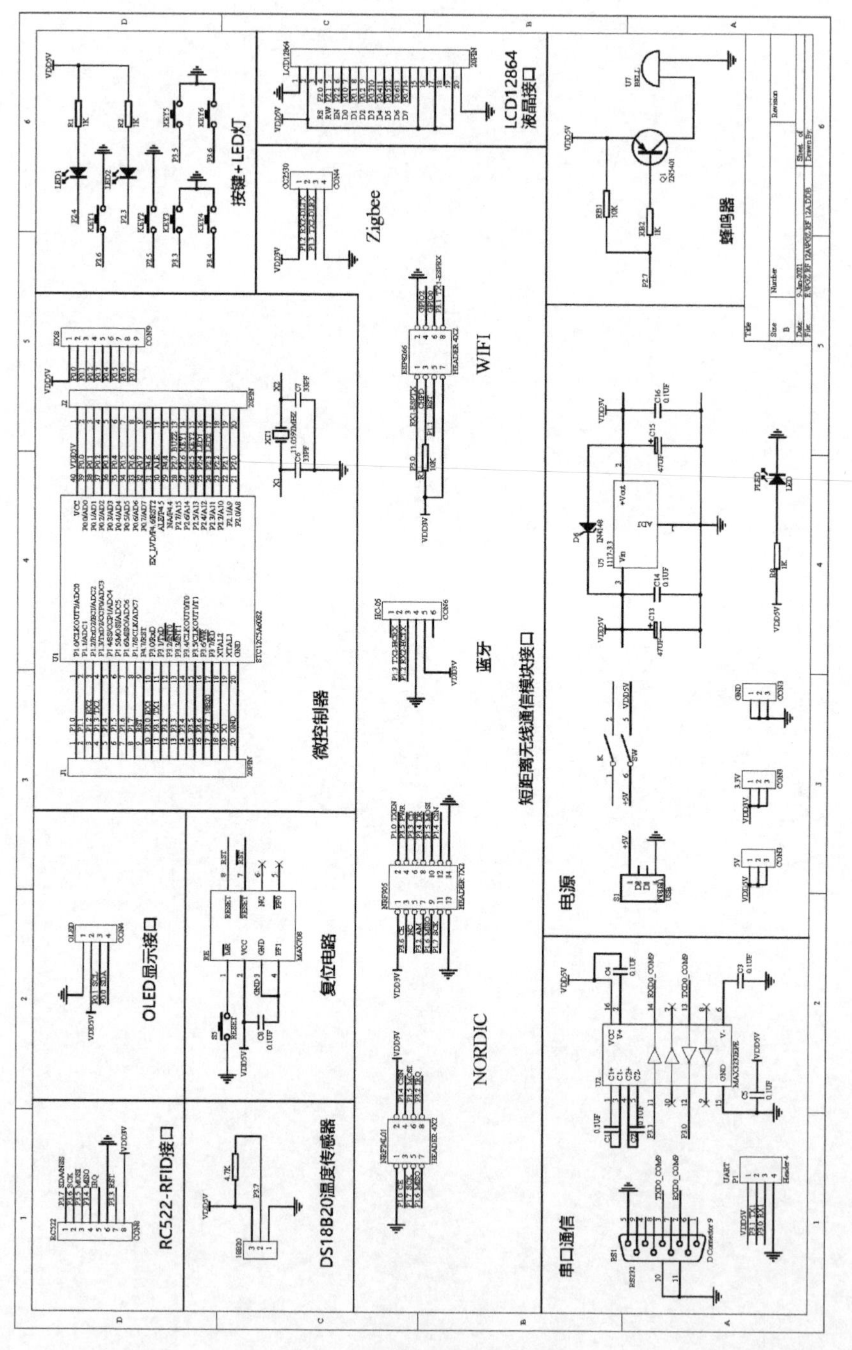

图 B.1　通信板电路原理图

参考文献

[1] 张毅刚. 单片机原理及应用——C51编程＋Proteus仿真[M]. 北京：高等教育出版社，2012.

[2] 谢维成，杨加国. 单片机原理与应用及C51程序设计[M]. 2版. 北京：清华大学出版社，2014.

[3] 徐爱钧.Keil C51单片机高级语言应用编程与实践[M]. 北京：电子工业出版社，2013.

[4] 陈涛. 单片机应用及C51程序设计[M]. 2版. 北京：机械工业出版社，2011.

[5] 高艺. 51单片机原理及应用技术[M]. 北京：化学工业出版社，2016.

[6] 潘勇. 微控制器原理实验教程[M]. 天津：南开大学出版社，2011.

[7] 唐继贤. 51单片机工程应用实例[M]. 北京：北京航空航天大学出版社，2009.

[8] 丁向荣. STC系列增强型8051单片机原理与应用[M]. 北京：电子工业出版社，2011.

[9] 陈桂友. 增强型8051单片机实用开发技术[M]. 北京：北京航空航天大学出版社，2009.

[10] 谭晖. Nordic中短距离无线应用入门与实践[M]. 北京：北京航空航天大学出版社，2009.

[11] 樊尚春. 传感器技术及应用[M]. 2版. 北京：北京航空航天大学出版社，2010.

[12] 沈保锁，侯春萍. 现代通信原理[M]. 2版. 北京：国防工业出版社，2012.

[13] 秦志强. C51单片机应用与C语言程序设计[M]. 3版. 北京：电子工业出版社，2016.

[14] 李光飞. 单片机课程设计实例指导[M]. 北京：北京航空航天大学出版社，2005.

[15] 张培仁. 基于C语言编程MCS-51单片机原理与应用[M]. 北京：清华大学出版社，2003.

[16] 张齐. 单片机应用系统设计技术——基于C语言编程[M]. 北京：电子工业出版社，2004.

[17] 李建忠. 单片机原理及应用[M]. 西安：西安电子科技大学出版社，2002.

[18] 赵亮，侯国锐. 单片机C语言编程与实例[M]. 北京：人民邮电出版社，2003.

[19] 王建校，杨建国.51系列单片机及C51程序设计[M]. 北京：科学出版社，2002.

[20] 严天峰. 单片机应用系统设计与仿真调试[M]. 北京：北京航空航天大学出版社，2005.

[21] 谭浩强. C程序设计[M]. 2版. 北京：清华大学出版社，1999.

[22] 蒋辉平，周国雄. 基于Proteus的单片机系统设计与仿真实例[M]. 北京：机械工业出版社，2009.

[23] 张靖武，周灵彬. 单片机原理、应用与Proteus仿真[M]. 北京：电子工业出版社，2011.

[24] 韩克. 单片机应用技术——基于Proteus的项目设计与仿真[M]. 北京：电子工业出版社，2013.

[25] 朱清慧，张凤蕊，翟天嵩. Proteus教程[M]. 北京：清华大学出版社，2008.

[26] 彭伟. 单片机C语言程序设计实训100例[M]. 北京：电子工业出版社，2010.

[27] 吴戈. 案例学单片机C语言开发[M]. 北京：人民邮电出版社，2008.

[28] 王东峰. 单片机C语言应用100例[M]. 北京：电子工业出版社，2009.

[29] 王幸之. AT89系列单片机原理与接口技术[M]. 北京：北京航空航天大学出版社，2004.

[30] 邬国扬，张厥盛. 移动通信[M]. 北京：宇航出版社，1989.

[31] 黄健，赵宗汉. 移动通信[M]. 西安：西安电子科技大学出版社，1992.

[32] 陈用甫，谭秀华. 现代通信系统和信息网[M]. 北京：电子工业出版社，1996.